江苏省海洋科学与技术优势学科建设工程二期项目
江苏省"十二五"海洋科学类重点专业建设项目 资助
江苏省海洋技术品牌专业(PPZY2015B116)建设工程

地面三维激光扫描技术与应用

谢宏全 谷风云 编著

WUHAN UNIVERSITY PRESS
武汉大学出版社

图书在版编目(CIP)数据

地面三维激光扫描技术与应用/谢宏全,谷风云编著.—武汉:武汉大学出版社,2016.2(2023.9重印)

ISBN 978-7-307-17475-7

Ⅰ.地…　Ⅱ.①谢…　②谷…　Ⅲ.三维—激光扫描—研究　Ⅳ.TN249

中国版本图书馆 CIP 数据核字(2016)第 006711 号

责任编辑:王金龙　　　责任校对:李孟潇　　　版式设计:马　佳

出版发行:**武汉大学出版社**　(430072　武昌　珞珈山)

(电子邮箱:cbs22@whu.edu.cn 网址:www.wdp.com.cn)

印刷:武汉图物印刷有限公司

开本:787×1092　1/16　印张:16.5　字数:402 千字　插页:7

版次:2016 年 2 月第 1 版　　2023 年 9 月第 7 次印刷

ISBN 978-7-307-17475-7　　定价:35.00 元

前　言

随着地理空间信息服务产业的快速发展，地理空间数据的要求越来越高。对地理空间数据的要求正朝着大信息量、高精度、可视化和可挖掘方向发展。地面激光雷达技术是一门新兴的测绘技术，是测绘领域继 GPS 技术之后的又一次技术革命。目前已经逐渐成为广大科研和工程技术人员全新的解决问题的手段，为工程与科学研究提供了更准确的数据。随着三维激光扫描设备在性能方面的不断提升，而在价格方面的逐步下降，性价比越来越高。20 世纪末，测绘领域也掀起了三维激光扫描技术的研究热潮，应用领域越来越广，在高效获取三维信息应用中逐渐占据了主要地位。车载激光测量系统为地理空间数据采集开辟了新途径，是当今测绘界最前沿、最尖端的科技之一，代表着未来测绘领域的发展主流。因此，已成为国内外学者研究的热点。

地面三维激光扫描技术与全站仪测量技术、近景摄影测量技术相比有其自身的优势，主要特点有：非接触测量、数据采样率高、高分辨率、高精度、全景化的扫描等。10 多年来，扫描仪硬件与数据后处理软件都有了长足的进步。应用领域日益扩大，逐步从科学研究进入到人们的日常生活。目前，地面三维激光扫描技术的应用领域主要有文物古迹保护、建筑、规划、土木工程、工厂改造、室内设计、建筑监测、交通事故处理、法律证据收集、灾害评估、船舶设计、数字城市、军事分析等。三维激光扫描技术目前已经成功应用的领域包括遗产与文物保护；工业设计与检测，工厂改扩建及数字化管理；建筑、桥梁、基础设施测绘；地形测绘和地质研究。

为推动地面三维激光扫描技术的广泛应用，相关技术人才的培养非常重要。目前公开出版的中文技术参考书非常短缺。本书是作者自 2012 年以来从事相关教学与研究成果的主要体现，特别是在出版《地面三维激光扫描技术与工程应用》（2013 年）与《基于激光点云数据的三维建模应用实践》（2014 年）专著的基础上，参考相关文献资料编写而成。本书重点介绍地面三维激光扫描技术原理与应用，同时对车载激光雷达与机载激光雷达技术作简要介绍。

本书由谢宏全与谷风云共同编著。其中第 1 章至第 5 章、第 7 章至第 10 章由谢宏全编著；第 6 章和第 11 章由谷风云编著。全书由谢宏全统稿。

在本书撰写过程中，感谢淮海工学院的周立教授的大力支持；感谢国内外相关设备销售公司提供相关产品与应用资料；最后感谢武汉大学出版社王金龙先生在本书出版过程中提供的帮助。对所有引用文献的作者表示感谢。

　　由于地面三维激光扫描技术发展较快，加之编者知识水平和实践经验有限，错误与不当之处在所难免，恳请读者批评指正。

编　者

2015 年 10 月

目　　录

第1章 绪 论

三维激光扫描技术在我国的应用时间较短，目前已经成为测绘领域的研究与应用热点，相关基本概念还不太明晰。本章在介绍基本概念的基础上，重点阐述三维激光扫描系统的基本原理与分类，最后介绍三维地面激光扫描系统特点。

1.1 基本概念

激光的英文 Laser 是 Light Amplification by the Stimulated Emission of Radiation（受激辐射光放大）的缩写，它是 20 世纪最重大的一项科学发现。激光又被称为神奇之光，因为它的四大特性（方向性好、亮度高、单色性好、相干性好）是其他普通光所无法企及的。激光技术，是探索开发产生激光的方法以及研究应用激光的这些特性为人类造福的技术总称。自激光产生以来，激光技术得到了迅猛的发展，不仅研制出不同特色的各种各样的激光器，而且激光的应用领域也在不断拓展。

物理学家爱因斯坦在 1916 年首次发现激光的原理。1960 年，世界上第一台红宝石激光器在美国诞生，激光才第一次被制造出来。之后，激光技术在世界各国的重视和科学家们辛勤努力下得到了飞速的发展。与传统光源不同，激光具有相干性、高亮度、颜色极纯、定向发光和能量密度极大等特点，并且需要用激光器产生。

激光器是用来发射激光的装置。1954 年科学家研制成功了世界上第一台微波量子放大器，在随后的几年里，科研人员又先后研制出红宝石激光器、氦氖激光器、砷化镓半导体激光器。之后，激光器得到了蓬勃而快速的发展，激光器的种类也越来越多。激光器按工作介质大体上可分为固体激光器、气体激光器、染料激光器和半导体激光器四大类。

激光以其高亮度和能量密度极大的特性现已广泛用于医疗保健领域。在光学加工工业和精密机械制造工业中，精密测量长度是关键技术之一。随着传感器技术和激光技术的发展，激光位移传感器出现了。它常被用于振动、速度、长度、方位、距离等物理量的测量，还被用于无损探伤和对大气污染物的监测等。在机械行业中，常使用激光传感器来测量长度。

伴随着激光技术和电子技术的发展，激光测量也已经从静态的点测量发展到动态的跟踪测量和三维测量领域。20 世纪末，美国的 CYRA 公司和法国的 MENSI 公司已率先将激光技术运用到三维测量领域。三维激光测量技术的产生为测量领域提供了全新的测量手段。

三维激光扫描测量，常见的英文翻译有 "Light Detection and Ranging"（缩写为 Li-DAR）、"Laser Scanning Technology" 等。雷达是发射无线电信号遇到物体后返回接收信

1

号，对物体进行探查与测距的技术，英文名称为"Radio Detection and Ranging"，简称为"Radar"，译成中文就是"雷达"。由于 LiDAR 和 Radar 的原理是一样的，只是信号源不同，又因为 LiDAR 的光源一般都采用激光，所以都将 LiDAR 译为"激光雷达"，也可称为激光扫描仪。

由国家测绘地理信息局发布的《地面三维激光扫描作业技术规程》（CH/Z 3017—2015）（以下简称《规程》），于 2015 年 8 月 1 日开始实施，对地面三维激光扫描技术（terrestrial three dimensional laser scanning technology）给出了定义：基于地面固定站的一种通过发射激光获取被测物体表面三维坐标、反射光强度等多种信息的非接触式主动测量技术。

三维激光扫描技术又称为高清晰测量（High Definition Surveying，HDS），它是利用激光测距的原理，通过记录被测物体表面大量密集点的三维坐标信息和反射率信息，将各种大实体或实景的三维数据完整地采集到电脑中，进而快速复建出被测目标的三维模型及线、面、体等各种图件数据。结合其他各领域的专业应用软件，所采集点云数据还可进行各种后处理应用。

随着三维激光扫描设备在性能方面（主要包括扫描精度、扫描速度、易操作性、易携带性、抗干扰能力）的不断提升，而在价格方面的逐步下降，性价比越来越高，20 世纪末期，测绘领域也掀起了三维激光扫描技术的研究热潮，扫描对象越来越多，应用领域越来越广，在高效获取三维信息应用中逐渐占据了主要地位。

传统的测量方式是单点测量，获取单点的三维空间坐标，而三维激光扫描则自动、连续、快速地获取目标物体表面的密集采样点数据，即点云；实现由传统的点测量跨越到了面测量，实现了质的飞跃；同时，获取信息量也从点的空间位置信息扩展到目标物的纹理信息和色彩信息。

1.2 三维激光扫描系统基本原理

1. 激光测距技术原理与类型

三维激光扫描系统主要由三维激光扫描仪、计算机、电源供应系统、支架以及系统配套软件构成。而三维激光扫描仪作为三维激光扫描系统的主要组成部分之一，又由激光发射器、接收器、时间计数器、马达控制可旋转的滤光镜、控制电路板、微电脑、CCD 相机以及软件等组成。

激光测距技术是三维激光扫描仪的主要技术之一，激光测距的原理主要有基于脉冲测距法、相位测距法、激光三角法、脉冲-相位式四种类型。目前，测绘领域所使用的三维激光扫描仪主要是基于脉冲测距法，近距离的三维激光扫描仪主要采用相位干涉法测距和激光三角法。激光测距技术类型介绍如下：

（1）脉冲测距法

脉冲测距法是一种高速激光测时测距技术。脉冲式扫描仪在扫描时激光器发射出单点的激光，记录激光的回波信号。通过计算激光的飞行时间（Time of Flight，缩写为 TOF），利用光速来计算目标点与扫描仪之间的距离。这种原理的测距系统测距范围可以达到几百米到上千米的距离。激光测距系统主要由发射器、接受器、时间计数器、微电脑组成。

此方法也称为脉冲飞行时间差测距，由于采用的是脉冲式的激光源，适用于超长距离的距离测量，测量精度主要受到脉冲计数器工作频率与激光源脉冲宽度的限制，精度可以达到米数量级。

（2）相位测距法

相位式扫描仪是发射出一束不间断的整数波长的激光，通过计算从物体反射回来的激光波的相位差，来计算和记录目标物体的距离。基于相位测量原理主要用于进行中等距离的扫描测量系统中。扫描范围通常在 100m 内，它的精度可以达到毫米数量级。

由于采用的是连续光源，功率一般较低，所以测量范围也较小，测量精度主要受相位比较器的精度和调制信号的频率限制，增大调制信号的频率可以提高精度，但测量范围也随之变小，所以为了在不影响测量范围的前提下提高测量精度，一般都设置多个调频频率。

（3）激光三角法

激光三角法是利用三角形几何关系求得距离。先由扫描仪发射激光到物体表面，利用在基线另一端的 CCD 相机接收物体反射信号，记录入射光与反射光的夹角，已知激光光源与 CCD 之间的基线长度，由三角形几何关系推求出扫描仪与物体之间的距离。为了保证扫描信息的完整性，许多扫描仪扫描范围只有几米到数十米。这种类型的三维激光扫描系统主要应用于工业测量和逆向工程重建中。它可以达到亚毫米级的精度。

（4）脉冲-相位式测距法

将脉冲式测距和相位式测距两种方法结合起来，就产生了一种新的测距方法：脉冲-相位式测距法，这种方法利用脉冲式测距实现对距离的粗测，利用相位式测距实现对距离的精测。

三维激光扫描仪主要由测距系统和测角系统以及其他辅助功能系统构成，如内置相机以及双轴补偿器等。工作原理是通过测距系统获取扫描仪到待测物体的距离，再通过测角系统获取扫描仪至待测物体的水平角和垂直角，进而计算出待测物体的三维坐标信息。在扫描的过程中再利用本身的垂直和水平马达等传动装置完成对物体的全方位扫描，这样连续地对空间以一定的取样密度进行扫描测量，就能得到被测目标物体密集的三维彩色散点数据，称为点云。

2. 点云数据特点

地面三维激光扫描测量系统对物体进行扫描后采集到的空间位置信息是以特定的坐标系统为基准的，这种特殊的坐标系称为仪器坐标系，不同仪器采用的坐标轴方向不尽相同，通常其定义为：坐标原点位于激光束发射处，Z 轴位于仪器的竖向扫描面内，向上为正；X 轴位于仪器的横向扫描面内与 Z 轴垂直；Y 轴位于仪器的横向扫描面内与 X 轴垂直，同时，Y 轴正方向指向物体，且与 X 轴、Z 轴一起构成右手坐标系。

三维激光扫描仪在记录激光点三维坐标的同时也会将激光点位置处物体的反射强度值记录，可称之"反射率"。内置数码相机的扫描仪在扫描过程中可以方便、快速地获取外界物体真实的色彩信息，在扫描、拍照完成后，不仅可以得到点的三维坐标信息，而且获取了物体表面的反射率信息和色彩信息。所以包含在点云信息里的不仅有 X、Y、Z、Intensity，还包含每个点的 RGB 数字信息。

依据 Helmut Cantzler 对深度图像的定义，三维激光扫描是深度图像的主要获取方式，因此激光雷达获取的三维点云数据就是深度图像，也可以称为距离影像、深度图、xyz 图、表面轮廓、2.5 维图像等。

三维激光扫描仪的原始观测数据主要包括：①根据两个连续转动的用来反射脉冲激光镜子的角度值得到激光束的水平方向值和竖直方向值；②根据激光传播的时间计算出仪器到扫描点的距离，再根据激光束的水平方向角和垂直方向角，可以得到每一扫描点相对于仪器的空间相对坐标值；③扫描点的反射强度等。

《规程》中对点云（point cloud）给出了定义：三维激光扫描仪获取的以离散、不规则方式分布在三维空间中的点的集合。

点云数据的空间排列形式根据测量传感器的类型分为：阵列点云、线扫描点云、面扫描点云以及完全散乱点云。大部分三维激光扫描系统完成数据采集是基于线扫描方式，采用逐行（或列）的扫描方式，获得的三维激光扫描点云数据具有一定的结构关系。点云的主要特点如下：

①数据量大。三维激光扫描数据的点云量较大，一幅完整的扫描影像数据或一个站点的扫描数据中可以包含几十万至上百万个扫描点，甚至达到数亿个。

②密度高。扫描数据中点的平均间隔在测量时可通过仪器设置，一些仪器设置的间隔可达 1.0mm（拍照式三维扫描仪可以达到 0.05mm），为了便于建模，目标物的采样点通常都非常密。

③带有扫描物体光学特征信息。由于三维激光扫描系统可以接收反射光的强度，因此，三维激光扫描的点云一般具有反射强度信息，即反射率。有些三维激光扫描系统还可以获得点的色彩信息。

④立体化。点云数据包含了物体表面每个采样点的三维空间坐标，记录的信息全面，因而可以测定目标物表面立体信息。由于激光的投射性有限，无法穿透被测目标，因此点云数据不能反映实体的内部结构、材质等情况。

⑤离散性。点与点之间相互独立，没有任何拓扑关系，不能表征目标体表面的连接关系。

⑥可量测性。地面三维激光扫描仪获取的点云数据可以直接量测每个点云的三维坐标、点云间距离、方位角、表面法向量等信息，还可以通过计算得到点云数据所表达的目标实体的表面积、体积等信息。

⑦非规则性。激光扫描仪是按照一定的方向和角度进行数据采集的，采集的点云数据随着距离的增大、扫描角越大，点云间距离也增大，加上仪器系统误差和各种偶然误差的影响，点云的空间分布没有一定的规则。

以上这些特点使得三维激光扫描数据得到十分广泛的应用，同时也使得点云数据处理变得十分复杂和困难。

1.3 三维激光扫描系统分类

三维激光扫描技术是继 GPS 技术问世以来测绘领域的又一次大的技术革命。目前，许多厂家都提供了不同型号的激光扫描仪，它们无论在功能还是在性能指标方面都不尽相同，如何根据不同的应用目的，从繁杂多样的激光扫描仪中进行正确和客观的选择，就必须对三维激光扫描系统进行分类。

借鉴一些学者的相关研究成果，一般分类的依据有搭载平台、扫描距离、扫描仪成像方式、扫描仪测距原理，下面做简要介绍：

1. 依据承载平台划分

当前从三维激光扫描测绘系统的空间位置或系统运行平台来划分，可分为如下四类：

（1）机载型激光扫描系统

机载激光扫描测量系统（Airborne Laser Scanning Sysetm，ALSS；也有称为 Laser Range Finder，LRF；或者 Airborne Laser Terrain Mapper，ALTM），也称机载 LiDAR 系统。

这类系统由激光扫描仪（LS），飞行惯导系统（INS）、DGPS 定位系统，成像装置（UI），计算机以及数据采集器、记录器、处理软件和电源构成。DGPS 系统给出成像系统和扫描仪的精确空间三维坐标，惯导系统给出其空中的姿态参数，由激光扫描仪进行空对地式的扫描来测定成像中心到地面采样点的精确距离，再根据几何原理计算出采样点的三维坐标。

空中机载三维扫描系统的飞行高度最大可以达到 1 km，这使得机载三维激光扫描不仅能用在地形图绘制和更新方面，还在大型工程的进展监测、现代城市规划和资源环境调查等诸多领域都有较广泛的应用。

（2）地面激光扫描测量系统

地面激光扫描测量系统（Gorund-based Laser Scanning System，GLSS；Vehicle-brone Laser Mapping System，VLMS）可划分为两类：一类是移动式扫描系统，也称为车载激光扫描系统，还可称为车载 LiDAR 系统；另一类是固定式扫描系统，也称为地面三维激光扫描系统（地面三维激光扫描仪），还可称为地面 LiDAR 系统。

所谓移动式扫描系统，是集成了激光扫描仪，CCD 相机以及数字彩色相机的数据采集和记录系统，GPS 接收机，基于车载平台，由激光扫描仪和摄影测量获得原始数据作为三维建模的数据源。移动式激光扫描系统具有如下优点：能够直接获取被测目标的三维点云数据坐标；可连续快速扫描；效率高，速度快。目前市场上的车载地面三维激光扫描系统的价格比较昂贵（500 万元左右），单位拥有的数量较少。地面车载激光扫描系统，一般能够扫描到路面和路面两侧各 50 m 左右的范围，它广泛应用于带状地形图测绘以及特殊现场的机动扫描。

而固定式的扫描仪系统类似于传统测量中的全站仪，它由一个激光扫描仪和一个内置或外置的数码相机，以及软件控制系统组成。二者的不同之处在于固定式扫描仪采集的不是离散的单点三维坐标，而是一系列的"点云"数据。这些点云数据可以直接用来进行三维建模，而数码相机的功能就是提供对应模型的纹理信息。地面型激光扫描系统是一种利用激光脉冲对目标物体进行扫描，可以大面积、大密度、快速度、高精度地获取地物的形态及坐标的一种测量设备。

（3）手持型激光扫描系统

手持型激光扫描系统是一种便携式的激光测距系统，可以精确地给出物体的长度、面积、体积测量。一般配备有柔性的机械臂。优点是快速、简洁、精确，可以帮助用户在数秒内快速地测得精确、可靠的成果。此类设备大多用于采集比较小型物体的三维数据，大多应用于机械制造与开发、产品误差检测、影视动画制作以及医学等众多领域。此类型的仪器配有联机软件和反射片。

（4）星载激光扫描仪

星载激光扫描仪也称星载激光雷达，是安装在卫星等航天飞行器上的激光雷达系统。运行轨道高并且观测视野广，可以触及世界的每一个角落，对于国防和科学研究具有十分重大的意义。星载激光扫描仪在植被垂直分布测量、海面高度测量、云层和气溶胶垂直分布测量，以及特殊气候现象监测等方面可以发挥重要作用。

另外，在特殊场合应用的激光扫描仪，如洞穴中应用的激光扫描仪：在特定非常危险或难以到达的环境中，如地下矿山隧道、溶洞洞穴、人工开凿的隧道等狭小、细长型空间范围内，三维激光扫描技术亦可以进行三维扫描，此类设备如 Optech 公司的 Cavity Monitoring System，可以在洞径 25cm 的狭小空间内开展扫描操作。

2. 依据扫描距离划分

按三维激光扫描仪的有效扫描距离进行分类，目前国家无相应的分类技术标准，大概可分为以下四种类型：

①短距离激光扫描仪。这类扫描仪最长扫描距离只有几米，一般最佳扫描距离为 0.6~1.2m，通常主要用于小型模具的量测。不但扫描速度快且精度较高，可以在短时间内精确地给出物体的长度、面积、体积等信息。手持式三维激光扫描仪都属于这类扫描仪。

②中距离激光扫描仪。最长扫描距离只有几十米的三维激光扫描仪属于中距离三维激光扫描仪，它主要用于室内空间和大型模具的测量。

③长距离激光扫描仪。扫描距离较长，最大扫描距离超过百米的三维激光扫描仪属于长距离三维激光扫描仪，它主要应用于建筑物、大型土木工程、煤矿、大坝、机场等的测量。

④机载（或星载）激光扫描系统。最长扫描距离大于 1km，系统由激光扫描仪、DGPS 定位系统、飞行惯导系统、成像装置、计算机及数据采集、记录设备、处理软件及电源构成。机载激光扫描系统一般采用直升机或固定翼飞机作为平台，应用激光扫描仪及实时动态 GPS 对地面进行高精度、准确实时测量。

3. 依据扫描仪成像方式划分

按照扫描仪成像方式分为如下三种类型：

①全景扫描式。全景式激光扫描仪采用一个纵向旋转棱镜引导激光光束在竖直方向扫描，同时利用伺服马达驱动仪器绕其中心轴旋转。

②相机扫描式。它与摄影测量的相机类似。它适用于室外物体扫描，特别对长距离的扫描很有优势。

③混合型扫描式。它的水平轴系旋转不受任何限制，垂直旋转受镜面的局限，集成了上述两种类型的优点。

4. 依据扫描仪测距原理划分

依据激光测距的原理，可以将扫描仪划分成脉冲式、相位式、激光三角式、脉冲-相位式四种类型。

1.4 地面激光扫描系统特点

传统的测量设备主要是通过单点测量获取其三维坐标信息。与传统的测量技术手段相比，三维激光扫描测量技术是现代测绘发展的新技术之一，也是一项新兴的获取空间数据的方式，它能够快速、连续和自动地采集物体表面的三维数据信息，即点云数据，并且拥有许多独特的优势。它的工作过程就是不断的信息采集和处理过程，并通过具有一定分辨率的三维数据点组成的点云图来表示对物体表面的采样结果。地面三维激光扫描技术具有以下一些特点：

①非接触测量。三维激光扫描技术采用非接触扫描目标的方式进行测量，无需反射棱镜，对扫描目标物体不需进行任何表面处理，直接采集物体表面的三维数据，所采集的数据完全真实可靠。可以用于解决危险目标、环境（或柔性目标）及人员难以企及的情况，具有传统测量方式难以完成的技术优势。

②数据采样率高。目前，三维激光扫描仪采样点速率可达到百万点/秒，可见采样速率是传统测量方式难以比拟的。

③主动发射扫描光源。三维激光扫描技术采用主动发射扫描光源（激光），通过探测自身发射的激光回波信号来获取目标物体的数据信息，因此在扫描过程中，可以实现不受扫描环境的时间和空间的约束。可以全天候作业，不受光线的影响，工作效率高，有效工作时间长。

④具有高分辨率、高精度的特点。三维激光扫描技术可以快速、高精度获取海量点云数据，可以对扫描目标进行高密度的三维数据采集，从而达到高分辨率的目的。单点精度可达 2mm，间隔最小 1mm。

⑤数字化采集，兼容性好。三维激光扫描技术所采集的数据是直接获取的数字信号，具有全数字特征，易于后期处理及输出。用户界面友好的后处理软件能够与其他常用软件进行数据交换及共享。

⑥可与外置数码相机、GPS 系统配合使用。这些功能大大扩展了三维激光扫描技术的使用范围，对信息的获取更加全面、准确。外置数码相机的使用，增强了彩色信息的采集，使扫描获取的目标信息更加全面。GPS 定位系统的应用，使得三维激光扫描技术的应用范围更加广泛，与工程的结合更加紧密，进一步提高了测量数据的准确性。

⑦结构紧凑、防护能力强，适合野外使用。目前常用的扫描设备一般具有体积小、重量轻、防水、防潮，对使用条件要求不高，环境适应能力强，适于野外使用等特点。

⑧直接生成三维空间结果。结果数据直观，进行空间三维坐标测量的同时，获取目标表面的激光强度信号和真彩色信息，可以直接在点云上获取三维坐标、距离、方位角等，并且可应用于其他三维设计软件。

⑨全景化的扫描。目前水平扫描视场角可实现 360°，垂直扫描视场角可达到 320°。

更加灵活更加适合复杂的环境，提高扫描效率。

⑩激光的穿透性。激光的穿透特性使得地面三维激光扫描系统获取的采样点能描述目标表面的不同层面的几何信息。它可以通过改变激光束的波长，穿透一些比较特殊的物质，如水、玻璃以及低密度植被等，透过玻璃水面、穿过低密度植被来采集成为可能。奥地利 Riegl 公司的 V 系列扫描仪基于独一无二的数字化回波和在线波形分析功能，实现超长测距能力。VZ-4000 甚至可以在沙尘、雾天、雨天、雪天等能见度较低的情况下使用并进行多重目标回波的识别，在矿山等困难的环境下也可轻松使用。

三维激光扫描技术与全站仪测量技术的区别如下：

①对观测环境的要求不同。三维激光扫描仪可以全天候地进行测量，而全站仪因为需要瞄准棱镜，必须在白天或者较明亮的地方进行测量。

②对被测目标获取方式不同。三维激光扫描仪不需要照准目标，是采用连续测量的方式进行区域范围内的面数据获取，全站仪则必须通过照准目标来获取单点的位置信息。

③获取数据的量不同。三维激光扫描仪可以获取高密度的观测目标的表面海量数据，采样速率高，对目标的描述细致。而全站仪只能够有限度地获取目标的特征点。

④测量精度不同。三维激光扫描仪和全站仪的单点定位精度都是毫米级，目前部分全站式三维激光扫描仪已经可以达到全站仪的精度，但是整体来讲，三维激光扫描仪的定位精度比全站仪略低。

虽然地面三维激光扫描测量与近景摄影测量在操作过程上有不少相近之处，但它们的工作原理却相差甚远，实际应用中也差别很大。主要区别如下：

①数据格式不同。激光扫描数据是包含三维坐标信息的点云集合，能够直接在其中量测；而摄影测量的数据是影像照片，显然单独一张影像是无法量测的。

②数据拼接方式不同。激光扫描数据拼接时主要是坐标匹配，而摄影测量数据拼接时主要是相对定向与绝对定向。

③测量精度不同。激光扫描测量精度显然高于摄影测量精度，且前者精度分布均匀。

④外界环境要求不同。激光扫描测量对光线亮度和温度没有要求，而摄影测量则要求相对较高。

⑤建模方式不同。激光扫描的建模是直接对点云数据操作的，而摄影测量首先要匹配像片，才能进一步建模，其过程相对复杂。

⑥实体纹理信息获取方式不同。激光扫描系统是根据激光脉冲的反射强度匹配数码影像中的纹理信息，然后粘贴特定的纹理信息；而摄影测量则是直接获取影像中的真彩色信息。

思考题

1. LiDAR 的英文全称是什么？中文含义是什么？
2. 点云数据中包含哪些信息？主要特点有哪些？
3. 地面三维激光扫描技术有哪些特点？它与全站仪测量技术的区别主要体现在哪些方面？

第 2 章　地面激光扫描设备

地面三维激光扫描仪是地面激光扫描系统中最主要的硬件设备，近年来得到了快速发展，主要体现在品牌数量、性能指标、类型等方面的变化。本章主要介绍国内外主要设备的基本情况，对国内外研究现状进行分析，最后指出目前存在的问题与未来的发展趋势。

2.1　国外地面三维激光扫描仪简介

目前，生产地面三维激光扫描仪的公司比较多，随着地面三维激光扫描技术应用普及程度的不断提高，国外产品在中国的市场目前还占主导地位。它们各自的产品在性能指标上有所不同，以下简要介绍有代表性的公司产品。

2.1.1　奥地利 Riegl 公司的产品

自 Riegl 公司于 1998 年向市场成功推出首台三维激光扫描仪以来，并于 2002 年全球首家实现地面三维激光扫描仪和专业化的尼康和佳能数码单反相机的结合。其强大的软件功能，可根据用户的需要，提供极为丰富的三维立体空间模型（AutoCAD）、立体影像（MAYA）及三维定量分析。经过改装，该系统可装载在汽车上，进行连续的三维数据的采集。

Riegl 激光扫描仪具有的主要特点包括扫描速度最快、拼接时间最短、产品质量最好、具备的功能最多、配套的软件最多、合作的厂家最多、产品的种类最多、产品的信誉最好、设备所能达到的各项技术指标均优于厂家公开的技术指标。

Riegl 公司于 1999 年推出 LPM-2K 扫描仪，2002 年推出 LMS-Z360 扫描仪，之后陆续推出多种型号的扫描仪。2014 年推出的 VZ-2000 扫描仪如图 2-1 所示，兼容应用于地面激光扫描仪的 RiSCAN PRO 软件，RiVLib 数据库和应用于监测和矿山测量工作流程优化软件 RiMining，还可选配软件 RiMTA 3D 和 RiSOLVE。

图 2-1　VZ-2000 扫描仪

仪器主要规格参数见表 2-1，仪器详细规格参数见北京富斯德科技有限公司网站（www.fs3s.com）。

表 2-1 　　　　　　　　　　**Riegl 公司地面三维激光扫描仪主要技术参数**

面市时间	1999 年	2000 年	2001 年	2003 年
产品型号	LPM-2K	LMS-390i	LMS-Z210	LMS-Z420i
测距范围（m）	10~2500	2~400	4~400	2~1000
扫描速度（点/秒）	—	11000	12000	11000
扫描精度（mm）	50/100m	2/50m	15/100m	10/50m
扫描视场范围（°）	360×195	360×80	360×80	360×80
角度分辨率（″）	—	3.6	18	9
扫描数据存储	—	外接电脑存储	外接电脑存储	外接电脑存储
尺寸（mm）	232×300×320	φ210×463	φ200×438	φ210×463
重量（kg）	14.6	15	14.5	16
面市时间	2007 年	2008 年	2008 年	2010 年
产品型号	LPM-321	LMS-Z620	VZ-400	VZ-1000
测距范围（m）	10~6000	2~2000	1.5~600	2.5~1400
扫描速度（点/秒）	2600	11000	300000	300000
扫描精度（mm）	25/50m	5/50m	3/100m	5/100m
扫描视场范围（°）	360×150	360×80	360×100	360×100
角度分辨率（″）	32.4	9	优于 1.8	优于 1.8
扫描数据存储	外接电脑存储	外接电脑存储	内置 32GB 闪存	内置 32GB 闪存
尺寸（mm）	315×370×445	φ210×463	φ180×308	φ200×380
重量（kg）	16	16	9.3	9.8
面市时间	2011 年	2012 年	2014 年	2015 年
产品型号	VZ-4000	VZ-6000	VZ-2000	VZ-400i
测距范围（m）	5~4000	5~6000	2.5~2050	1.5~800
扫描速度（点/秒）	300000	300000	400000	500000
扫描精度（mm）	15/150m	15/150m	8/150m	5/100m
扫描视场范围（°）	360×60	360×60	360×100	360×100
角度分辨率（″）	优于 1.8	优于 1.8	优于 1.8/5.4	优于 1.8/2.5
扫描数据存储	内置 80GB 固态硬盘	内置 80GB 固态硬盘	内置 64GB 闪存	内置 256GB 固态硬盘
尺寸（mm）	236×226×450	236×226×450	φ200×308	φ206×308
重量（kg）	14.5	14.5	9.9	9.7

2.1.2　加拿大 Optech 公司的产品

加拿大 Optech 公司的主要产品有机载激光地形扫描系统、机载激光扫描系统、机载激光水深测量仪、三维激光测量车、三维激光影像扫描仪、空区三维激光扫描测量系统。

三维激光影像扫描仪目前主要有三个型号的仪器。ILRIS-LR 超长距三维激光扫描仪（图 2-2），它具有最高点密度的扫描能力，ILRIS-LR 的设计使得冰、雪的扫描以及湿的地物表面的扫描成为可能。优势在于可以快速获取数据、减少测站设置、雪及冰川的建模、全天候扫描。

仪器的主要规格参数见表 2-2，仪器详细规格参数见北京中翰仪器有限公司网站（www. zhinc. com. cn）。

图 2-2　ILRIS-LR 超长距三维激光扫描仪

表 2-2　　　　　Optech 公司地面三维激光扫描仪主要规格参数

面市时间	2002 年	2004 年	2011 年
扫描仪规格	ILRIS-3D	ILRIS-HD	ILRIS-LR
测距能力@80%反射率（m）	1700	1800	3000
原始距离精度（平均值）（mm）	7/100m	4/100m	4/100m
原始角度精度（urad）	80	80	80
视场角（°）	40×40	40×40	40×40
最大点间距（cm）	2@ 100m	1. 3@ 100m	2@ 100m

续表

激光波长（nm）	1535	1535	1064
大小（mm）	320×320×220	320×320×240	320×320×240
重量（kg）	13	14	14
数据存储	USB 接口存储设备	USB 接口存储设备	USB 接口存储设备

2.1.3　瑞士 Leica（徕卡）公司的产品

徕卡测量系统贸易有限公司（北京/上海/香港）隶属于海克斯康，HDS 高清晰测量系统部门是三维激光扫描解决方案的供应商，该部门的前身是 1993 年成立的 Cyra 技术公司，2001 年徕卡测量系统收购该公司。1995 年推出了世界上第一个三维激光扫描仪的原型产品；1998 年推出了第一台三维激光扫描仪实用产品 Cyrax 2400，扫描速度为 100 点/秒；2001 年推出第二代产品 Cyrax2500，扫描速度增加到 1000 点/秒。Cyrax2500 即为徕卡 HDS2500 及后来的 HDS3000 的前身。

除了提供硬件产品，徕卡测量系统还为用户提供了一体化的后处理软件 Cyclone。Cyclone 软件具有扫描、拼接、建模、数据管理和成果发布等几大功能，相应的具有数十个应用模块。另外，还有基于 AutoCAD 的插件 CloudWorx 和基于互联网的 TruView 插件可供用户使用。

2015 年，徕卡测量系统全新打造的第八代三维激光扫描仪 ScanStation P30/P40（图2-3），完美融合了徕卡高精度的测角测距技术、WFD 波形数字化技术、Mixed Pixels 混合像元技术和 HDR 高动态范围图像技术，以及徕卡卓越的硬件品质，使得 P30/P40 具有更高的性能和稳定性，扫描距离可达 270m，满足各种扫描任务需求。同时推出融合高质量和高性能于一体、坚固耐用的入门级三维激光扫描仪——徕卡 ScanStation P16。它具有超高性价比，最大扫描范围可达 40m，采用向导式操作界面，是一款专业工程型扫描仪。仪

图 2-3　徕卡 ScanStation P30/P40 新一代超高速三维激光扫描仪

器系列产品主要技术参数见表 2-3。

表 2-3　　　　　　　　　　徕卡地面三维激光扫描仪系列产品主要技术参数

面市时间	2001 年	2004 年	2005 年	2005 年	2006 年	2008 年
仪器型号	Cyrax2500	HDS3000	HDS4500	ScanStation	HDS 6000	ScanStation 2
点位精度(mm)	6/50m	6/50m	3/50m	3/60m	6/50m	6/50m
距离精度(mm)	1	4/50m	—	4/50m	6/50m	4/50m
角度精度(″)	0.5	12		12	25	12
扫描距离(m)	150	300	100	300	79	300
扫描速率(点/秒)	1000	4000	500000	5000	500000	50000
扫描视场角(°)	40/40	360/270	360/310	360/270	360/310	360/270
扫描模式	脉冲式	脉冲式	相位式	脉冲式	相位式	脉冲式
数据存储容量	笔记本电脑	笔记本电脑	笔记本电脑	笔记本电脑	60GB 内置硬盘	笔记本电脑
仪器尺寸(mm)	401×336×429	401×336×429	180×300×350	265×370×510	244×190×352	265×370×510
仪器重量(kg)	20.5(含手柄)	20.5(含手柄)	13	18.5	12	18.5
面市时间	2009 年	2009 年	2010 年	2011 年	2011 年	2011 年
仪器型号	HDS4400	HDS 6100	ScanStation C10	HDS6200	ScanStation C5	HDS7000
点位精度(mm)	10/50m	9/50m	6/50m	9/50m	6/50m	9/50m
距离精度(mm)	20/50m	4/50m	4/50m	4/50m	4	—
角度精度(″)	288	25	12	26	12	12
扫描距离(m)	700	79	300	79	35	187
扫描速率(点/秒)	4400	508000	50000	1000000	25000	1000000
扫描视场角(°)	360/80	360/310	360/270	360/310	360/270	360/320
扫描模式	脉冲式	相位式	脉冲式	相位偏移	脉冲式	相位式
数据存储容量	笔记本电脑	60GB 内置硬盘	80GB 固态硬盘	60GB 内置硬盘	80GB 固态硬盘	64GB 内置硬盘
仪器尺寸(mm)	431×271×356	244×190×352	238×358×395	199×294×360	238×358×395	286×170×395
仪器重量(kg)	14(含电池)	14(含电池)	13	14(含电池)	13	13(不含电池)

续表

面市时间	2011 年	2012 年	2015 年	2015 年
仪器型号	HDS8800	ScanStation P20	ScanStation P30/P40	ScanStation P16
点位精度（mm）	–	3/50m	3/50m	3/40m
距离精度（mm）	10/200m；50/2000m	1.5/50m	1.2mm+10ppm	1.2mm+10ppm
角度精度（″）	36	8	8	8
扫描距离（m）	2000	120	270	40
扫描速率（点/秒）	8800	1000000	1000000	1000000
扫描视场角（°）	360/80	360/270	360/270	360/270
扫描模式	脉冲式	脉冲式	脉冲式	脉冲式
数据存储容量	笔记本电脑	256GB 固态硬盘	256GB 固态硬盘	256GB 固态硬盘
仪器尺寸（mm）	455×246×378	238×358×395	238×358×395	238×358×395
仪器重量（kg）	14	11.9	12.25	12.25
内置相机分辨率	—	—	400 万像素	400 万像素
像素大小（um）			2.2	2.2

2013 年，徕卡测量系统推出徕卡 Nova MS50 综合测量工作站（图 2-4），集成了高精度全站仪技术、高速 3D 扫描技术、高分辨率数字图像测量技术以及超站仪技术等多项先进的测量技术，能够以多种方式获得高精度的测量结果，应用范围得到空前的扩大。徕卡 Infinity、MultiWorx、Cyclone、GeoMoS 等软件，都可以与 MS50 结合使用，可以根据自己的实际需求进行选择，以获得需要的测量结果。仪器详细技术参数与资料见徕卡测量系统网站（www.leica-geosystems.com.cn）。

2.1.4 美国 Trimble（天宝）公司的产品

天宝公司成立于 1978 年，于 1998 年 6 月在中国北京成立了其第一家代表处。

Trimble GX 3D 扫描仪是一个先进的测量仪器，它使用高速激光和摄像机捕获坐标和图像信息。Trimble FX 扫描仪专为工业、造船和海上平台环境所设计。其主要特点是一键自动建模，并可与 Trimble 其他测量仪器联合作业、数据兼容。Trimble VX 空间测站仪采用领先的光学和扫描技术进行三维测量，提交二维、三维成果。Trimble CX 扫描仪无需额外的处理就可以提供高精度点云数据，CX 系统为用户的项目管理提供了真正的优势，并在外业工作中通过点云有能力执行 QA/QC。CX 具有 Trimble Access 数据接口，可在 Trim-

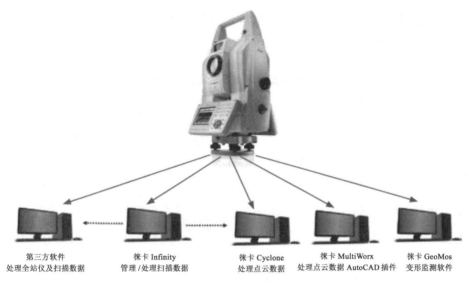

第三方软件　　　　徕卡 Infinity　　　　徕卡 Cyclone　　　　徕卡 MultiWorx　　　　徕卡 GeoMos
处理全站仪及扫描数据　管理／处理扫描数据　处理点云数据　处理点云数据 AutoCAD 插件　变形监测软件

图 2-4　徕卡 Nova MS50 综合测量工作站

ble Tablet 上直接进行操作和数据处理。Trimble TX5 扫描仪（2012 年）是一个面向广泛扫描应用的革命性多功能三维解决方案，仪器参数与法如 Focus 3D 扫描仪相同。数据用 SCENE 软件处理和配准，可以无缝地导入到天宝 Realworks Survey 软件上，以产生最终成果，例如，检测结果、测量结果或三维模型。数据也可以传输到三维 AutoCAD 软件包，提供给第三方设计软件。

2013 年，天宝公司推出 TX8 激光扫描仪（图 2-5），它具有获取精确高密度三维数据的能力，结合天宝 RealWorks 软件先进的建模、分析和数据管理工具，可以为空间地理信息专业人员提供完整的扫描解决方案。

图 2-5　天宝 TX8 激光扫描仪

仪器主要技术参数见表 2-4，扫描仪详细技术参数见北京麦格天宝科技发展集团有限公司网站（www. maggroup. org）。

表 2-4 　　　　　　　　　　**Trimble 公司三维激光扫描仪主要技术参数**

面市时间	2003 年	2004 年	2005 年	2006 年	2007 年
仪器类型	Trimble GS101	TrimbleGS200	TrimbleGX200	TrimbleVX	Trimble GX Advance
最大测程（m）	200	350	350	150	350
扫描速度（点/秒）	5000	5000	5000	15	5000（开启 SureScan 提升 16 倍）
扫描精度（mm）	1. 4/50m	1. 4/50m	1. 4/50m	3/150m	1. 4/50m
角度精度（″）	12	12	12	1	12
视场（°）	360/60	360/60	360/60	360/60	360/60
扫描方式	脉冲	脉冲	脉冲	脉冲	脉冲
激光波长（nm）	532	532	532	905	532
尺寸（mm）	340×270×420	340×270×420	323×343×404	220×190×385	323×343×404
重量（kg）	13. 6	13. 6	13	5. 25	13
面市时间	2008 年	2009 年	2012 年	2013 年	
仪器类型	Trimble FX	Trimble CX	Trimble TX5	Trimble TX8	
最大测程（m）	140	80	120	120	
扫描速度（点/秒）	1200000	54000	976000	1000000	
扫描精度（mm）	1. 5/50m	1. 25/50m	1. 1/25m	2/100m	
角度精度（″）	8	14	—	16	
视场（°）	360/270	360/300	360/300	360/317	
扫描方式	相位	脉冲与相位结合	相位	脉冲	
激光波长（nm）	685	660	905	1500	
尺寸（mm）	425×164×237	120×520×355	240×200×100	335×386×242	
重量（kg）	11	11. 8	5	10. 6	

2.1.5 　日本 Topcon（拓普康）公司的产品

拓普康集团 1932 年成立于日本东京。2004 年 9 月，株式会社拓普康与北京拓普康商贸有限公司共同投资成立了拓普康（北京）科技有限公司，于 2010 年 9 月 1 日成立拓普康（北京）科技发展有限公司。

拓普康公司在 2008 年推出了地面固定式三维激光扫描仪 GLS 系列产品。GLS-1000 及 GLS-1500 先后面世。GLS 系列扫描仪具有操作方便、采样率高、测量距离超长、测量精度最高、靶标获取精度最高、仪器在轻微震动下可自动进行最大范围的双轴补偿等一系列优势，ScanMaster 软件高效处理海量点云，扫描数据和 CAD 无缝衔接。

2014 年，拓普康公司推出 GLS-2000 三维激光扫描仪（图 2-6），采用全站仪式的外业作业模式，为多个测站间点云数据的拼接提供了连接点法、测站后视法、形状匹配法等多种有效的拼接方法。提供了长距模式、近景模式、高清模式、高速模式、安全模式共五种不同测程的扫描模式。仪器的主要技术性能指标见表 2-5。

图 2-6　GLS-2000 三维激光扫描仪

表 2-5　　　　　　　　　　　　Topcon 公司三维激光扫描仪主要性能指标

面市时间	2008 年	2009 年	2014 年
仪器类型	GLS-1000	GLS-1500	GLS-2000
扫描距离（m）	1~330	1~500	350（长距模式）
扫描速度（点/秒）	3000	30000	120000
扫描精度（mm）	4/150m	4/150m	3.5/150m
角度精度（″）	6	6	6
扫描角度范围（°）	360/70	360/70	360/270
数据存储	SD 卡	SD 卡	SD 卡
主机尺寸（mm）	φ260×576	299×240×566	228×293×412
重量（kg）	15.2（不含电池）	16	10kg（含电池和基座）
激光波长（nm）	—	1535	1064
激光类型	脉冲式	脉冲式	脉冲式

　　2007 年，拓普康公司推出影像型三维扫描全站仪 IS01 和 IS02，2010 年推出 IS201 和 IS203，2012 年推出全新的 IS3（Image Station）三维影像工作站 IS301 与 IS302（图 2-7），集中功能有：测量机器人、图像、视频、自动调焦、三维扫描及 2km 无棱镜测距。IS3 的推出，将影像测量提升到了一个新的高度，马达伺服使 IS 系列如虎添翼，2000m 无棱镜测距，室内远程遥控，户外准确测量，即点即测，非常方便，新增 Touch Drive 技术和扫描功能使得 IS 成为测量人员最理想的测量工具。

图 2-7　IS3 系列影像型三维扫描全站仪

　　以上设备的详细技术参数见北京拓普康商贸有限公司（http：//positioning. top-con. com. cn/）与拓普康（北京）科技发展有限公司（http：//www. topconchina. com/）网站。

2.1.6　其他公司产品

　　（1）澳大利亚 I-site Pty 公司

　　2014 年推出 Maptek I-Site 系列超长距离三维激光扫描仪 I-Site8820。扫描仪详细技术参数见北京咏归科技有限公司（www. yongguitech. com）与北京道云空间科技有限公司（http：//www. daoyuntech. com/）网站。

　　（2）美国 FARO（法如）公司

　　2013 年推出新型的 FARO Focus 3D X 330。扫描仪详细技术参数见南京龙测测绘技术有限公司（http：//www. longce. net/）与北京浩宇天地测绘科技发展有限公司（www. haoyuworld. com）网站。

（3）德国 Z+F 公司

2015 年德国 Z+F 公司推出了 IMAGER 5010X 三维激光扫描仪。仪器详细规格参数见上海华测导航技术股份有限公司网站（http：//www.huace.cn/，http：//www.zf-laser.com/）。

（4）美国 Basis 公司

目前主要产品是 Surphaser 50HSX，Surphaser 100HSX。仪器详细规格参数见北京龙睿海拓科技发展有限责任公司网站（www.lidar.net.cn）。

（5）日本 PENTAX（宾得）公司

2013 年推出了高精度、高速度、一体化的高性价比扫描仪器。PENTAX S-3180/S-3180V 是由德国 Z+F 公司生产，在 LFM 与 LaserControl 软件处理的基础上，PENTAX 公司开发了三维激光隧道施工与安全监测软件。扫描仪技术参数与详细资料见北京中翰仪器有限公司网站（www.zhinc.com.cn）。

另外，还有法国 Mensi 公司、日本 Konica Minolta（柯尼卡美能达）公司。

2.2 国内地面三维激光扫描仪简介

目前，生产地面三维激光扫描仪的公司逐渐增多。随着地面三维激光扫描技术应用普及程度的不断提高，国内产品在中国的市场目前才刚刚起步。以下简要介绍有代表性的公司设备性能指标。

2.2.1 中海达公司 HS 系列产品

广州中海达卫星导航技术股份有限公司（简称为中海达）成立于 1999 年，2011 年 2 月 15 日在深圳创业板上市。2012 年公司与自然人王少华合作，投资设立武汉海达数云技术有限公司，用以主营研发、生产及销售三维激光扫描仪系列产品。

2012 年成功研发 iScan 一体化移动三维测量系统与 LS-300 三维激光扫描仪。LS-300 是国内第一台完全自主知识产权的高精度地面三维激光扫描仪，具有高效扫描、远距离测量、Ⅰ级安全激光、智能化操作、符合工程测量流程的业务化软件设计等特点。还配套自主研发了系列激光点云数据处理软件和三维全景影像点云应用平台。

2014 年 10 月，中海达推出了 HS 300 三维激光扫描仪，同年推出 HS 450。2015 年 4 月推出的 HS 650 高精度三维激光扫描仪（图 2-8）是中海达完全自主研发的脉冲式、全波形、高精度、高频率三维激光扫描仪，配套中海达自主研发的全业务流程三维激光点云处理系列软件，具备测量精度高、点云处理效率高、成果应用多样化等特点，并广泛应用于数字文化遗产、数字城市、地形测绘、形变监测、数字工厂、隧道工程、建筑 BIM 等领域。

仪器的主要技术参数见表 2-6，扫描仪详细技术参数见中海达公司（www.zhdgps.com）

图 2-8　HS 650 三维激光扫描仪

与武汉海达数云技术有限公司（www. hi-cloud. com. cn/）网站。

表 2-6　　　　　　　中海达公司三维激光扫描仪主要技术参数

面市时间	2013 年	2014 年	2015 年
仪器类型	LS-300	HS 450	HS 650
扫描距离（m）	0. 5~250	0. 5~450	0. 5~650
扫描速度（点/秒）	14400	300000	300000
测距精度（mm）	25/100m	10/100m	5/100m
水平角度分辨率（″）	18	7. 2	3. 6
扫描角度范围（°）	360/300	360/100	360/100
数据存储	60GB 固态硬盘	240GB 固态硬盘	240GB 固态硬盘
主机尺寸（mm）	400×300×200	ϕ199×360	ϕ199×360
重量（kg）	14. 2（含电池）	12. 8	10. 0
激光波长（nm）	905	1545	1545
激光类型	脉冲式	脉冲式	脉冲式

2. 2. 2　北科天绘公司的 U-Arm 系列产品

北京北科天绘科技有限公司（简称北科天绘）于 2005 年初成立。公司产品系列包括：基于飞行平台的激光扫描测量设备 A-Pilot 系列，基于车载平台的激光扫描测量设备 R-Angle 系列，地面全向三维激光扫描设备 U-Arm 系列。

2011 年成功研制第一代地面激光扫描仪（U-machine），2012 年成功研制第二代地面设备（UA 系列），2012 年到 2013 年年初改进第二代设备为第三代地面设备同为 UA 系列，其中第二代与第三代为第一代的改进型号，同时 UA0100、UA0500、UA1000、UA2000 在 2013 年初相继面世。2014 年推出 UA-1500 和 TP-3000（图 2-9）。

图 2-9　U-Arm 系列三维激光扫描仪

　　U-Arm 系列产品包括 UA-0150、UA-0500、UA-1500 和 TP-3000 四个型号，另外可以根据行业需求进行定制。U-Arm 系列三维激光扫描仪支持工程测量作业，支持建站作业模式。同时，U-Arm 产品内置全视角数字相机，可同步获取目标场景的全方位摄像。激光测量数据与影像数据全部实现内部标定，可以得到高精度的点云数据及全景影像拼接。U-Arm 系列三维激光扫描仪产品硬件配置完备，支持与各种 GPS 天线的实时通信，实现目标场景的精确定位。UIUA 软件是北科天绘公司针对 U-Arm 地面三维激光扫描仪自主研发的配套软件，实现了从设备控制到数据采集、数据解算、点云滤波、点云分类、点云与影像融合等的一体化操作流程，形成了一套完整的数据处理解决方案。

　　仪器主要性能指标见表 2-7，扫描仪详细技术参数见公司网站（www. isurestar. com）。

表 2-7　　　　　　　　　　　**U-Arm 系列三维激光扫描仪主要性能指标**

仪器型号	UA-0150	UA-0500	UA-1500	TP-3000
扫描距离（m）（ρ≥60%）	0.5~300	1.5~1000	10~1500	50~5000
回波模式	N/A	多回波	多回波	多回波
激光波长（nm）	红外	1550	1550	1064
扫描视场（°）	360×300	360×300	360×300	360×70
扫描速度（rpm）	1800	1800	1800	200~300（Hz）
测角分辨率（°）	0.001	0.001	0.001	0.001

续表

测距精度（mm）	2~5/50m	5~8/100m	5~8/100m	20~30/500m
重量（kg）	6	9	12	18

2.2.3 广州思拓力公司的 X 系列产品

广州思拓力测绘科技有限公司于 2012 年推出 X9 三维激光扫描系统，STONEX X9 运用 LFM 软件提供了从点云拼接到建模的完整数据解决方案。

2013 年推出的 X300 三维激光扫描仪（图 2-10）完全由思拓力设计，性能优异、简单易操作，适合中国市场，符合中国测量用户的传统与习惯，适应野外复杂的工作环境，X300 内置相机输出真彩色点云数据，自建长距离 Wi-Fi 热点，通过平板电脑、笔记本、PDA 或智能手机进行无线操控，可以直接地扫描、组织工作、检查数据储存和创建输出文件。

仪器的主要技术参数见表 2-8，扫描仪详细技术参数见公司网站（http：//www.situoli.com/）与厦门精导仪器设备有限公司网站（http：//www.xmjingdao.com/）。

图 2-10 X300 三维激光扫描系统

表 2-8　　　　　　　　STONEX 系列三维激光扫描仪主要技术参数

仪器型号	X9	X300
测量距离（m）	187	300（80%反射率）
扫描速度（点/秒）	101.6 万	4 万
最小测程（m）	0.3	2
垂直视野范围（°）	320	180

水平视野范围（°）	360	360
扫描精度（mm）	1/50m	4/50m
主机重量（kg）	9.8	6.15

2.2.4　其他公司产品

（1）深圳市华朗科技有限公司

2009 年公司推出 HL1000 三维激光扫描仪，基于 Windows 平台自主开发配套点云处理软件 Cloud Processor，集大场景数据管理、智能化编辑操作、多站拼接及色彩匹配，以及三维建模、DSM、DTM、DEM、特效制作引擎于一身，为快速三维场景重建、漫游、虚拟现实和视景仿真提供了全面的解决方案。扫描仪详细技术参数见公司网站（http：//www. holon3d. com/cn/）。

（2）武汉迅能光电科技有限公司

公司相继开发了 SC70（2011 年）、SC500（2012 年）及 VS1000（2013 年）三种型号三维激光扫描仪。扫描仪详细技术参数见公司网站（www. scanlasertech. com）。

（3）杭州中科天维科技有限公司

2013 年下半年开始，全视景三维成像激光扫描仪 TW-Z1000 进入试生产，产品技术指标达到国际同期同类产品先进水平，填补了国内空白。扫描仪详细技术参数见公司网站（http：//www. cst3d. com/）。

2.3　手持式三维激光扫描仪简介

2.3.1　概述

三维激光扫描技术是为了解决工业领域的设计和制造需求而诞生的，其主流技术从出现到现在，已经发展到了第四代（手持式三维扫描）。第一代是接触式测量技术，第二代是线激光扫描技术，第三代是结构光扫描技术。手持式三维扫描技术是使用线激光来获取物体表面点云的，用视觉标记来确定扫描仪在工作过程中的空间位置。手持扫描具有灵活、高效、易用的优点，代表今后的发展方向。

手持式三维扫描仪（3D scanner）是一种科学仪器，用来侦测并分析现实世界中物体或环境的形状（几何构造）与外观数据（如颜色、表面反照率等性质）。搜集到的数据常被用来进行三维重建计算，在虚拟世界中创建实际物体的数字模型。它是三维扫描仪中最常见的扫描仪。这些模型具有相当广泛的用途，举凡工业设计、瑕疵检测、逆向工程、机器人导引、地貌测量、医学信息、生物信息、刑事鉴定、数字文物典藏、电影制片、游戏创作素材等都可见其应用。

3D 扫描仪的用途是创建物体几何表面的点云，这些点可用来插补成物体的表面形状，越密集的点云可以创建更精确的模型（这个过程称为三维重建）。若扫描仪能够取得表面颜色，则可进一步在重建的表面上粘贴材质贴图，亦即所谓的材质印射。

手持式三维激光扫描仪的优点：

①高分辨率：检测每个细节并提供极高的分辨率。

②极高精度：提供无可比拟的高精度，生成精密的 3D 物体图像。

③真正自动多分辨率：新型批量三角化处理装置可在需要时保持更高的分辨率，同时在平面上保持更大三角形网格，从而生成更小的 STL 文件格式。

④双扫描模式：用户可使用安装在设备顶部的按钮在正常和高分辨率扫描模式之间切换。正常分辨率对于大型部件和动态扫描十分有用，而高分辨率专用于要求严格的复杂表面。

⑤自定位：不需要额外跟踪或定位设备，创新的定位目标点技术可以使用户根据其需要以任何方式、角度移动被测物体。

⑥真正便携式设备：可装入一只手提箱，携带到作业现场或者转移于工厂之间。

⑦功能强大，使用界面友好：即使在狭小的空间内使用都应用自如，可扫描任何尺寸、形状及颜色的物体，只需极短的培训学习时间即可上手。

2.3.2　国外手持式三维激光扫描仪简介

1. 加拿大 Creaform 公司的产品

加拿大 Creaform 公司成立于 2002 年，2007 年进入中国。2005 年推出首个 HandyS-CAN 3D 激光扫描仪，目前主要型号有 UNIscan、REVscan、EXAscan、Go! SCAN、HandySCAN700 等。

其中，HandySCAN 700（图 2-11）带来了更高的准确性、速度和分辨率。这是市场上用途最广的 3D 扫描仪，适用于检测和要求严格的逆向工程应用。配套有后期处理软件 VXmodel，它可以直接集成到 VXelements 中，并且完全允许在任何 CAD 或 3D 打印软件中直接使用完成的 3D 扫描数据。VXmodel 提供了最简便快捷的途径，可将数据从 3D 扫描传送至 CAD 或附加制造工作流。

2. 美国 Artec 集团的产品

美国 Artec（阿泰克）集团总部位于卢森堡，所有的研发、生产工作都在莫斯科进行。Artec 集团在处理/捕获 3D 表面和人脸扫描识别方面被认为是世界领先水平。

手持式三维扫描仪主要有三个型号：Artec Eva 、Artec L、Artec Spider。其中，Artec Spider 持式 3D 扫描仪（图 2-12）是第一款专门针对 CAD 用户而开发的，可以用于逆向工程、产品设计、质量监控和大规模生产的手持型扫描仪。可以配合 Artec Studio 应用软件使用。这是一款为各类设计师、工程师和发明家开发的功能强大的桌面软件工具。

另外，还有加拿大 NDI 公司的 VicraSCAN 手持式三维激光扫描仪、ScanTRAK 大空间三维激光扫描仪，美国 FARO 公司的 FARO Freestyle3D 高精度手持扫描仪。

图 2-11　HandySCAN 3D 手持式三维激光扫描仪

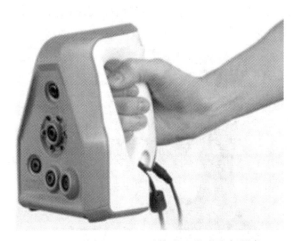

图 2-12　Artec Spider 手持式三维激光扫描仪

2.3.3　国内手持式三维激光扫描仪简介

1. 先临三维公司的产品

杭州先临三维科技股份有限公司成立于 2004 年，是国家白光三维测量系统（3D 扫描仪）行业标准的第一起草单位。

EinScan 是全球首款桌面、手持式两用三维扫描仪（图 2-13）。桌面式扫描与手持式扫描，两种模式轻松转换。扫描仪轻便小巧，既可以满足固定扫描时对于高精度数据的要求（精度 0.03mm），又可以做到手持实时 3D 数据采集（精度 0.3mm），灵活易用，适用范围广。

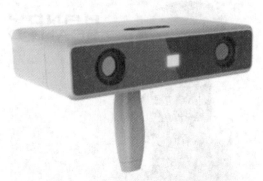

图 2-13　EinScan 手持式三维激光扫描仪

2. 杭州思看公司的产品

杭州思看科技有限公司产品包括手持式激光三维扫描仪、全局摄影测量系统和激光二维传感器等。

HSCAN 系列手持式激光三维扫描仪产品（图 2-14）包括 HSCAN-300、HSCAN-330、HSCAN-771，可以根据用户的需求灵活定制，在扫描大体积物体时，可以配合全局摄影测量系统，消除累计误差，提高全局扫描的精度。

图 2-14　HSCAN 系列手持式三维激光扫描仪

3. 其他公司产品

①上海汇像信息技术有限公司。主要产品是 REVscan 便携式手持式激光扫描仪。

②深圳市华朗科技有限公司。主要产品有 Holon-3DH-M（标志点）、Holon-3DH-F（自由曲面）、3DH-3M（2015）。

③北京天远三维科技有限公司。主要产品是 OKIO-FreeScan 天远手持式三维扫描仪。

④深圳市精易迅科技有限公司。主要产品是 PTS-H3DW 手持式三维扫描仪。

2.4 拍照式三维激光扫描仪简介

2.4.1 概述

拍照式结构光三维扫描仪是一种高速高精度的三维扫描测量设备，采用的是目前国际上最先进的结构光非接触照相测量原理。结构光三维扫描仪的基本原理是：采用一种结合结构光技术、相位测量技术、计算机视觉技术的复合三维非接触式测量技术。采用这种测量原理，使得对物体进行照相测量成为可能，所谓照相测量，就是类似于照相机对视野内的物体进行照相，不同的是照相机摄取的是物体的二维图像，而研制的测量仪获得的是物体的三维信息。与传统的三维扫描仪不同的是，该扫描仪能同时测量一个面。测量时，光栅投影装置投影数幅特定编码的结构光到待测物体上，呈一定夹角的两个摄像头同步采得相应图像，然后对图像进行解码和相位计算，并利用匹配技术、三角形测量原理，解算出两个摄像机公共视区内像素点的三维坐标。拍照式三维扫描仪可随意搬至工件位置做现场测量，并可调节成任意角度作全方位测量，拍照式三维扫描仪对大型工件可分块测量，测量数据可实时自动拼合，非常适合各种大小和形状物体（如汽车、摩托车外壳及内饰、家电、雕塑等）的测量。

拍照式三维扫描仪是国内近期火热起来的，最大的优势是扫描时可以获取整个幅面的三维数据。劣势是对扫描物体限制要求高，大部分情况下都要喷显像剂，且每扫描一个幅面就要移动位置，在扫描大幅面和造型复杂物体时，效率较低。

2.4.2 国外拍照式三维激光扫描仪简介

以德国的博尔科曼公司生产的系列产品为例简要介绍如下：

Breuckmann 公司位于德国梅尔斯堡，自 1986 年成立以来一直引领着非接触式三维光学测量技术的发展，并一直是 3D 扫描领域的技术革新者和市场领导者。Breuckmann 的产品基于微结构光投影技术专利，是高精度、高可靠性的 3D 检测工具；Breuckmann 研发的三维扫描系统主要用来实现物体的三维测量、三维数字化以及三维检测，遍布汽车制造、模具、航空航天、发动机叶轮、叶片检测和医疗等领域。2012 年 9 月 3 日，Breuckmann 公司被 Aicon 三维系统有限公司收购。

生产多系列产品，主要有 StereoScan 3D-HE、SmartSCAN-3D-C5（图 2-15）、Smart-SCAN 3D-HE。SmartSCAN 3D-HE 的测量和数字化系统是 SmartSCAN 3D 系统的进一步研发和扩充，代表当今移动性非接触测量和数字化系统的世界最先进水平。SmartSCAN 3D-HE 在几秒内就可以完成几乎任何物体的精密测量并提供高精度和高分辨率的三维数据，并且几乎不受物体尺寸和复杂性的限制。强大的功能，精确的细节数据和广阔的测量范围这三种性能的结合，使 SmartSCAN 3D-HE 适合任何在产品的研发和质量监控中三维数据的提取和加工。广泛应用于逆向工程中的精密测量和数字化等任务中。

图 2-15 SmartSCAN-3D-C5 三维激光扫描仪

2.4.3 国内拍照式三维激光扫描仪简介

1. 先临三维公司的产品

先临三维公司有 OptimScan-3M 和 OptimScan-5M 蓝光三维扫描仪。其中 OptimScan-5M（图 2-16）是市面上最先进的蓝光三维扫描仪。通过高分辨率的 500 万像素镜头和蓝光扫描技术，提供超凡的速度和精度的三维扫描，适用于对品质要求高，以高精度检测为导向的军工、航空航天、模具等行业。

图 2-16 OptimScan-5M 蓝光三维扫描仪

2. 上海汇像公司的产品

上海汇像信息技术有限公司的拍照式三维扫描仪主要有 HX3D-SmartScan-800 多功能幅面、HX3D-SmartScan-600 标准幅面、HX3D-SmartScan-400 精密型、HX3D-SmartScan-200 彩色型、HX3D-SmartScan-1000 大幅面。

HX3D-SmartScan-100 大范围三维扫描仪（图 2-17）拥有业内设备里最大的单面扫描范围，出类拔萃的大范围扫描技术，使得每一次扫描，都能够让用户快速地获取到物体大面积、精确的三维数据，帮助用户大幅度地提高了工作效率。

3. 其他公司产品

①深圳市华朗科技有限公司。主要产品是 α7000（最顶配产品）、Holon-3DX 系列、

图 2-17 HX3D-SmartScan-100 大范围三维激光扫描仪

Holon-3DZ 系列（综合型）等 9 个系列产品。

②北京天远三维科技有限公司。主要产品分为 4 个系列多种型号。

③深圳市精易迅公司。主要产品分为 RY 系列（3 个型号）和 PTS 系列（6 个型号）。

2.5 特殊用途的三维激光扫描仪简介

2.5.1 Optech-CMS 洞穴监测系统

加拿大 Optech 公司 CMS 空区三维扫描系统在 19 世纪 80 年代就取得了专利保护，从那时起 CMS 就等同于地下测量。对应于地下采空区的环境，CMS 空区三维扫描系统产品作了升级，紧凑、坚固的设计，密封的光学部分及特殊的配件，提供了三种不同的作业模式。CMS 空区三维扫描系统采集到成千上万个用于确定空区尺寸、方位、体积的三维坐标点，并用这些点绘制详细的工程图。通用的数据格式，确保 CMS 数据可以导入到任何软件（如 SURPAC、DataMine、Vulcan、MicroMine 等）进行处理。

系统特点主要有不需要棱镜测量、友好操作界面、实时数据查看、自动整平、快速扫描获取数据、360°×290°扫描范围、快速精确获取空区的三维模型、对难以到达区域的安全监测。系统可应用于监测充填体位移、测量贫化指标并降低贫化、精密测量片帮与冒落、测量爆破效率岩爆破坏范围、巷道断面测量、露天采区测量，等等，从而提高矿山开采效率、增加矿山效益、作业更安全。

目前的主要产品有：CMS V400 普通型（适合在露天矿及金属矿井下作业，以及一些危险区域人员不方便到达的区域）、CMS V400 防爆煤安型（适合在煤矿井下作业）、CMS V500（图 2-18）。

仪器的主要规格参数见表 2-9，仪器详细规格参数见北京中翰仪器有限公司网站

图 2-18　CMS V500 洞穴监测系统

（www. zhinc. com. cn）。

表 2-9　　　　　　　　　　　　CMS 洞穴监测系统主要技术参数

仪器型号	V400	V500
测量距离（m@90%反射率）	500	500
扫描角度（度）	360×290	360×320
距离精度（cm）	±2	±2
距离分辨率（mm）	1	10
角度精度（度）	0.1	0.1
每次扫描点数	52200	57600
扫描头重量（kg）	5.4	7

2.5.2　英国采空区扫描仪

1. 采空区扫描仪

代表性产品是采空区扫描仪-探杆式三维激光扫描仪 Void Scanner（VS150）Mk3，VS150 三维激光采空区测量系统（图 2-19）是英国 MDL 公司专门为矿山采空区测量而生产的一种基于激光的空区测量系统。系统可以架设在伸缩式、坚固轻便的碳素延长杆上，可以深入到空区内进行测量，也可以架设在三角架上进行测量。主要应用于采场验收、采空区测量、采场体积计算、对比测量观察变形、矿堆体积测量等。

2. 钻孔式三维激光扫描仪

C-ALS MK3 三维激光采空区测量系统（图 2-20）是英国 MDL 公司开发的。它可以通过地表延伸至空区内部的钻孔将激光探头下放至空区内部，迅速而安全地对空区进行激光三维扫描。也可以在地下向采空区钻进钻孔，通过钻孔进行空区探测。扫描过程中，与探

图 2-19 VS150 采空区三维激光扫描仪

头相连的控制单元与计算机通过网络连接,最大距离 300m,操作人员可在远离危险区域的条件下利用控制软件遥控监视和操作扫描系统。

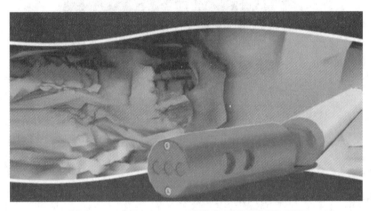

图 2-20 C-ALS MK3 三维激光采空区测量系统

VS150 和 C-ALS MK3 三维激光采空区测量系统的主要技术参数见表 2-10,详细资料和技术参数见北京咏归科技有限公司(http://www.yongguitech.com/)网站。

2.5.3 加拿大采空区扫描仪

加拿大 GeoSight 公司的矿晴(MINEi)集成式三维激光测量系统(图 2-21)通过使用精确模拟矿体空区结构的三维测量数据,可应用于计算空区体积、真三维模型图纸绘制、监测空区变形、核实超爆与欠爆等。

MINEi 集成式三维激光测量系统的主要技术参数见表 2-10,详细资料和技术参数见北京咏归科技有限公司(http://www.yongguitech.com/)网站。

表 2-10 采空区测量系统主要技术参数

设备型号	VS150	C-ALS MK3	MINEi
激光安全等级	Class 2	Class 1	Class 1
测量范围	150m@ 80% 反射率	150m	500m
精度	5cm	5cm	2cm
距离分辨率	1cm	1cm	1mm
扫描速度	200 点/秒	250 点/秒	250 点/秒
水平/垂直扫描范围	360°/270°	垂直范围−90°～+90°	360°/310°
尺寸	140×119.5×503（mm）	5×200（cm）	15.2×72（cm）
重量	5.0kg	3.5kg	7.2kg

图 2-21 MINEi 集成式三维激光测量系统

2.5.4 德国 SICK（西克）激光扫描测量系统

1946 年 SICK（西克）公司诞生，主要的激光扫描测量产品有室内型激光扫描测量系统和室外型激光扫描测量系统。

室内型激光扫描测量系统主要用于室内仓库及厂房内，如自行小车 AGV 防撞及导航，仓库入口超限检测，机器人的引导及定位，室内散货、包裹体积测量等。室内型激光扫描测量系统有 7 个型号产品。

室外型激光扫描测量系统主要用于室外型防撞、障碍检测或物体外形测量。如港口设备防撞及定位，重型设备室外防撞，高速公路车型分类及超限检测，铁路路轨障碍物检测，室外机器人防撞及导航，地形扫描，散货如煤堆体积测量等应用。室外型激光扫描测量系统普遍采用多次回波检测技术，IP67 的防护等级，雾气校正功能及内部集成加热器，保证其即使在恶劣环境下也能准确测量。室外型激光扫描测量系统有 5 个型号产品，LD-MRS 室外型激光扫描测量系统如图 2-22 所示。

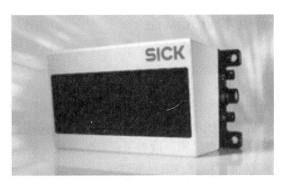

图 2-22　LD-MRS 室外型激光扫描测量系统

2.5.5　北京三维麦普——盘煤仪

北京三维麦普导航测绘技术有限公司成立于 2007 年，公司的主要产品有无人机摄影测量系统、便携式盘煤仪、军用超长距离测距仪、测距传感器等。全自动盘煤仪产品包括有斗轮机全自动盘煤仪、火车载煤测量系统、传送带上盘煤系统。

便携式盘煤仪产品包括 SW21 高精度盘煤仪（2011 年）和 SW31 高精度盘煤仪（2012 年）。其中，SW31 高精度盘煤仪采用最新激光测量技术，最大测量范围 1700m（自然反射目标 500m），精度小于 2cm，测量速度最大 10 点/秒钟；仪器半自动工作，工作时仅需人员转动望远镜进行扫描，扫描数据直接存储到内存中；专业的三维建模 Survey mapping 软件，功能强大，直接读取内存中扫描点数据，生成 DTM 模型；可统计出体积、面积、表面积、体积差等空间数据信息。SW31 是公司最新开发的三维激光扫描系统，可以应用于物料库存量的测量以及其他三维扫描测量。

设备详细资料见北京三维麦普导航测绘技术有限公司（http：//www. survey3d. com/）网站。另外，还有西安科灵节能环保仪器有限公司（http：//xakl. com/）生产的 JP-Ⅲ型便携式盘煤仪和 JP-Ⅳ型固定式盘煤仪，中科科能（北京）技术有限公司（http：//www. sinok. com. cn/）生产的盘煤仪系列产品。

2.5.6　关节臂激光扫描仪

关节臂激光扫描仪是一款独特的测量设备。用户可以用测量臂的硬测头来精确采集点，再用激光扫描头获取所需的大量点云数据。设备也可与逆向工程软件如 Geomagic，Polyworks，Rapidform 和其他第三方软件包一起使用，适用于检测、逆向工程 、快速成形、3D 建模。

国外产品主要有美国 FARO Laser ScanArm，意大利 FriulROBOT 公司 ScanFlex，法国 Kreon ACE 等。国内主要有柳州如洋精密科技有限公司的 RA5 系列产品等。

2.6　三维激光扫描技术研究概述

2.6.1　国外研究概述

欧美国家在三维激光扫描技术行业中起步较早，始于 20 世纪 60 年代。发展最快的是机载三维激光扫描技术，目前该技术正逐渐走向成熟。早期美国的斯坦福大学 1998 年进行了地面固定激光扫描系统的集成实验，取得了良好的效果，至今仍在开展较大规模的研究工作。1999 年在意大利的佛罗伦萨，来自华盛顿大学的 30 人小组利用三维激光扫描系统对米开朗基罗的大卫雕像进行测量，包括激光扫描和拍摄彩色数码相片，之后三维激光扫描系统逐步产业化。目前，国际上许多公司及研究机构对地面三维激光扫描系统进行研发，并推出了自己的相关产品。

三维激光扫描技术开始于 20 世纪 80 年代，由于激光具有方向性、单色性、相干性等优点。将其引入到测量设备中，在效率、精度和易操作性等方面都展示了巨大的优势，它的出现也引发了现代测绘科学和技术的一场革命，引起许多学者的广泛关注。很多高科技公司和高等院校的研究机构将研究方向和重点都放在三维激光扫描设备的研究中。

随着三维激光扫描设备在精度、效率和易操作性等方面性能的提升以及成本方面的逐步下降，20 世纪 90 年代，它成为了测绘领域的研究热点，扫描对象和应用领域也在不断扩大，逐渐成为空间三维模型快速获取的主要方式之一。许多设备制造商也相继推出了各种类型的三维激光扫描系统，现在三维激光扫描系统已经形成了颇具规模的产业。

目前，国际上已有几十个三维激光扫描仪制造商，制造了各种型号的三维激光扫描仪，包括微距、短距离、中距离、长距离的三维激光扫描仪。微观、短距离的三维激光扫描技术已经很成熟。长距离的三维激光扫描技术在获取空间目标点三维数据信息方面取得了新的突破，并应用于大型建筑物的测量、数字城市、地形测量、矿山测量和机载激光测高等方面，并且有着广阔的应用前景。

手持式三维激光扫描仪的研究方面，国外公司起步较早，产品在中国销售的有：加拿大 Creaform 公司和 NDI 公司、美国 Artec 集团和 FARO 公司等。

拍照式三维扫描仪的研究较早，产品在中国销售的公司是德国的 Breuckmann（博尔科曼）公司，2012 年 9 月 3 日，Breuckmann 公司被 Aicon 三维系统有限公司收购。主要产品有 StereoScan 3D-HE、smartSCAN-3D-C5、SmartSCAN 3D-HE。

在特殊用途的三维激光扫描仪开发应用方面，国外的技术还是比较先进，有代表性的产品有：加拿大 Optech 公司 CMS 空区三维扫描系统、英国 MDL 公司专门为矿山采空区测量而生产的一种基于激光的空区测量系统 Void Scanner（VS150）MK3 和 C-ALS MK3、加拿大 GeoSight 公司的矿晴（MINEi）集成式三维激光测量系统、德国 SICK（西克）激光扫描测量系统。

在软件方面，不同厂家的三维激光扫描仪都带有自己的系统软件。还有其他三维激光扫描数据处理软件，如 Geomagic Studio、PolyWorks 软件等，这些软件都各有所长，主要用于逆向工程产品建模。

2.6.2　国内研究概述

在国内，三维激光扫描技术的研究起步较晚，研究的内容主要集中在微短距的领域中，这几年，随着三维激光扫描技术在国内应用逐步增多，国内很多科研院所以及高等院校正在推进三维激光扫描技术的理论与技术方面的研究，并取得了一定的成果。

我国第一台小型的三维激光扫描系统是由华中理工大学与邦文文化发展公司的合作下成功研制的；在堆体变化的监测方面，原武汉测绘科技大学（2000 年与武汉大学合并）地球空间信息技术研究组开发的激光扫描测量系统可以达到良好的分析效果，武汉大学自主研制的多传感器集成的 LD 激光自动扫描测量系统，实现了通过多传感器对目标断面的数据匹配来获取被测物的表面特征的目的。清华大学提出了三维激光扫描仪国产化战略，并且研制出了三维激光扫描仪样机，已通过了国家 863 项目验收。北京大学的视觉与听觉信息处理国家重点实验室三维视觉计算小组在这方面做了不少研究，"三维视觉与机器人试验室"使用不同性能的三维激光扫描设备，全方位摄像系统和高分辨率相机采集了建模对象的三维数据与纹理信息。最终通过这些数据的配准和拼接完成了物体和场景三维模型的建立。凭借中国和意大利政府合作协议，北京故宫博物院于 2003 年将从意大利引进的激光扫描技术应用到故宫古建筑群的三维扫描中。加拿大 Optech 公司生产的 ILRIS-3D 三维激光扫描仪在北京建筑工程学院的故宫数字化项目中起到了重要作用。2006 年 4 月，西安四维航测遥感中心与秦兵马俑博物馆合作建立了 2 号坑的三维数字模型。此外，北京天远三维科技有限公司的 OKIO 三维扫描仪、上海精迪测量的 JDSCAN 三维扫描仪都有自己的市场竞争力。

手持式三维激光扫描仪的研究方面，国内的企业紧跟国外的步伐，目前已经有多家公司研发和销售，有代表性的公司是：杭州先临三维科技股份有限公司、杭州思看科技有限公司、深圳市华朗科技有限公司、北京天远三维科技有限公司等。

拍照式三维扫描仪的研究方面，国内的企业跟踪国际前沿技术，目前已经有多家公司研发和销售，有代表性的公司是：深圳市精易迅公司、深圳市华朗科技有限公司、上海汇像信息技术有限公司等。

在特殊用途的扫描设备方面，目前主要有激光盘煤仪、人像扫描仪等。目前，激光盘煤仪已经有多家公司研发和销售，有代表性的公司是：北京三维麦普导航测绘技术有限公司、西安科灵节能环保仪器有限公司、中科科能（北京）技术有限公司。

针对激光点云数据的管理和处理技术，不同行业应用的数据分析技术等技术难点，激光数据处理还存在设备精度标定、坐标拼接和转换、点云构网、植被分类、行业应用标准等问题。尽管国内外学者进行了大量的研究，取得了一定成果，但仍不能满足生产需要。

尽管三维激光扫描技术在各行业中得到广泛应用，但大多数都是直接应用国外成熟的软件进行数据采集和处理工作。目前国外成熟的地面激光扫描软件相对丰富。在国内，林业科学院针对林业的特点开发了用于林业方面的处理软件。中国水利水电科学研究院的刘昌军开发了海量激光点云数据处理软件和三维显示及测绘出图软件。在国内针对点云数据建模软件开发的还比较少。

近几年，基于地面的激光扫描技术及其应用的研究也取得了一些成果，三维激光扫描仪目前在国内的应用逐渐增多，尤其是在古建筑重建、虚拟现实、立体量测等领域的应用。

2.6.3　扫描仪硬件发展

距世界上第一台三维激光扫描仪开发问世，到现在已有十多年了，随着仪器技术的不断进步，以及各行各业的科研及工程人员的不断实践，该项技术已经逐渐成为广大科研和工程技术人员全新的解决问题的手段，并逐渐取代一些传统的测绘手段，为工程、研究提供更准确的数据。扫描仪硬件的进步主要体现在以下 8 个方面：

①扫描速度从最初的几千点每秒，发展到今天已经达到了百万点每秒。速度的变化主要带来外业数据采集时间的缩短，直接提高了工作效率，并缩短了在危险环境下数据采集的时间，从而让外业更安全。

②扫描仪结构从原来的分体式，发展到今天的高度一体化集成。高度一体化集成主要包括：扫描仪电池内置，高分辨率数码相机内置，高分辨率彩色触摸屏控制面板内置，数据存储内置。一体化让仪器携带、工作中的迁站更方便，操作也更便捷。往往不再需要携带更多的附件，仪器也不需要过多的外部电缆进行连接。

③视场角也从原来的几十度发展到现在几乎全景的扫描。视场角的改变主要带来两方面的帮助：一方面让扫描仪的架设更灵活，并提高工作效率，如果视场角小，要达到理想的扫描结果，仪器架设的方位都会有更多的限制，而且有时需要多次扫描才能达到效果；另一方面，因为视场角的增加，带来扫描架站数量的减少，从而减少数据的后续拼接，减少后处理工作量和避免不必要的误差累积，从而提高了扫描的整体精度。

④最高测量精度也提高到 2mm 左右，扫描点间隔可以细小到 1mm。测量精度的提高直接带来数据结果准确性的提高，使三维激光扫描仪对大型结构、建筑测量以及监测成为可能。扫描点间隔的细小，让细微的结构可以通过扫描表达出来，也增加了仪器可用的范围。

⑤有效扫描距离不断加大。从几十米，增加到几百米，目前奥地利 Riegl 公司的 VZ-6000 与 LPM-321 扫描仪最大测程已经达到 6000m。为在特殊环境下应用提供了设备保障。

⑥中文操作菜单，简便易学。虽然多数扫描仪的操作界面是英文，但是针对我国已经出现中文操作菜单，例如，徕卡 ScanStation 系列的 C10、C5、P20，大大方便了中国用户的使用。

⑦国内研制的扫描仪开始投入市场。中国科研院所及相关公司研制的仪器从样机逐渐走向市场，与国外仪器一百万元以上的价格相比，一般市场价格在一百万元以内，例如广州中海达卫星导航技术股份有限公司（简称中海达）开发的 LS-300 三维激光扫描仪，是国内第一台完全自主知识产权的高精度地面三维激光扫描仪。北京北科天绘科技有限公司（简称北科天绘）研制的三维激光扫描设备 U-Arm 系列，共有 4 个型号。还有广州思拓力测绘科技有限公司、深圳市华朗科技有限公司、武汉迅能光电科技有限公司、杭州中科天维科技有限公司都已研发出相关产品。

⑧手持（拍照）式扫描仪技术先进。目前已经有多家公司研发多系列相关产品，以及特殊用途的扫描仪，技术先进，应用广泛。

2.6.4 扫描仪数据处理软件的发展

扫描数据后处理软件的进步体现在以下 4 个方面：

①可处理更大的数据量。随着软件算法的改进以及计算机硬件性能的提高，目前优秀的三维扫描后处理软件可以存储和处理多达十几亿点的数据。这种性能的提升，可以同时处理更大区域的数据，并在扫描时可以进行更加精细的扫描。

②功能更丰富，涵盖更多行业的需要。软件已经可以成熟提供从工业设备管道建模，建筑物的建模，到非规则复杂形体的建模，并可以直观准确地进行地形、形变分析等计算，还可以提供二维特征线条的提取等功能。

③操作简便，人性化，易于掌握。

④除随机扫描控制与数据处理的软件外，近年来可应用于三维建模的商业软件数量较多，为用户提供了更多的选择。中海达与北科天绘公司自主研发了系列激光点云数据处理软件和三维全景影像点云应用平台，为中国用户创造了良好的应用环境。

2.7 存在的问题与发展趋势

2.7.1 存在的主要问题

三维激光扫描仪作为测绘界的最新技术和仪器，其在国内的应用还处于起步阶段。虽然在国内对三维激光扫描仪的应用研究取得了一定的成果，但是目前还存在以下问题：

①仪器价格比较昂贵，难以满足普通用户需求。目前，国外品牌的仪器在中国的销售价格都在 100 万元以上。国内品牌的销售价格在几十万元，甚至上百万元。目前用户主要集中在高校与科研院所，企业购买得较少。一般而言，地面三维激光扫描仪是一个很难实现检校的黑箱系统，并且仪器的价格非常昂贵，属于市场上的高档仪器设备。

②仪器系统的精度检测方法还处于一个起步阶段。目前地面三维激光扫描技术在面向测绘需求的理论研究和工程应用方面才刚刚起步，还没有形成一套完整的理论体系和数据处理方法。各种工程应用也正迫切希望得到地面三维激光扫描技术的支持，但在数据质量的控制方面仍然依靠仪器厂商提供的参考，没有可靠的理论依据和规范。在仪器的检测方面研究较少，系统的设备检测方法尚处于起步阶段。仪器自身和精度的检校存在困难，目前检校方法单一，基准值求取复杂。缺乏设备精度评定的基本方法，国内也没有有效的检定手段和公认的检定机构。

③工程应用技术规范执行不到位。国家相关技术规范已经出台，主要有 2013 年 8 月 13 日开始实施的《地面激光扫描仪校准规范》（JJF 1406—2013），2015 年 8 月 1 日开始实施的《地面三维激光扫描作业技术规程》（CH/Z 3017—2015）。目前设备在企业普及程度还比较低，制作产品的应用还比较少，因此以上两个规范的执行还未达到强制的程度。

④扫描的野外作业相对简单，但是点云数据的后处理费时费力。随着仪器性能的不断提高，扫描的野外作业操作比较简单，花费的时间较少。点云数据处理软件没有统一化，各个厂家都有自带软件，互不兼容，对于点云数据处理和建模等工作造成了很大的困难。

目前已有的后处理软件功能偏少（特别是专业应用功能）、数据处理量有限，且很多算法不够完善，造成了现场扫描容易，后期数据处理及应用较为困难。数据后处理的自动化程度较低，人力投入较大，软件研发任重道远，特别是适合中国用户的中文版处理与应用软件种类和功能更少，难以满足市场需求。另外，基于软件的三维建模具有一定程度上的主观性，因此在三维建模中各要素的量测性较差。

另外，还存在的问题有产品技术参数不统一，导致不同品牌的产品难以进行有效对比；测量精度的研究还相对较少；点云数据质量评价研究有限。

2.7.2　发展趋势

随着对地面三维激光扫描技术应用研究的不断深入，相信未来的发展趋势主要表现在以下四个方面：

①仪器价格会逐步下降。目前在国内销售的国外品牌仪器超过 10 多个，仪器价格竞争是占领市场的重要手段，相信随着竞争的加剧，仪器价格会逐步下降，出现 100 万元以内的价格相信不会太久。国内研制的仪器（中海达、北科天绘等公司）已经投入市场，与国外品牌相比价格上有较大的优势，相信随着性能与用户认知度的提高，市场占有率也会逐步提高，迫使国外品牌的仪器价格下降。

②积极推进仪器检校与应用技术标准与规范的执行。目前已经有两个相关规范出台，随着仪器价格的下降与用户数量的增加，在不同领域的技术应用不断扩大，相信技术规范能起到促进的积极作用，从而会变成强制执行的国家规范。

③数据处理软件功能会不断加强，三维建模与应用精度会不断得到提高。目前点云数据的处理所用时间是数据采集时间的十倍以上，主要原因就是后处理软件问题。未来的发展趋势就是研制更加成熟、更加通用的数据处理软件，尽可能地缩短数据处理时间。进一步完善和开发后处理软件，使处理的数据量更大、数据处理的速度更快，软件操作更容易。点云数据处理软件的公用化和多功能化，实现实时数据共享及海量数据处理。特别是适合中国用户的中文版软件。通过三维建模为达到逼真的视觉效果，还需要有良好的纹理粘贴，如何有效地融合曲面模型和纹理数据，是值得研究的一项重要内容。在硬件固定的情况下，注重在测量方法和算法方面提高精度。

④进一步改进硬件，使激光扫描仪有更高的测量精度、更快的采样速度以及低廉的价格。进一步扩大扫描范围，实现全圆球扫描，获得被测景物空间三维虚拟实体显示。与摄像机的集成化，在扫描的同时获得物体影像，提高点云数据和影像的匹配精度。相信能在精密工程测量和工业测量中得到广泛应用，相信也会不断拓展到新的应用领域。

另外，扫描仪与其他测量设备（如 GPS、IMU、全站仪等）联合测量，实时定位、导航，并扩大测程和提高精度；三维激光扫描技术与 GIS 结合方面的应用会快速发展。相信在不远的将来三维激光扫描技术的应用领域和范围必定会不断扩大。

思考题

1. 针对地面三维激光扫描仪的国内外制造公司有多少家？国外的主流品牌有哪些？国内有代表性的公司有哪些？

2. 手持式三维扫描仪的优点有哪些？主要应用于哪些方面？国内主要产品有几种？

3. 拍照式三维扫描仪的优势与劣势分别是什么？国内主要产品有几种？

4. 国外生产具有特殊用途的三维激光扫描仪的公司有哪些？国内有哪些公司制造盘煤仪？

5. 扫描仪硬件和软件的进步主要体现在哪些方面？

6. 三维激光扫描技术的应用目前存在的主要问题体现在哪些方面？发展趋势如何？

第3章 地面激光扫描点云数据采集

为了获取高精度完整的点云数据，工作过程一般包括项目计划制订、外业数据采集和内业数据处理三个环节。《规程》中指出：地面三维激光扫描总体工作流程应包括技术准备与技术设计、控制测量、数据采集、数据预处理、成果制作、质量控制与成果归档。本章首先阐述制定扫描方案的方法，然后介绍外业扫描的步骤，最后对点云数据获取的误差来源与精度影响进行简要分析。

3.1 野外扫描方案设计

《规程》中对资料收集及分析、现场踏勘、仪器及软件准备与检查做出了具体要求。本节将参考学者的相关研究，对方案设计做简要阐述。

3.1.1 制定扫描方案的作用

测绘工程项目多数都有技术设计的环节，在我国三维激光扫描技术应用还处于初期阶段，多数应用项目属于试验研究性的，只有少数应用技术路线相对成熟，多数大型项目技术设计已经成为必要环节来进行。

三维激光扫描技术应用的核心是获取点云数据的精度，依据目前一些学者的研究成果，点云数据的精度影响因素较多。为了控制误差累积，提高扫描精度，三维激光扫描测绘和传统测绘一样，测绘前首先要进行基于精度评估的技术设计是非常必要的，对于项目的顺利完成将起到非常重要的作用。

3.1.2 制定扫描方案的主要过程

《规程》中指出：技术设计应根据项目要求，结合已有资料、实地踏勘情况及相关的技术规范，编制技术设计书。技术设计书的编写应符合 CH/T 1004 的规定。结合一些学者的研究成果，制定扫描方案的主要过程简要说明如下：

1. 明确项目任务要求

当扫描项目确定后，承包方技术负责人必须向项目发包方全面细致地了解项目的具体任务要求，这是制定项目技术设计的主要依据。

2. 现场勘查

为了保证项目技术设计的合理性并能顺利实施，全面细致地了解项目现场的环境，双方相关人员必须到扫描现场进行踏勘。

踏勘过程中注意查看已有控制点的位置、保存情况以及使用的可能性。根据扫描对象的形态、空间分布、扫描需要的精度以及需要达到的分辨率确定扫描站点的位置、标靶的位置等。根据扫描站点位置考虑扫描模型的拼接方式，并绘制现场草图（有条件可用大比例尺的地形图、遥感影像图等作为工作参考），对主要扫描对象进行拍照。根据现场勘查以及照片信息找到整个扫描过程中的难点，并对其提出相应的解决办法。

3. 制定技术设计方案

《规程》中规定：技术设计书的主要内容应包括项目概述、测区自然地理概况、已有资料情况、引用文件及作业依据、主要技术指标和规格、仪器和软件配置、作业人员配置、安全保障措施、作业流程。详细说明见《规程》。

选择主要的设计内容简要说明如下：

（1）扫描仪选择与参数设置

目前扫描仪的品牌型号比较多，在激光波长、激光等级、数据采样率、最小点间距、模型化点定位精度、测距精度、测距范围、激光点大小、扫描视场等指标方面各有千秋，为项目实施选择仪器提供了较大的空间，一般应根据仪器成本、模型精度、应用领域等因素综合考虑。

仪器选择时应首先考虑项目任务技术要求、现场环境等因素，再结合仪器的主要技术参数确定项目使用的仪器，多数情况下一台仪器就能够满足作业要求，但是在特殊情况下（如项目任务量较大、工期较短、扫描对象有特别要求）需要多台仪器参与扫描，甚至使用不同品牌型号的仪器。

目前不同品牌仪器的性能参数还不统一，在选择仪器前应充分了解仪器的相关标称精度情况，结合项目技术要求选择相应的参数配置，如最佳的扫描距离、每站扫描区域、分辨率等指标。参数选择的原则是能够满足用户的精度需要即可，精度过高，会造成扫描时间增加、工作效率下降、成本上升、增加数据处理工作量与难度等不良后果。

（2）测量控制点布设方案

扫描仪本身在扫描过程中会自动建立仪器坐标系统，在无特殊要求时能够满足项目需要。但是为了将三维激光扫描数据转换到统一坐标系统（国家、地方或者独立坐标系）下，需要使用全站仪或其他测量仪器配合观测，这样在点云数据拼接后就可通过公共点把所有的激光扫描数据转换到统一坐标系下，方便以后的应用。测量控制点布设要考虑现场环境、点位精度要求等，可以参考测绘相关的技术规范。

针对测量控制网的布设，有一些学者进行了相关的试验研究，并取得了一定的经验。例如，对简单建筑物变形监测控制网的布设原则如下：

①控制网的精度要高于建筑物建模要求的精度；

②控制网布设的网型合适，要能满足三维激光扫描仪完全获取建筑物数据的要求；

③控制网中各相邻控制点之间通视良好，要求一个控制点至少与两个控制点通视；

④为了提高测量精度，要求控制点与被测建筑物之间的距离保持在50m以内。

对复杂建筑物建模观测控制网的布设原则如下：

①观测控制网建设精度高于复杂建筑物模型要求精度一个等级；

②控制网各控制点平面坐标采用高精度全站仪实施导线测量，高程采用精密水准测量方法，并进行严格的平差计算；

③控制网网型合适，满足三维激光扫描仪完整获取建筑物数据的要求。对部分结构复杂的区域，应加密变形监测控制点，使扫描时能更好地获得扫描数据；

④控制网中各相邻控制点之间通视良好，要求一个控制点至少与两个控制点通视；

⑤为了提高测量精度，要求控制点与被测建筑物之间的距离保持在 50m 以内或更近的距离。

4. 野外扫描方案设计

在整个项目技术设计中，野外扫描方案是最重要的组成部分。扫描之前要做全面仔细的方案设计。根据测量场景大小、复杂程度和工程精度要求，确定扫描路线，布置扫描站点，确定扫描站数及扫描系统至扫描场景的距离，确定扫描分辨率。仪器参数的确定将直接影响到扫描精度和效率，分辨率一般根据扫描对象和需要获取的空间信息进行确定。

对扫描方案设计中的主要内容说明如下：

（1）标靶

扫描仪的内部有一个固定的空间直角坐标系统。当在一个扫描站上不能测量物体全部而需要在不同位置进行测量时；或者需要将扫描数据转换到特定的工程坐标系中时，都要涉及坐标转换问题。为此，就需要测量一定数量的公共点，来计算坐标变换参数。为了保证转换精度，公共点一般采用特制的球面（形）标志（也称球形标靶，如徕卡系列的扫描仪配套的球形标靶，可以放置在地面上，如图 3-1 所示，也可以安置在三角架上，如图 3-2 所示）和平面标志（也称平面标靶）（不同形状的平面标靶，如图 3-3 所示，不同形状的平面标志，如图 3-4 所示），在变形监测时一般采用贴片固定在监测对象上。

图 3-1　放置在地面上的球形标靶　　图 3-2　安置在三角架上的球形标靶

放置标靶时注意的事项主要有：能够良好识别，不要被物体遮挡；不要将标靶放在一条直线上，否则会降低拼接精度；安放位置要确保稳定；标靶之间应有高度差。

为满足点云数据的拼接要求，相邻测站至少要求有 3 个公共点重合，因此购置仪器时一般至少要配置有 4 个标靶。如果有条件，可以多配置，扫描时每站的扫描范围会增大，同时也会提高工作效率。

（2）测站设置

根据扫描实施方案，设置站点要保证三维激光扫描仪在有效范围内发挥最大的效率，

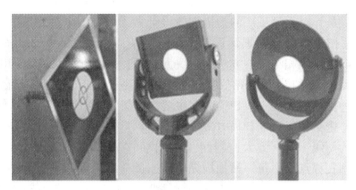

图 3-3 不同形状的平面标靶

图 3-4 不同形状的平面标志

科学地设置站点可大幅提高测量效率。在需要扫描标靶的情况下，换站前要计划好下站位置，要确保下站也能看到标靶；若不需要标靶，测站的位置要保证能尽量多地看到特征点，以方便后续的点云拼接。

一般情况下，采用地物特征点和标靶控制点拼接数据时，测站设置遵守的一般原则如下：

①使得扫描仪所架设的各个测站可以扫描到目标区域的全部范围。

②对测站数进行优化，采用最小的设站数量，最大的覆盖面积，（保证采样率的前提下）减小拼接次数，减少点云数据的拼接误差和数据总量。

③相邻两站之间有不少于三个可清晰识别标靶或特别标志，扫描仪至扫描对象平面的距离要在仪器标称测距精度的最佳工作范围，一般要与扫描对象平面垂直。

④在可视范围内，保证 90% 以上的数据完整性，站与站之间的重复率在 20%~30%，可以保证研究对象整个点云数据的完整性和不同站点间拼接的最低要求。针对古建筑的特殊部位，要进行数据补充，保证完整性。对于大型的复杂建筑，尤其是具有一定高度的建筑，应采用其他辅助手段，保证点云数据的完整性。

（3）大范围区域扫描方案的设计

当扫描范围比较大时，扫描站数较多时，采用一种接拼方式可能会有较大的累计误差。目前大范围区域点云数据拼接是研究的热点问题，直接影响到野外扫描方案的制定。

在这方面，一些学者针对不同的扫描对象范围进行了试验研究，北京则泰盛业科技发展有限公司技术人员针对大型工厂的扫描方案设计做了研究，大型工厂的扫描难点在于：范围大，通过多站扫描可能存在累计误差；设备复杂，对比较集中的设备进行扫描有困难。通过扫描仪和控制网相结合的方法来解决此难题，携带全站仪一套，用于现场控制网的测量（推荐高精度全站仪），全站仪须具有无棱镜测量功能，以确定扫描仪标靶中心位置坐标。针对两种类型的大型工厂扫描方案主要内容简要介绍如下：

第一种类型：密集型工厂的扫描方案

扫描方案分为两级，第一级为控制网，控制网可依据现场情况最多布设成三级控制点。第二级为单站扫描点云。每一站扫描完毕后通过全站仪对单站设置的 3 个或 3 个以上的标靶（平面）进行测量，得出标靶点的坐标，然后通过控制网将所有的单站扫描结果拼接在一起，最终形成完整的扫描场景。

此扫描方案的优点如下：

①不用考虑单站与单站之间的拼接，单站的数据可以和控制点通过标靶坐标直接拼接在一起，这样就减少了扫描站和扫描站之间的拼接，所以设置扫描站的位置相对比较自由，比较重要的地方可以重点扫描，不重要的地方可以一站带过。

②相对于不做控制网的拼接减少了累计误差产生的可能，因为标靶的坐标通过全站仪测量，能够得到相对比较精确的坐标值，按照控制网的等级分开，最终的误差能控制到三级控制点的效果，而如果单纯通过扫描仪扫描标靶拼接，最后的累计误差会随着扫描站点的增加而增加。

此扫描方案的缺点如下：

①单站数据太多，不能很好地形成管理等级，在做草图和记录的过程中，琐碎的东西太多，不方便记录。

②增加了控制点坐标的数量，每一次单站扫描的标靶都要通过全站仪再次测量，一次单站的标靶数量为 3~4 个，那么上百站的数据标靶太多，如果在拼接的过程中出现问题，查找标靶的错误信息将非常困难。

③对全站仪测量标靶点的坐标要求比较苛刻，如果精度出现相对误差比较大情况的时候，很容易造成拼接后的点云发生错位等现象。尤其是对于比较长的扫描对象，更容易出现这样的问题。

④单站数据太多，对后期数据的处理不容易形成系统的模式，比较容易产生错误。

第二种类型：独立型工厂的扫描方案

因为工厂设备的密集程度不同，相对于整套工艺系统，部分功能独立于整个系统，设备分布特点为分散在不同的独立位置，扫描方法可以作如下调整：将整体的被扫描区域划分成为若干个独立单元区域，比如功能 A、功能 B、功能 C 等多个。将每一个功能区作为一个独立单元，独立单元由若干个单站点云组成，独立单元的拼接依靠扫描仪对标靶的控制，全站仪只需要在这个独立单元里测量 3~4 个标靶就能完成多站数据和控制网的拼接，同时还可以在独立单元里布置长边，从而控制好整体的拼接误差，具体的操作为：先对独立单元进行单站数据扫描，标靶的设置要和后一站数据很好地衔接；然后在此独立单元里用全站仪测得相对位置关系比较好的 3 个或 3 个以上的标靶；接着将此独自单元拼接起来，将拼接好的独立单元作为一个单站再和控制网拼接，这样就完成了独立单元和控制网的拼接。

此扫描方案的优点如下：

①独立单元的划分能够很好地计划扫描时间。在扫描的时候，如果项目组对时间的控制比较严格，在工作没有完成的情况下，项目组全部停工，在这样的时间限制下，每一次扫描必须要计划好，否则扫描的不连续产生的直接影响就是要在现场留标靶，如果发生有人将标靶移动的情况，将对后期数据拼接造成比较大的麻烦。通过对独立单元的划分，可以将每一个简单的独立单元利用半天时间，复杂的则利用一天的时间扫描，这样就能够把时间段划分开，很好地避免了间断的残留工作。

②减少了全站仪测量标靶的数量，一个独立单元有 3～4 个标靶就可以进行拼接（在测量的过程中要多测标靶，防止标靶误差），这样既方便了扫描又方便了测量，而且在画草图的过程中减少了标注，使得整体的工作流程得到了很好的简化。

③每一个扫描单元数据在最后的控制拼接过程中其实都相当于一站数据，因为在做控制拼接之前，将这个单元的单站数据通过标靶拼接已经完成了坐标系的统一，最后通过对这个单元里的标靶总和中的 3 个和 3 个以上的标靶和控制点进行拼接，最终可以减少很多的拼接量，并且是通过控制拼接和标靶拼接综合的拼接方式，很好地控制了管理等级和拼接精度。

此扫描方案实施过程中需要注意的问题：划分单元和控制拼接的时候，切勿认为在一个扫描单元里提出一站来和控制网搭接，利用扫描单元里的一站数据中的 3 个标靶和控制网里对应的 3 个标靶进行拼接，这样就可以将拼好的一个单元拼接到控制网里，因为这样有两点限制：①用一站进行搭接，需要全站仪在已知点上都要看到标靶。这样一来，这一站的扫描既要考虑到和下一站的拼接，又要考虑全站仪是否能够看到，这就加大了标靶布置的难度。②用一站进行搭接来控制一个单元，这样就造成了小边控制大边的情况，不能很好地控制拼接精度。

一个单元的数据是要拼接在一起的，所以用一站搭接不是必须的，可以在一个单元的 3 个或者 4 个距离比较远的地方放置几个长边控制精度，同时标靶也能找到比较合适的放置位置。最重要的是拼接的时候不受搭接单站的限制，也能很好地提高效率。

扫描方案设计是顺利完成项目的技术保障，双方要充分沟通，也要对方案进行多次论证，确定最终的实施方案。在方案实施过程中，如果遇到问题也可以对原方案进行修改。

3.2 基于标靶的点云数据采集

《规程》中指出：数据采集流程包括控制测量、扫描站布测、标靶布测、设站扫描、纹理图像采集、外业数据检查、数据导出备份。参考相关学者的应用研究成果，以下对利用标靶进行点云数据采集的方法进行说明。

3.2.1 点云数据采集方法

地面三维激光扫描仪对三维场景进行数据采集时，不同学者对采集方法的描述不太一致，但是总体思想上是一致的，一般可采用三种数据采集方法：基于地物特征点拼接的数据采集方法、基于标靶的数据采集方法和基于"测站点＋后视点"的数据采集方法。

每一种数据采集方法的总体思路简要介绍如下：

1. 基于地物特征点拼接的数据采集方法

根据每测站对待测物体进行数据采集时，获取的点云数据重叠区域内具有地物（公共）特征点的特性，进行后续数据处理。在外业数据采集时，扫描仪可以架设在任意位置进行扫描，同时不需要后视标靶进行辅助。在扫描过程中，只需要保证相邻两站之间的扫描数据有 30%的重叠区域。

数据处理主要通过选择各测站重叠区域的公共特征点计算旋转矩阵进行拼接。特征点选择完成后软件可以计算出待拼接点云相对于基础点云的旋转矩阵，将两站数据拼接在一起。结果再与第三站进行拼接，采用此方法将其余各站的数据拼接成一个整体。

此方法可以在任意位置架设扫描仪进行数据采集，不需架设后视或公共标靶，只要求扫描测站之间有 30%以上的重叠区域，外业测量简单灵活，布设方式灵活。内业数据拼接时需要人工选取公共点云进行拼接，拼接过程复杂、精度较低。该方法适用于特征明显，测量精度要求不高的工程中，一般使用较少。

2. 基于标靶的数据采集方法

基于标靶的点云数据采集方法采用的反射标靶可以是球体、圆柱体或圆形标靶。进行外业数据采集时，在待测物体四周通视条件相对较好的位置布设反射标靶，作为任意设置测站的共同后视点。任意位置设站对待测物体扫描时，要求测站能同时后视到 3 个及以上后视标靶。扫描结束后，再对待测物体四周能后视到的标靶进行精扫，获取标靶的精确几何坐标。根据实际工作经验，在进行基于标靶的数据采集时，每站之间获取 4 个以上的标靶数据，在后期数据处理时能得到更好的点云拼接效果，如图 3-5 所示。

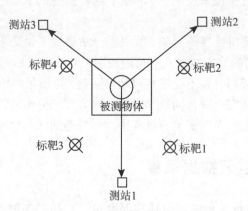

图 3-5　标靶与测站位置关系示意图

利用设备配套软件拼接时，相邻两站进行拼接处理，最后拼接成一个整体。基于标靶的数据采集方法目前主要应用于雕塑、独立树、堆体、人体三维扫描等测量面积相对较小、独立的物体扫描工程中。如果面积较大或者补扫描物遮挡时，在换站的同时就要移动标靶到下一个能通视的位置，保证每一测站至少能扫描到 3 个以上的标靶，如图 3-6 所示的堆体，共扫描 4 站（S1~S4），标靶摆放 6 个位置（b1~b6），按照逆时针的方向移动。

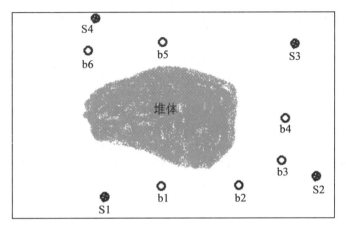

图 3-6　仪器及标靶摆设位置

　　基于标靶的数据采集方法可以在任意位置架设扫描测站点，但要求相邻两测站间要有 3 个以上固定位置的公共标靶，扫描时需要对公共标靶进行精扫；这种方法不需要获取每个测站和标靶的测量坐标，内业点云拼接简单、快速，拼接精度较高。该方法适合小型、单一物体的扫描工程。

　　3. 基于"测站点 + 后视点"的数据采集方法

　　此方法类似于常规全站仪测量的方法，也是最接近于传统测量模式的方法。该方法需要在已知控制点上设站扫描，各控制点的坐标需要采用其他的方法进行测量，如导线测量、GPS-RTK 方法等。采用 GPS-RTK 作业方法时，可以通过扫描仪自带的接口，将 GPS 接收机直接连接到扫描仪器上，进行同步测量。

　　外业具体数据采集流程：①在已知控制点上架设三维激光扫描仪，对仪器进行对中整平工作；②在另一与测站点相互通视的已知控制点上架设标靶，对标靶进行对中整平工作；③根据测量物体的特征，对三维激光扫描仪按一定的参数进行设置后采集被测物体点云数据；④在点云数据中找到标靶的位置并对标靶进行精细扫描，获得后视点标靶的相对坐标。

　　利用仪器配套的软件，输入对应控制点的坐标，将点云数据旋转到需要的测量坐标系中。由于已知控制点都是在同一坐标下进行测量得到的，因此各站点云数据通过配准操作后叠加在一起，就形成了统一的整体数据。

　　此方法由于每个控制点都是在同一坐标系下，因此需要采用其他设备对控制点坐标进行测量，这就加大了外业工作量；在扫描过程中，只需要对一个后视标靶进行扫描即可完成定向，每站点云数据之间不需要有重叠区域；该方法点云拼接精度高，并可以直接得到相应的测量坐标系，适用于大面积或带状工程的数据采集工作。

3.2.2　基于标靶的扫描步骤

在项目实施过程中，野外获取点云数据是重要的组成部分，获取完整的符合精度要求的点云数据是后续建模与应用的基础。扫描开始前要做好相关准备工作，主要包括仪器、人员组织、交通、后勤保障、测量控制点布设等。针对不同品牌的仪器型号，在一个测站上具体扫描操作的方法会有所不同。目前多数扫描仪的集成度较高，以徕卡 ScanStation C10 扫描仪为例，在采用球形标靶控制点方式拼接的情况下，在一个测站上扫描的基本步骤如下：

1. 仪器安置

仪器安置的主要工作包括电源（锂电池或者交流电源）、对中（在需要条件下）、整平，需要的时间非常短，有外接电源连接后的仪器设置效果如图 3-7 所示。对于个别扫描控制与数据存储采用笔记本电脑的分体式扫描仪，将各个部件连接完整，就需要一定的时间，一般会在半小时以内完成。

图 3-7　有外接电源连接的仪器架设

2. 摆放球形标靶

在安置仪器的同时，可以在扫描对象的附近摆放 4 个球形标靶（图 3-8）。注意球形标靶一定要放在比较稳定的地方，要与仪器通视，同时不要摆放在一条直线上，要考虑到下一站的球形标靶移动时的通视。

3. 仪器参数设置

在确认仪器安置无误后，可以打开仪器电源开关，一般开机可能需要几分钟时间，之后出现操作的中文主菜单（图 3-9），可以用配置的手写笔进行轻点屏幕操作。仪器带有电子气泡和激光对中，可以方便使用（图 3-10）。当开机完成后，可以进行扫描参数设置，主要包括工程文件名、文件存储位置、扫描范围、分辨率、标靶类型等。其中与精度

图 3-8　4 个球形标靶摆放关系

相关参数设置要与项目技术设计相符。目前多数国外产品支持中文菜单的操作，总体上操作比较简单。

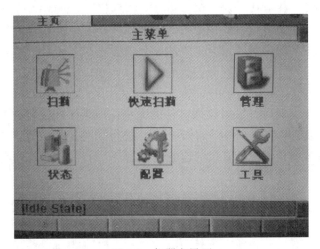

图 3-9　仪器主界面

4. 开始扫描

当确认仪器参数设置正确后，可以执行扫描操作。仪器在扫描过程中会有扫描进程的显示，完成扫描剩余的时间，如果有问题可以暂停或取消扫描。

当仪器扫描结束后，可以检查扫描数据质量，不合格的需要重新扫描。依据扫描方案，还可以进行照相（也可用专业相机）、对标靶进行精扫描等。

为了保证后续工作顺利完成，在测站上应做好观测记录，主要内容包括扫描测站位置略图、扫描仪品牌与型号、扫描时间、扫描操作人、测站编号、参数设置等，可自行设计表格填写。

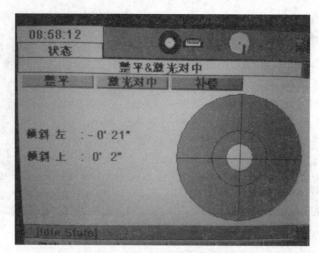

图 3-10　整平与激光对中界面

5. 换站扫描

当确认测站相关工作完成无误，可以将仪器搬移到下一测站，是否关机决定于仪器的电源情况、两站之间距离、仪器操作要求等因素。视扫描对象的情况决定是否移动标靶。

当仪器搬移到下一测站后，可以重复前 4 个步骤的工作。注意与前一个测站需要相同的工程文件名称、分辨率等特殊指标参数的设置。

6. 数据输出

当全部扫描工作完成后，依据数据文件的大小，如果工作文件比较小（参考 U 盘容量确定），可在现场导出数据文件，插入 U 盘，进行相关操作（图 3-11）。如果比较大，可以采用移动硬盘或者传输电缆直接与电脑连接。

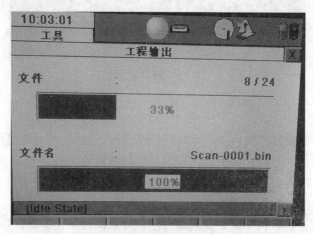

图 3-11　工程输出界面

7. 结束扫描工作

当数据传输完成后，关闭仪器。整理相关部件，仪器马达停止后可装入仪器箱，可以结束扫描的外业工作。

3.2.3 扫描中主要注意事项

由于仪器本身及扫描外界环境等因素，对获取的点云数据精度有一定的影响，为了保证获取扫描对象完整精度符合要求的点云数据，《规程》中在点云数据采集时满足一定的要求。参考学者研究的成果，在野外扫描中需要注意如下事项：

①在可能的条件下，应该使用最佳的距离和角度。在室内扫描或扫描距离较短的情况下，不同的角度会有不同的接收率，并不是正直扫描时接收率最高。

②防止在仪器工作温度以外使用。如果天气较热，应尽可能地将设备放在阴凉环境下，或者在仪器上部搭上一块湿布，帮助仪器散热。

③仪器内部安装了高分辨率的数码相机，因此在设定扫描机位点时应注意不要将设备直接对着太阳光。

④仪器在扫描操作时，尽量避免风、施工机械引起地面颤动等造成的三脚架的晃动。还有扫描范围内人员走动、空气中浮尘等造成三维数据的噪音，应选择合适的时机尽量避免，若无法避免，在后期数据处理时应对其进行消除。

⑤激光在穿透湿度高的空气时会有很大程度的衰减，所以尽量避免在潮湿的区域作业。特别是封闭潮湿的环境，空气中的水汽不仅会吸收激光，而且被测目标表面的水也会产生镜面反射，这样会使扫描仪的测量距离降到非常小的范围。

3.3 全站仪模式获取点云数据

随着仪器性能的不断提高，与传统测绘技术相结合的产品已经出现，例如，GPS、IMU、全站仪等，提高了获取点云数据的精度。

国内学者已经开始关注这方面的应用，并做了应用研究。原玉磊（2009）研究了三维激光扫描仪的全站化的方法。在扫描仪中引入了平台坐标系，通过研究坐标系转换和扫描仪定向，给出了扫描仪全站化的实现方案。为便于扫描数据的应用，采用 OSG 开发了扫描数据后处理软件平台，并采用国产的商用三维激光扫描仪 TM1600 在锻造车间做了测量实验。

徕卡测量系统贸易公司技术人员戚万权（2013）对徕卡 ScanStation C10 的外业导线测量方法进行了应用研究，主要内容介绍如下：

扫描仪在外业扫描过程中，需要进行架站和标靶扫描，ScanStation C10 提供了多种传统全站仪式的架站方法：已知方位角、已知后视点以及后方交会的方法，可以轻松地将仪器架设在已知点上，通过已知点的坐标实现高精度的不同测站的数据拼接，确保获取高质量的扫描成果，当然这些已知点的坐标可以通过全站仪或者 GPS 提前获取，在现场只需在设站时输入坐标即可，使用这些设站方法后，在室内数据处理时无需再进行拼接，而直接进行后续的点云去噪和建模等处理工作。

对于扫描现场没有已知控制点的情况，而扫描项目又需要实现高精度的点云拼接，此时可以使用 ScanStation C10 导线测量方法（图 3-12），其具体的步骤如下：

①现场布设临时导线点即仪器架设点（A、B、C）；

②仪器架设在 B 点定向 A 点所架标靶，此时使用已知方位角设站方法，给定一个方位角，如定义 0°00′00″；

③完成 B 点设站后即可开始扫描，同时扫描下一站 C 点标靶作为前视点；

④将仪器搬至 C 点，使用已知后视点设站方法，扫描前视 B 点标靶完成定向后，即可进行后续扫描，同时扫描前视点 D 标靶；

⑤依次完成各个站的设站和扫描任务，直到前视点为 A 点为止，这样即完成了一个闭合导线测量，不仅完成了导线测量，同时完成了各个站的扫描任务，当然在整个导线测量中需要量取仪器高和标靶高，以确保获取正确的高程值。

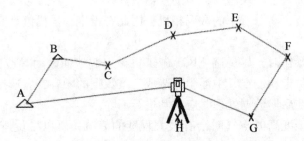

图 3-12　ScanStation C10 导线布设示意图

ScanStation C10 外业完成的导线测量数据也可以导入 Cyclone 软件中进行查看和编辑（图 3-13），以核对各站的点号以及仪器高和标靶高是否正确。

完成编辑后可以对所有设站数据进行重新拼接，同时查看拼接报告（图 3-14），在报告中可以查看各导线点的坐标信息、导线总长度以及闭合差等信息。

当然，也可以在 Cyclone 软件中非常直观地显示导线图形，各个导线边的长度以及转角的数值，如图 3-15 所示。徕卡 ScanStation C10 的导线测量方法成功应用于清东陵古建筑的扫描项目中，对其中的景陵和孝陵进行了扫描，扫描的线路长度达 7km，扫描的建筑将近 50 座。

ScanStation C10 作为徕卡革命性的产品之一，成功引入了传统全站仪的架站方法，轻松实现了外业扫描的导线测量方法，无需其他测量设备，即可完成现场导线控制测量和扫描任务，轻松完成外业扫描数据的拼接任务；尤其在大型扫描项目中，不仅可以提高外业的扫描效率，也可以减少内业数据的处理时间。

张志娟等人（2014）对扫描对象进行了全面系统的研究，设计了不同的导线边数和边长值，共进行 15 组闭合导线形式的扫描观测。研究结果表明：地面三维激光扫描仪全站仪模式获取点云数据方法具有外业操作方法简单，两次不连续工程衔接精度高的优点。点云数据拼接精度与常用的标靶扫描方法相当，能够满足项目精度的要求，且该方法可以一次性对所有点云数据进行拼接，而且拼接时不容易出错，拼接方法比较简单。全站仪模

Traverse Editor
ScanWorlds
100: SW-001
102: SW-002
103: SW-003
104: SW-004
105: SW-005
106: SW-006
107: SW-007
Target/Station
Foresight
ID 104
HT 1.900 m
X 8.296 m
Y -56.542
Z -0.068
Type HDS Target
Search Pick
Recheck Target
Acquire Target
Propagate target/station IDs
Add Current ScanWorld
Add...
Remove
Move Up
Move Down
Registration
Display
Report
Verify
Apply
OK
Cancel

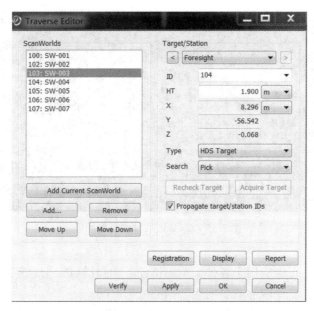

图 3-13　Cyclone 软件中显示的导线测量数据

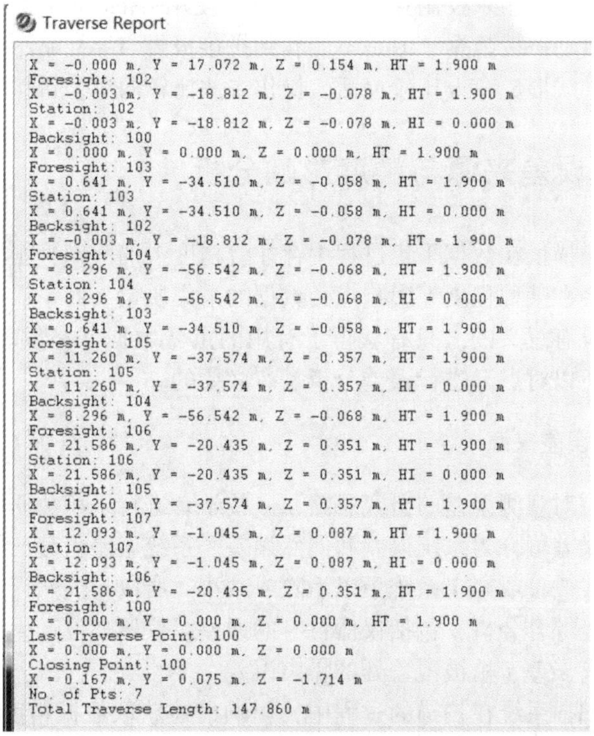

Traverse Report
X = -0.000 m, Y = 17.072 m, Z = 0.154 m, HT = 1.900 m
Foresight: 102
X = -0.003 m, Y = -18.812 m, Z = -0.078 m, HT = 1.900 m
Station: 102
X = -0.003 m, Y = -18.812 m, Z = -0.078 m, HI = 0.000 m
Backsight: 100
X = 0.000 m, Y = 0.000 m, Z = 0.000 m, HT = 1.900 m
Foresight: 103
X = 0.641 m, Y = -34.510 m, Z = -0.058 m, HT = 1.900 m
Station: 103
X = 0.641 m, Y = -34.510 m, Z = -0.058 m, HI = 0.000 m
Backsight: 102
X = -0.003 m, Y = -18.812 m, Z = -0.078 m, HT = 1.900 m
Foresight: 104
X = 8.296 m, Y = -56.542 m, Z = -0.068 m, HT = 1.900 m
Station: 104
X = 8.296 m, Y = -56.542 m, Z = -0.068 m, HI = 0.000 m
Backsight: 103
X = 0.641 m, Y = -34.510 m, Z = -0.058 m, HT = 1.900 m
Foresight: 105
X = 11.260 m, Y = -37.574 m, Z = 0.357 m, HT = 1.900 m
Station: 105
X = 11.260 m, Y = -37.574 m, Z = 0.357 m, HI = 0.000 m
Backsight: 104
X = 8.296 m, Y = -56.542 m, Z = -0.068 m, HT = 1.900 m
Foresight: 106
X = 21.586 m, Y = -20.435 m, Z = 0.351 m, HT = 1.900 m
Station: 106
X = 21.586 m, Y = -20.435 m, Z = 0.351 m, HI = 0.000 m
Backsight: 105
X = 11.260 m, Y = -37.574 m, Z = 0.357 m, HT = 1.900 m
Foresight: 107
X = 12.093 m, Y = -1.045 m, Z = 0.087 m, HT = 1.900 m
Station: 107
X = 12.093 m, Y = -1.045 m, Z = 0.087 m, HI = 0.000 m
Backsight: 106
X = 21.586 m, Y = -20.435 m, Z = 0.351 m, HT = 1.900 m
Foresight: 100
X = 0.000 m, Y = 0.000 m, Z = 0.000 m, HT = 1.900 m
Last Traverse Point: 100
X = 0.000 m, Y = 0.000 m, Z = 0.000 m
Closing Point: 100
X = 0.167 m, Y = 0.075 m, Z = -1.714 m
No. of Pts: 7
Total Traverse Length: 147.860 m

图 3-14　拼接报告

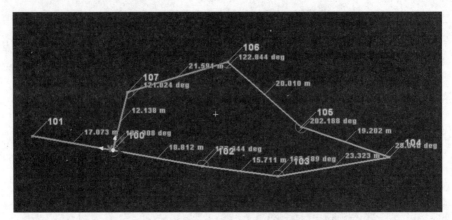

图 3-15　Cyclone 软件中导线图形

式获取点云数据方法可以应用于各种大型扫描任务和扫描目标相对复杂的工程当中,可以提高外业的扫描效率,也能够减少内业数据的处理时间。

此方法是对基于"测站点 + 后视点"的数据采集方法的一个改进,导线还可以布设成支导线的形式,大大减少了控制点布设与测量的工作量。可以在假定坐标系下进行扫描,也可以在操作过程中输入控制点的坐标。目前使用 Cyclone 8.0 软件,按照此方法将数据导入软件中,自动拼接数据,但是不能看到拼接报告与导线略图。此方法适用于较大范围的扫描工程,导线形成布设比较灵活,操作方法比较简单,拼接精度高。

3.4　点云数据误差来源与精度影响分析

地面三维激光扫描仪在数据采集过程中存在着精度上的问题,很容易受到外界因素的干扰,这些因素将会在某种程度上影响点云数据的采集质量。而错误的数据或误差较大的数据对用户而言是没有意义的。只有获得了有用的点云数据(精度较高)才能建立精确的实体三维模型。所以对点云进行误差分析是有必要的。

3.4.1　点云数据的误差来源

参考测绘学科中对观测误差的研究思路,一些学者进行了相关研究,主要观点如下:

扫描系统测量误差可分为系统误差和偶然误差。系统误差引起三维激光扫描点的坐标偏差,可以通过公式改正或修正系统予以消除或减小。所以,偶然误差仍是激光扫描系统的主要误差来源,经综合分析,包括仪器自身的误差、仪器架设产生的误差、数据去噪建模产生的误差、距离误差、植被覆盖处的噪声误差。

地面三维激光扫描系统在扫描的过程中,影响最终获取数据精度的误差是多方面的,误差包含粗差、系统误差和随机误差三部分。许多的误差来源也是传统测量工作中普遍出现的。如激光束发散特性,导致在距离扫描测量中的角度定位的不确定性,扫描系统各个部件之间的连接误差等,这些不确定性因素都会造成最终的点云数据中含有误差。系统的误差传播同样遵循测量误差传播的基本规律。在操作中，造成获取数据含有误差的因素包括：①轴系之间的相互旋转引起测距和测角误差；②扫描系统通过旋转的棱镜镜面来发射激光束到目标实体的表面，镜面的旋转同样会引起测距误差；③在扫描系统提供的各种外置设备，如 GPS 或数码相机，这种仪器之间的绑缚会导致最终点云数据的精度降低；④对具有绝对定向功能的激光扫描系统，测站点和后视点定位定向精度会影响着扫描获取数据的精度，如扫描仪整平对中操作中，人为因素造成的误差也是制约数据精度的一个重要原因；⑤扫描系统内置或外置的相机的校对误差，相机的标定误差；⑥外界环境，如温度、气压的影响，实体的反射特性等因素造成点云数据含有误差。

由于激光扫描仪的测量特点，有些误差的影响显得尤为重要。目前，许多学者对激光扫描仪的误差分类有着不同的研究结果。瑞士联邦技术大学 Zogg（2008）博士将三维激光扫描仪系统的误差源总结为由激光扫描仪本身、反射目标及环境条件等三方面引起。

激光扫描仪本身（称为仪器误差）包括距离测量、激光束的扩散效应、角度测量、多传感器数据同步、轴系稳定性、校准、其他。仪器误差一般是可以通过仪器生产厂家来提高产品的质量，计量检定人员采用一定的检定设备进行检查后对仪器进行改善的。

大气环境引起的误差源包括温度、气压、折射、大气旋涡、大气灰尘、障碍物、目标的背景、其他。除了个别误差源（如大气折射）可以进行改正外，其他误差源只能够通过仪器使用者本人选择恰当的工作环境和时间来减小其影响。

反射目标包括大小、表面形状、材质、反射面曲率及其他。目前反射目标对测量成果的影响还只能通过了解其影响规律，利用工作经验在实际工作中尽量避免。

3.4.2 误差对精度的影响分析

"三维激光扫描的精度"一般是指扫描点云的坐标精度，它包括绝对定位精度和相对定位精度两种，当然精度还与扫描仪的测程有很大关系。点云的绝对中误差与距离测量、垂直角测量和水平角测量的精度有关。

对于扫描测量的误差来源对点云数据精度的影响规律简要分析如下：

1. 仪器误差

（1）角度测量

与传统的经纬仪相似，激光扫描仪的轴系也必须满足以下条件：水平轴（第一旋转轴）应垂直于视准轴（激光束发射与接收轴）；水平轴应垂直于垂直轴（第二旋转轴）；（带倾斜补偿器的仪器）垂直轴应当铅直；当视准轴水平时，垂直度盘的天顶距读数为90°；视准轴、水平轴及垂直轴相交于仪器中心。

在三维激光扫描仪测角系统中，需要考虑以下误差源：

①垂直度盘指标差。当视准轴（激光束发射与接收轴）水平时，如果垂直度盘的天顶距读数不为90°，那么其差值即是垂直度盘指标差。

目前有些三维激光扫描仪带倾斜补偿器，而有些激光扫描仪则不带倾斜补偿器。所以不同类型仪器的垂直度盘指标差会具有不完全相同的含义。

②视准轴误差。当水平轴（第一旋转轴）与视准轴（激光束发射与接收轴）不垂直，或者当垂直轴（第二旋转轴）与水平轴（第一旋转轴）不垂直，这种不垂直的偏差被称

为视准轴误差。当存在视准轴误差时，激光扫描仪扫出的扇面将会不同，从而给后续的数据处理工作带来非常大的麻烦。

③偏心差。在理想情况下，第一旋转轴和第二旋转轴垂直，同时与视准轴相交，三轴的交点为仪器的中心。但是实际上，因为受各种误差的影响，使得上面所述条件不能够满足，产生偏心差。

（2）距离测量

①周期性误差。目前部分激光扫描仪采用相位式进行距离测量。当采用相位式进行距离测量时，测距成果中自然包含周期误差，这是原理性误差。周期误差主要是由发射及接收之间的电信号、光串扰引起的。现代仪器采用了如数字信号分析在内的多项新技术，从而使得周期误差振幅的幅值越来越小。

②加常数误差。加常数为电磁波测距仪的固有系统误差，测距仪及全站仪中加常数已经为众多仪器使用者所熟悉。与传统的全站仪相比，激光扫描仪不需要反射棱镜就能够进行距离测量，这样就无法使用反射棱镜的常数来补偿激光器的偏心；激光束经过了激光束转向系统转向后再投射到被测物体上，由被测物返回，再由接收光学系统接收，这样必然存在测距起算点的问题，通常情况下是将激光束的发射点以及接收点共同形成的点称作激光扫描仪测距的零点；同时第一旋转轴以及第二旋转轴的交点为三维激光扫描仪的中心。因此，激光扫描仪的加常数是指测距的起算点与仪器中心之间的差值。

③相位不均匀性误差。造成相位不均匀性的原因包括仪器使用及性能两个方面：从使用仪器方面来讲，由于反射面将反射回测距激光束的信号，也会给测距成果带来误差。这种因激光束位置不同进行距离测量造成的误差称为相位不均匀性误差；而从仪器性能方面来讲，因为发光管的发光面上各点发出的光的延迟不同（针对相位式测距仪而言），或者由于发光面上各点发出的光的时间不一致（就脉冲式测距仪而言），都将会给测距成果带来误差。

④比例改正误差。无论是采用脉冲法还是相位法，均需要仪器产生一个基准频率当作仪器距离测量的基准。当基准频率偏离设定值时，则将会对测距结果产生与所测距离成相应比例的改正。

⑤幅相误差。三维激光扫描仪与全站仪（免棱镜）的最大区别就是前者无测距信号强度控制装置。随着被测物体的位置、材质、反射面的平整度、离仪器的远近等的变化，激光扫描仪接收到的信号必然将发生剧烈变化，剧烈变化的测距信号不但会给测距结果带来误差，可能甚至会出现不能够完成测距的后果。因此，幅相误差是三维激光扫描仪技术的难点之一。

2. 外界条件及反射面引起的误差

（1）气象条件的影响

扫描仪所处环境的空气折射率不同，通过对观测的距离进行气象改正数计算完成。

（2）"彗尾"现象

当激光束投射到待测物体的棱角处时，会产生"彗尾"现象（图 3-16）。激光束是一条既有长度也有横截面积的圆柱体。当这条有一定横截面积的柱状激光束投射至被测物体的棱角地带时，已经碰触待测物体表面的一部分激光束直接返回，而另一部分没有碰触的则继续向前飞行直至碰触到其他表面才开始返回。那么测量激光束行进的距离则变为这两部分激光束的平均值，如果预想是测定距离较近的表面的距离，那么无疑这个平均后的距离要比真值要大；反之则小。

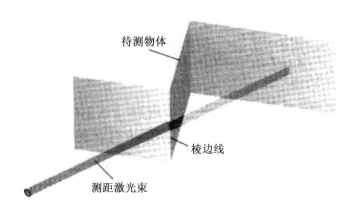

图 3-16　激光束产生的"彗尾"现象

在进行建筑物测量时，常常需要测量建筑物的拐角点，这种现象称为"角点"现象，它与"彗尾"现象具有相同的原理。拐角点的测量通常分为内角点测量与外角点测量。如图 3-17 所示，当扫描外角点时，测距结果将使仪器至外角点之间的距离变长，当扫描内角点时，测距结果将使仪器至外角点之间的距离变短。

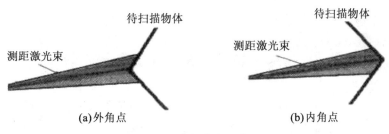

(a)外角点　　　　　　　　　　**(b)内角点**

图 3-17　扫描角点示意图

（3）激光束入射角度引起偏差

当激光束发射投到被测物体表面时，其入射角度是千差万别的。如果激光束垂直射到入射表面，那么激光束在其上形成一个标准的圆形光斑。如果以其他角度投射到入射表面，那么激光束必定形成一个椭圆（图 3-18）。这样的偏差可以通过利用所有返回激光束的加权平均进行消除（权：返回激光束的强度）。

（4）"黑洞"现象

如果激光束投射到表面平整的待测物表面，根据镜面反射原理，光束返回方向与法方向的夹角将与入射夹角相同，在入射角度一般极小的情况下，出射角度同样也非常小。因

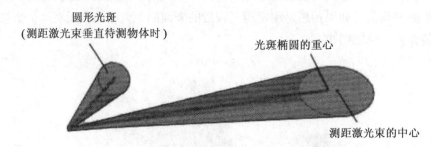

圆形光斑
(测距激光束垂直待测物体时)

光斑椭圆的重心

测距激光束的中心

图 3-18　激光束入射角的不同引起光斑的变化

此反射光束容易被扫描仪接收到。而如果当待测物表面不平整、粗糙不平时，将会出现"漫反射"现象。此时返回的激光束杂乱无章。在接收返回激光束不足的情况下，扫描仪是无法根据少量激光束的数据获得扫描仪至待测物体之间的距离的，如果该距离无法测出，那么其他的点云坐标信息自然也就无法获取。这样的情况称为"黑洞"现象。

（5）反射面不同引起的偏差

厂家在进行实验时选择的条件无疑是较为理想的状态。其中所选用的待测物体材质是非常重要的一个环节，包括被测物体的材质、颜色、反射面的光滑度等状态。这些条件的不同主要影响在测量距离范围以及仪器常数上。

1）测量距离范围

以日本尼康公司给出的 NPL-821 免棱镜测距模式下测程与反射面之间的关系为例（图 3-19），研究结果表明：对交通信号灯进行测量时的测距范围最大，达到约 800m。对金属钉这种小型物件的测量距离范围则极小，仅为 10m 左右。

2）仪器常数

可以将所有反射物分成五类（Stiors，2007）：自然岩石（如灰色石头）、人工织物（如深蓝色羊毛织物）、建筑材料（如光滑木板）、工业产品（如黄色纸张）及其他（如镜面）这五类。不同的反射物对三维激光扫描仪的影响是不同的，利用与三维激光扫描仪具有相似特性的免棱镜全站仪进行实验，在相距 10m、20m、30m、40m、50m、60m、70m、80m、90m、100m、120m 及 150m 分别放置免棱镜全站仪和不同的反射物，经过实验分析得出以下结论：测量的距离与反射物的颜色有关系。颜色越浅，反射强度越大，测量的距离越远。

在不同时间下对同种材质进行测量时，对距离测量的结果偏差较小，具有较好的复现性。使用不同反射材质进行测量作业时，测量常数的范围一般维持在 60~140mm，超出仪器所标注的误差容许范围。一般情况下，如果使用的是强反射型材质，此时使用免棱镜测量模式已经不再合适。Stiors（2007）曾使用镀银的材质进行实验，曾出现过 12m。

测量偏差与被测距离之间不存在线性关系。只有严格使用厂家要求的反射材质，才有可能达到仪器出厂的标注精度。

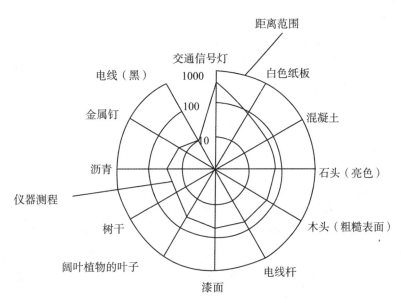

图 3-19 测程与反射面之间的关系（单位：m）

3.5 点云数据格式与缺失成因分析

3.5.1 仪器数据格式简介

目前，激光扫描仪采集的数据通常是大量的原始点云，包含点的三维坐标以及激光强度和像素等信息。仪器一般将数据保存为仪器自定义的数据格式，在自带的后处理软件中，提供了对这些格式的读写模块，表 3-1 是常见仪器支持的数据格式。

表 3-1 常见地面激光点云数据格式

仪器名称	自定义格式	常见的普通格式
Riegl	3DD	ASCII、VRML、OBJ、DXF、PTC
Leica	Leica's X-function DBX format	ASCII、LandXML、PTZ、3DD、DXF
Optech	IXF	ASCII、PF
Trimble	RWP、DCP、SOI、PPF	PTC、TXT、CSV、DXF

下面对常用的数据格式简要介绍如下：

1. ASCII 格式文件

ASCII 格式文件是仪器普遍采用的一种数据格式，它包括 PTX、XYZ、PTS、TXT 等文件格式。PTX 格式适用于交换扫描点及其对应的坐标变换，所有值都是以 ASCII 给出的，并且单位都采用公制。

ASCII 型格式数据的结构大致相同，其共同的优点是：结构简单、读写容易，可以被大多数仪器和软件支持。但是 ASCII 型数据所占空间大，这使海量 LiDAR 数据的存储和处理都比较困难。同时，该格式数据只存储了（X，Y，Z）坐标和反射值这些基本信息，点的信息量不完整，不利于数据的应用和信息提取。

2. 二进制的 OBJ 文件

OBJ 格式的特点是：文件既可以存储离散点，又可以记录线、多边形以及自由曲面的数据。明显的形体信息和拓扑关系信息使数据便于显示和建模。其缺点是：点的属性信息不完整，格式的编译和解码比较复杂，局限了它的应用。

3. PTC 点云格式

PTC 是一种二进制的点云格式，大部分仪器可以直接导出 PTC 文件，一些软件也可以转换或写出该格式文件。文件不仅保存了三维坐标信息，还存储了高分辨率的数据对应图像的像素信息，同时比 ASCII 格式存储更简洁。从而保证了点云数据在 AutoCAD 中的导入、显示与绘制都很高效。缺点是：数据的导出需要先收集所有扫描点，然后开始写入文件，因此，内存需求可能会很大。

使用较多的还有 DXF 格式，这是一种描述 CAD 数据的 ASCII 格式文件。扫描数据在保存为 DXF 文件后，可直接在 AutCAD 中显示与建模。CSV 表单文件是一种数据中间以空格隔开的文件格式，具有转换容易的特点。但存储对内存空间要求大。LandXML 是一种包含空间拓扑信息的文件，适用于保存具有地理信息、交通和建筑等空间信息的数据。

目前，激光扫描数据格式的现状是：不同仪器自定义的格式种类多且不兼容，这影响了数据的共享与转换，系统间普遍支持的格式存在很多局限。

3.5.2　点云数据缺失成因分析

地面激光扫描系统采集的空间数据包括建筑表面、树木、道路等地面物体及附属设施的位置信息。然而，由于搭载平台、设备仪器的限制或待扫描物体本身的特点，获取的数据常常存在不完整现象。这种在采集数据时，由于搭载平台限制、扫描对象局部遮挡等原因引起的点云数据不完整情况，称为点云数据缺失。点云数据缺失现象不仅影响了数据的完整性，还将影响三维模型重建、局部空间信息提取等后续数据处理工作。目前的研究主要集中在基于缺失现象的数据修复算法方面，针对这些面积较小的"孔"、"洞"型缺失，出现了相应的孔洞缺失修复算法。有些学者针对某种类型的数据缺失，开展了修复方法的研究。

陆旻丰等人（2013）以 FARO Focus 3D 激光扫描仪采集的上海市某建筑群落及其附属设施点云数据为例，系统总结了地面激光扫描数据的 6 种缺失类型，分析造成数据缺失的成因及数据特征。对比分析采集的点云数据和摄影像片，根据数据缺失原因，将缺失类型分为 6 类：镜面反射缺失、外物遮挡缺失、自遮挡缺失、细节缺失、扫描盲区缺失、激光吸收缺失。对数据缺失产生的原因、缺失数据特征等分析如下：

1. 镜面反射缺失

三维激光扫描仪获取待测物体空间位置的前提条件是激光发生漫反射，漫反射是指投射在粗糙表面上的光向各个方向反射的现象。当激光投射到玻璃、镜子等一些表面光滑或其表面粗糙度无法构成漫反射现象的物体时，激光产生镜面反射，导致激光扫描仪无法接受回波，由此产生的数据缺失现象称为镜面反射缺失。

这类缺失主要分布于城市建筑物表面的干净透明窗户，玻璃幕墙装饰等，玻璃幕墙是造成点云数据缺失的较为普遍的原因。镜面反射缺失边界一般为规则几何面，缺失区域纹理单一，缺失邻域纹理保留其几何结构性特征，因此，可修复性高，根据其几何形态可修复缺失区域。

2. 外物遮挡缺失

建筑物周围的树木、行人、车辆会遮挡住激光，使得激光在没有到达待测物体表面时便返回，由此引起的主要被测物体点云数据缺失称为外物遮挡缺失。

这一类缺失面积大，分布广泛且不均匀。外物遮挡缺失也是主要的点云数据缺失类型。特别是在城市复杂环境下，很难做到建筑物周围无任何遮挡，因此极易产生此类缺失。外物遮挡缺失的缺失边界一般为不规则几何面，与镜面缺失不同，外物遮挡缺失区域纹理复杂，缺失邻域纹理结构特征基本丧失，可使用多站多角度互补扫描修补缺失区域或采用全回波激光扫描仪采集数据，因此可修复性高。

3. 自遮挡缺失

建筑物的姿态千变万化，然而其基本构架是不变的，即由多个不同的面构成的多面体。在扫描作业时，面与面之间易形成遮挡，这样形成的点云缺失称为自遮挡缺失。自遮挡缺失与外物遮挡缺失类似，都属于遮挡类的缺失。

这一类点云数据缺失常见于成角度的墙面与墙面之间，分布于建筑物的各个角落中。由于建筑物本身一般较规则，因为自遮挡产生的缺失边界一般也为规则几何面，缺失区域纹理简单，只包含一种物体或少量物体，缺失区域邻域纹理保留几何结构特征，可修复性高，一般通过多站多角度互补扫描修补缺失区域。

4. 细节缺失

建筑物的楼梯扶手，窗户的窗框等部位相对于其他部分，表面积小，当激光到达这些细小部分时，常常会因为角度分辨率低而无法被扫描对象反射，从而产生数据缺失，称为细节缺失。

在城市三维重建中，建筑物楼梯的扶手，阳台的栏杆、窗框，复杂的幕墙装饰等细节部分常常会发生数据缺失。这一类缺失一般只包含一种物体，缺失纹理具有重复性，因此可利用基于样本的修复方法修复这一类缺失，可修复性较高，而其缺失区域邻域信息则基本丧失。

5. 扫描盲区缺失

地面三维激光扫描仪的水平扫描角度一般可以达到360°，然而竖直方向还达不到全扫描的程度。因平台条件限制，无法进行扫描产生的数据缺失称为扫描盲区缺失。建筑物的屋顶是最为常见的地面三维激光扫描盲区。

建筑物的屋顶部分数据缺失即为此类缺失。扫描盲区缺失是一类特殊的缺失类型，缺失区域几何形态及纹理复杂，可使用多源数据，如机载 LiDAR 数据、立体遥感影像数据修补缺失区域。

6. 激光吸收缺失

当激光传播至物体表面时，反射率越高的物体，反射的激光信号越多，强度越高，因此点云也越密集。当反射的激光信号少时，反射的激光不足以计算测距值，从而产生数据缺失，此类缺失称为激光吸收缺失。

因扫描仪的波长不同，对不同的材质激光反射率不同，并且差异较大。水体部分极易产生数据缺失。激光吸收缺失同扫描盲区缺失相同，属特殊缺失类型，缺失对象特性明显，缺失区域几何形态及纹理复杂。

点云缺失数据的类型、成因以及特性分析可为缺失区域类型的自动检测和判别、缺失区域修补算法研究、激光扫描仪选择、激光扫描外业工作方案优化等工作提供依据。

思考题

1. 制定外业扫描方案的主要过程包括哪些内容？
2. 地面三维激光扫描仪外业数据的采集方法有哪几种？适用条件分别是什么？
3. Zogg 博士认为三维激光扫描仪系统的误差源有几种？具体内容包括哪些？
4. 外界条件及反射面引起的误差有哪些？
5. 点云数据缺失的原因有几种类型？分别是什么？

第4章 地面激光扫描仪精度检测

地面三维激光扫描仪本身的精度决定着获取的点云数据质量。在仪器的检定、检测、校准方面的研究差别较大。本章在介绍仪器性能与检定相关术语及检测研究现状的基础上，阐述扫描仪的主要性能参数，最后介绍扫描仪水平角、测距与平面点位精度检测，目标颜色与粗糙度对点云精度影响的试验研究。

4.1 仪器性能与检定相关术语

由于激光扫描仪的生产厂家不同，应用领域上有一定的差异，出现了许多名词和术语。规范化使用相关术语，对于比较设备的性能和学科交流是十分有益的。国家相关规范和规程中的规定非常少，本节内容将参考一些学者的文献，对仪器性能与检定相关术语进行说明。

4.1.1 与仪器性能相关的术语

1. 精密度

精密度是指在相同条件下，对被测量物体进行多次反复测量，测得值之间的一致（符合）程度。精密度是一种定性而非定量的概念，通常用重复性标准差来表示。在我国，精密度也常常简称为精度（precision）。

2. 准确度

准确度（accuracy）表示测量结果与被测量真值之间的一致程度，准确度取决于系统的误差和偶然误差，表示测量结果的正确性。

3. 单点精度

单点精度（single point precision）是指用地面激光扫描仪获取的三维点云数据与被测物体的已知数据之差的绝对量平均值计算出的标准差。通常被测物体为已知直径的球体。

4. 重复性

重复性（repeatability）是指在相同测量条件下，对同一被测量物体进行连续多次测量所得结果之间的一致性。

5. 线性度

线性度（linearity）是检测系统的输出与输入能否像理想系统那样保持正常值比例关系（即线性关系）的一种度量。

6. 分辨率

分辨率（resolution）是指用物理学方法（如光学仪器）能分清两个密切相邻物体的

程度。

7. 不确定度

不确定度（uncertainty）是指表征合理地赋予被测量之值的分散性，与测量结果相联系的参数。

8. 限差

限差（tolerance）又称容许误差，是在一定测量条件下规定的测量误差绝对值的限值。

4.1.2　与检定方法相关的术语

1. 检定

检定（verification）是由法定计量部门（或其他法定授权组织），为确定和证实计量器具是否完全满足检定规程的要求而进行的全部工作。

检定是由国家法定计量部门所进行的测量，在我国主要是由各级计量院（所）及授权的实验室来完成。检定是我国开展量值传递最常用的方法，检定必须严格按照检定规程运作，对所检仪器给出符合性判断，即给出合格还是不合格的结论，而该结论具有法律效应。

检定是一项目的性很明确的测量工作，除依据检定规程要给出该仪器是否合格的结论外，有时还要对某些参数给出修正值，以供仪器使用者采用。

检定结果具有时效性和适应性，在使用仪器的检定结果时，要注意检定结果是否在有效期内，并注意区分仪器检定时的环境条件与使用时环境条件的区别。

2. 检测

检测（test）是指对给定的产品、材料、设备、生物、物理现象、工艺过程或服务，按照规定的程序确定一种或多种特性或性能的技术操作。

检测又称为测试或试验，通常是依据相关标准对产品的质量进行检测，检测结果一般记录在称为检测报告或检测证书的文件中。

检测需要对仪器所有的性能指标进行试验，它除包含检定的所有项目外，还包括其他一些在检定中不进行检定的项目。

3. 校准

校准（calibration）就是在规定条件下，为确定测量仪器或测量系统所指示的量值，或实物量具或参考物质所代表的量值，与对应的由标准所复现的量值之间关系的一组操作。

校准是由组织内部或委托其他组织（不一定是法定计量组织），依据可利用的公开出版规范，组织编写的程序或制造厂的技术文件，确定计量器具设备的示值误差，以判定是否符合预期使用要求。校准合格的计量器具一般只能获得本单位的承认。

校准的目的如下：

①确定示值误差，并确定是否在预期的允差范围之内。

②得出标准值偏差的报告值，可调整测量器具或对示值加以修正。

③给任何标尺标记赋值或确定其他特性值，给参考物质特性赋值。

④实现溯源性。

校准的依据是校准规范或校准方法，可统一规定也可自行制定。校准的结果记录在校准证书或校准报告中，也可用校准数据或校准曲线等形式表示校准结果。

校准和检定的主要区别如下：

①校准不具有法制性，是企业自愿的量值溯源行为，而检定具有法制性，是属于法制计量管理范畴的执法行为。

②校准主要用以确定测量器具的示值误差，而检定是对测量器具的计量特性及技术要求的全面评定。

③校准的依据是校准规范、校准方法，可统一规定也可自行制定，而检定的依据必须是检定规程。

④校准不判断测量器具合格与否，但当需要时，可确定测量器具的某一性能是否符合预期的要求，而检定必须依据检定规程对所检测器具给出是否合格的结论。

4. 分项校准

分项校准（component calibration）即用误差分析的方法判断被检仪器的符合性。如对地面激光扫描仪进行检定时，需要分别对测距部分和测角部分中的仪器本身的系统误差及其他原因引起的系统误差进行校准。为选择恰当的被检分量，需要仔细分析地面激光扫描仪的结构，找出误差源并制定出合适的校准程序与方法。

5. 整体校准

整体校准（system calibration）是与分项校准完全相反的检定方法，它是将地面激光扫描仪作为一个整体，将被检仪器直接与标准器具进行比较测量来获取三维点云数据的改正数。

需要特别指出的是，我国习惯将"分项校准"和"整体校准"分别称为"分项"和"系统检定"。

4.2 扫描仪检测主要问题

到目前为止，对地面三维激光扫描仪的检校没有形成较为成熟的、通用的方法体系及评价体系，且检校模式主要有两种：基于模块的检校模式和基于系统的检校模式。基于模块的检校模式是基于对各个系统误差源充分认知的前提下，对每个误差参数用不同方法进行单独的检校，这种检校模式应用最广；基于系统的检校模式是基于对仪器系统误差及其影响不能充分掌握的情况下，通过对控制点或已知目标（球、平面）的合理观测，从整体上进行检校的数学模型。在实际的测量过程中对地面三维激光扫描仪的检校工作非常必要。检校是检定、检测、校准的统称。

由中国计量科学研究院与江苏省计量科学研究院起草的中华人民共和国国家计量技术规范《地面激光扫描仪校准规范》（JJF 1406—2013），2013 年 5 月 13 日由国家质量监督检验检疫总局发布，2013 年 8 月 13 日开始实施。在规范中定义了相关术语，阐述了计量特性、校准条件、校准项目与方法、校准结果、复校时间间隔。

在《规程》5.3.1 中，仪器应符合的要求是：仪器设备应在检校合格有效期内，软件应经过测试并在技术管理部门备案。

地面三维激光扫描仪本身的精度是制约仪器应用的主要因素，仪器检定与检测方面目前还处于学者研究阶段，存在的主要问题如下：

①仪器参数不统一，指标不一致。目前仪器多数是国外品牌，国际上目前对仪器参数的说明无统一标准要求，导致仪器参数的名称与数量上存在一定的差异。对于个别指标在名称上一致，但是指标的标准存在不一致现象，无法进行比较。

②实际精度与标称精度不一致。当前所有成熟的地面三维激光扫描仪的系统参数都是由厂家定的，受扫描仪的构造、测量技术方法及机械组装等不理想因素的影响，加之扫描仪在长期的使用过程中，部件也难免会产生老化与磨损，往往会使实际精度与标称精度不一致。

③国内对仪器检定无国家标准。按照测绘管理相关规定，在测绘工程使用的仪器要定期检验，只能在有效期内使用。由于三维扫描技术在国内还处于初级阶段，多数还是试验研究应用，因此国家相关部门还未出台仪器检定的国家标准，这对仪器在工程项目中的广泛应用造成了一定障碍。

随着仪器精度的不断提高，工程实践经验的不断丰富，相关部门也将重视地面三维激光扫描仪检定问题，相信未来几年内相关部门会出台仪器检定的国家标准。

4.3　扫描仪主要性能参数定义

地面三维激光扫描仪经过 10 多年的发展，已经比较成熟地应用到实际工程中。不同品牌的仪器在性能指标参数上都有各自特点。下面对国内外一些主流的系列产品性能指标技术参数做简单介绍。

1. 奥地利 Riegl 公司产品

Riegl 公司自 1999 年到目前，已经推出多个型号的产品，以 2014 年推出的 VZ-2000 为例，测量原理是：基于时间-飞行差脉冲测量，数字化回波，多波束收发技术全波形输出。有限定条件说明的主要技术参数如下：

（1）激光最大发射频率和有效测量频率

在全面评估的基础上，给出 5 个数值，激光最大发射频率分别是 50kHz、100kHz、300kHz、550kHz、1MHz，而有效测量频率（点/秒）的对应值分别是 21000、42000、122000、230000、396000。

（2）最大测距

最大测距是常规情况下的性能评估。最大射程是指在激光束垂直入射，目标的平面尺寸超过激光束直径时，所能达到的射程。在明亮的日光下，扫描的范围和精度明显低于阴天和黎明时的。在夜晚，扫描的精度和范围会更高。

依据目标反射率分两种情况给出数值，即 $\rho \geqslant 90\%$ 和 $\rho \geqslant 20\%$。对应激光最大发射频率当目标反射率 $\rho \geqslant 90\%$ 时的最大测距分别是 2050m、1800m、1000m、750m、580m，对应激光最大发射频率当目标反射率 $\rho \geqslant 20\%$ 时的最大测距分别是 1050m、930m、500m、370m、280m。其中第 2 至第 5 项的数据是通过 RiMTA 3D 后处理确定的。

（3）精度与重复测量精度

精度就是测量一定数量后得出的真实值，是与真实一致性的度。在 Riegl 测试条件下在 150m 的标准差，此条件下精度的数值是 8mm。

重复测量精度，也叫做再现性或可重复性，是更深一层测量以达到同样结果的一个度。在 Riegl 测试条件下在 150m 的标准差，此条件下重复测量精度的数值是 5mm。

（4）激光发散度

激光发散度是 0.3mrad，相当于每 100m 的射程，激光束宽度增加 30mm。

（5）角度步频率

属于可选项目，在激光发射频率为 50kHz 时最小步长增加到 0.014°。角度步频率垂直（$\Delta\theta$）扫描时的数值是 $0.0015° \leqslant \theta \leqslant 1.15°$。角度步频率水平（$\Delta\varphi$）扫描时的数值是 $0.0024° \leqslant \varphi \leqslant 0.62°$

（6）波形数据输出（可选）

当最大激光发射频率高达 300kHz 时，可以提供专门的数字化回波信息。

2. 加拿大 Optech 公司产品

Optech 公司自 2002 年到目前，已经推出 3 个系列的产品。以 2011 年推出的 ILRIS-LR 为例。有限定条件说明的主要技术参数如下：

（1）测距能力

主要与反射率有关，分两种情况给出指标数值，反射率是 80% 时的测距能力为 3000m，反射率是 20% 时的测距能力为 1330m。

（2）原始测距精度

距离是在 ER 模式打开的情况下，精度是指 1 倍标准差（δ），基于 Optech 的测试条件下，原始测距精度为 7mm/100m。

（3）原始测距精度（平均值）

精度是指 1 倍标准差（δ），基于 Optech 的测试条件下，最少 4 次的平均值为 4mm/100m。

（4）最小角步径

在完全可选择的水平与垂直角度步进，最小角步径为 0.001146°（20urad）。

（5）激光光斑直径

距离是在 ER 模式打开的情况下，激光光斑直径为 27mm/100m。

（6）激光等级

激光类别是根据 IEC 60825-1 and US FDA 21 CFR 1040 标准划分的，ILRIS-LR 属于 3 类激光（0~114m 处观察）。

3. 瑞士 Leica 公司产品

Leica 公司自 2001 年到目前，已经推出多个型号的产品。以 2015 年推出的 P30/P40 为例。有限定条件说明的主要技术参数如下：

（1）单次测量精度

主要包括距离精度、角度精度（水平/垂直）、点位精度、双轴补偿器，精度值标准差，并且是在 78% 反射率条件下的数值，具体数值见第 2 章。

（2）标靶获取精度

适用于 HDS 黑白标靶（4.5″），数值为 2mm/50m。

（3）扫描仪激光和激光对中器

符合 IEC 60825：2014 标准的 1 级激光。

4. 美国 Trimble 公司产品

Trimble 公司自 2003 年到目前，已经推出多个型号的产品。以 2013 年推出的 Trimble TX8 为例，测距原理是由天宝"闪电"技术提供的超高速脉冲激光。有限定条件说明的主要技术参数如下：

（1）最大标准测程

对于大多数表面，最大测程可达 120m。对于反射率在 18%~90% 间目标，最大标准测程为 120 m。对于反射率在 5% 左右的超低反射率物体，最大标准测程为 100 m。

（2）测程噪声

对于大多数表面，2 ~100 m 范围内反射率为 18%~90% 的物体，测程噪声<2 mm。

（3）激光等级

1 类，对人眼安全（依据国际电工委员会激光等级测试标准 EN60825-1）。

（4）激光束直径

给出了 3 种距离时的激光束直径，分别是：6 mm（距离 10 m 处），10 mm（距离 30 m 处），34 mm（距离 100 m 处）。

5. 日本 Topcon 公司产品

Topcon 公司自 2008 年到目前，已经推出 3 个型号的产品。以 2014 年推出的 GLS-2000 为例。有限定条件说明的主要技术参数如下：

（1）距离测量

因气象条件和大气稳定性等外界条件的变化有所差异，共有 5 种模式，即高清模式、高速模式、安全模式、长距模式、近景模式，对应 5 种扫描模式条件下给出了不同的测程值。同时有 3 个反射率（90%、18%、9%）下的测程值。

测程值差异较大，最小是无数值，最大是在长距模式与 90% 反射率的条件下为 350m。

（2）点间距

在 10 m 处，最小为 3.1mm。

（3）距离精度

对应扫描的 5 种模式，给出了 5 个数值，安全模式下的距离精度是 4.0mm/1~110m，其他模式下均为 3.5mm，对应的距离区间不同。

（4）激光对中

光斑大小 1m 距离时为 ϕ1mm，而 1.5m 距离时为 ϕ4mm。

（5）仪器高

仪器高是指从仪器基座底部到仪器中心位置的距离为 226mm。

目前，国内上市销售的公司大概有 6 家，技术指标的表达上多数参考国外公司的产品，绝大多数的指标未给出限定的条件，只给出指标名称与具体数值。

4.4 扫描仪水平角精度检测试验

淮海工学院 2012 年购置了徕卡 ScanStation C10 三维激光扫描仪，研究小组进行了水平角精度检测研究，以下对主要研究过程与结果作简要介绍。

4.4.1 试验方案设计

依照研究目的，野外试验将对同一目标分别使用三维激光扫描仪扫描和全站仪观测，以全站仪测出的角度值作为基准值，通过误差模型进行分析比较得出结论。同时，还将采用控制变量的方法，改变扫描距离研究距离对三维激光扫描仪测角精度的影响。

首先需要选取满足试验要求的检校场，在校园内经过仔细筛选最终确定体育场为检校场。在扫描工作实施前，需要到现场进行踏勘，根据试验方案的构想绘制现场草图。实施方案中还要包括扫描的工作流程、供给方案、人员配备及扫描组织。

在体育场塑胶跑道上选定塑胶跑道的边缘水平白线。在该水平线上每隔 5m 架设一组脚架和觇牌，共架设 8 组，编号为 A 至 H，在距离水平线中点垂直方向线上 30m、60m、90m 处分别确定 S1、S2、S3 三点，作为仪器安置点，布设示意图如图 4-1 所示。

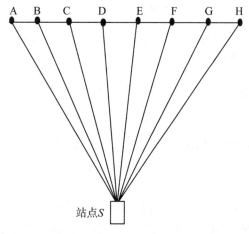

图 4-1　水平角精度检校场

4.4.2 试验数据获取

根据试验精度要求，选择中纬 ZT80 全站仪（测角精度为 2″）。将全站仪设置在 S1 点上对中整平，采用全站仪的方向观测法测量各觇牌之间的水平角，记录在观测表格中。每次观测三个测回，测角时照准觇牌顶部第一个黑色倒三角的顶点。

随后在 S1 点上架设三维激光扫描仪，仪器高度与所有觇牌高度大致相等，然后对中整平，对所有觇牌所在区域扫描，扫描分辨率为 1cm×1cm，重复三次扫描。

在 S2 和 S3 点上重复上述操作完成野外试验过程。扫描完成后，将数据导出到 U 盘，使用随机后处理软件 Cyclone 完成数据导入与删除噪声点操作，选择要提取的觇牌，放大到合适位置，选中标志点后右击，点击 "Distance" 的 "Point Distance" 命令提取每次扫描的觇牌标志点坐标（图 4-2），记录在表格中。

|(a)选择提取坐标点|(b)提取命令|(c)坐标结束|

图 4-2　坐标提取操作过程

三维激光扫描仪扫描所采用的坐标系是以仪器中心为坐标原点的站心坐标系，在三维激光扫描点云数据中提取觇牌标志点坐标后，根据

$$\varphi = \arctan\left(\frac{y}{x}\right) \tag{4-1}$$

$$\alpha = \arctan\left(\frac{z}{\sqrt{x^2+y^2}}\right) \tag{4-2}$$

可分别计算出三次扫描水平角 φ 和竖直角 α，并记录在表格中，其中 x，y，z 为觇牌标志点在三维激光扫描仪坐标系中的三维坐标值。

4.4.3　试验数据处理及结果分析

1. Matlab 程序编写

本次试验数据计算所涉及的均是矩阵计算。Matlab 软件是美国 MathWorks 公司出品的专业数学软件，能够很好地满足本次试验数据的计算需要，所以选择 Matlab 进行程序编写。

根据角度检验模型的原理，需要采用间接平差原理对观测值方程进行解算。根据上述两个计算原理，编写 Matlab 程序，程序最终运行结果界面如图 4-3 所示。

同时，采用 30m 测量数据的模型运算数据结果与程序运算数据结果对比进行程序验证，首先列出观测值方程：

$$\overline{\varphi_i} = (\varphi_i + v_i) + c_i + i_i \tag{4-3}$$

其中，$\overline{\varphi_i}$ 为水平扫描角的真值，φ_i 为三维激光扫描仪扫描水平角近似值，v_i 为角度观测改正数，$c_i = \dfrac{c}{\cos\alpha}$ 为激光不垂直于扫描棱镜旋转轴误差，$i_i = i\tan\alpha_i$ 为棱镜旋转轴倾斜误差。写成误差方程式：

$$\underset{n\times1}{V} = \underset{n\times2}{B}\underset{2\times1}{X} - \underset{n\times1}{L} \tag{4-4}$$

根据上述计算数据、全站仪测量数据和间接平差模型 $V = BX - L$，列出计算所需的

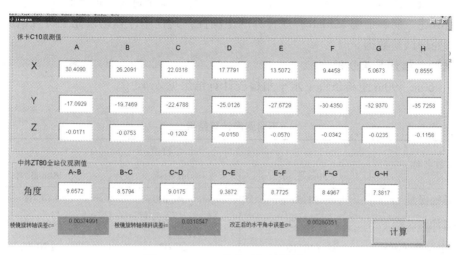

图 4-3　Matlab 程序运行结果界面

数据矩阵 **B** 和 **L**。

$$
B = \begin{bmatrix}
-1.004 & 0.0281 \\
-1.0087 & 0.1322 \\
-1.0244 & 0.2224 \\
-1.004 & 0.0280 \\
-1.0056 & 0.1064 \\
-1.0019 & 0.0616 \\
-1.008 & 0.0404 \\
-1.0178 & 0.1878
\end{bmatrix}
\qquad
L = \begin{bmatrix}
-0.0031 \\
0.0035 \\
0.0025 \\
-0.0020 \\
0.0017 \\
0.0002 \\
-0.0073 \\
0
\end{bmatrix}
$$

　　通过间接平差原理解算，求出仪器的两个轴系误差 c 和 i，求得轴系误差后，根据公式（4-5）计算角度观测正数 v_i，求出水平角中误差，其结果比较见表 4-1。

$$
\sigma_0 = \pm \sqrt{\frac{\sum\limits_i v_i^2}{n-2}} \tag{4-5}
$$

表 4-1　　　　　　　　　　**Matlab 程序和笔算结果对比**

参数名称	Matlab 程序计算结果	模型计算结果
棱镜旋转轴误差（c''）	13.51	13.49
棱镜旋转轴倾斜误差（i''）	114.72	114.71
水平角中误差（σ''）	±10.10	±10.09

　　比较两种方法的计算结果，发现两次计算结果在数值上近似相等，造成小数点后一位

往后开始的数值有差异，可能是由于数字运算和程序数字字符运算的差异性。

综上所述，能够证明 Matlab 程序计算的正确性，其程序计算结果完全符合试验要求，可以用来处理试验数据。

2. 试验数据计算及分析

30m、60m、90m 距离条件下水平角检校计算结果见表 4-2。

表 4-2　　　　　　　　　　　　　不同距离计算结果

参数名称	参数值		
	30m 距离	60m 距离	90m 距离
棱镜旋转轴误差（c''）	13.51	−10.01	17.01
棱镜旋转轴倾斜误差（i''）	114.72	231.03	−414.61
水平角中误差（σ''）	±10.10	±6.02	±20.02

地面三维激光扫描仪存在系统误差参数，需要对其扫描角度进行修正才能获得精确的测角数值。由表 4-2 可知徕卡 C10 三维激光扫描仪在距离为 30m 和 60m 时的水平角精度经轴系误差修正后可分别达到±10.10″和±6.02″，符合仪器精度要求（±12″），在距离 90m 时，水平角中误差为±20.02″，不符合仪器精度要求（±12″）。

4.4.4　试验研究结论

①考虑到地面三维激光扫描仪不同距离对测角精度的影响，在试验数据获取时设计并采集了三组不同距离的水平角检校数据，试验结果表明：不同距离时水平角精度亦不同。

②徕卡 C10 三维激光扫描仪的水平角精度在 30m、60m 距离时符合仪器的标称精度，但是在 90m 距离时不符合仪器的标称精度，原因可能是由于光照、风力、温度等外界环境的影响。

③数据处理时利用角度检校模型编写 Matlab 程序进行解算，并且按照数学模型计算来验证了 Matlab 程序的运算正确性，该 Matlab 程序可运用于全部试验数据的解算，也适用于其他同样检校方法的地面三维激光扫描仪的水平角精度检校。

目前，由于地面三维激光扫描仪的国家检定标准没有制定，仪器相关指标精度检定没有统一的标准。本试验的距离未达到仪器最大测程 340m，对于距离与水平角精度变化需要做进一步的研究。

4.5　扫描仪测距精度检测试验

淮海工学院 2012 年购置了徕卡 ScanStation C10 三维激光扫描仪，研究小组进行了仪器测距精度检测研究，以下对主要研究过程与结果作简要介绍。

4.5.1 试验方案总体设计

参考六段解析模型，分为两个方案进行试验，检校场地的布设如图4-4所示。

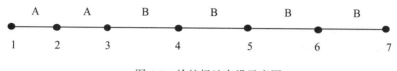

图4-4 检校场地布设示意图

方案一：选择直线长度为50m的检校场地，按照标准六段解析模型，A取5m，B取10m。

方案二：是在方案一基础上的拓展，选择直线长度为100m的检校场地，按照场地布设方案，A取10m，B取20m。其中包含了60m、80m、100m的距离，而且选择的场地是在室外，有很多环境因素的影响，这样既是方案一的参照，又是对仪器性能的全方面检测。

4.5.2 试验数据获取

根据试验精度要求，采用拓普康测量机器人GTS-902A，测距精度在精测模式下可以达到0.2mm（亚毫米级）。检校场地的数据获取是本试验的重点，50m和100m的试验场地数据获取原理相同，试验过程中要做好试验的过程控制，主要试验步骤包括：选取试验场地；按照设计方案布设试验场地；用三维激光扫描仪依次扫描各站点上的标靶；用全站仪配合棱镜测量每一站点的距离；扫描仪数据导出；利用Cyclone软件提取标靶中心的坐标（图4-5）。

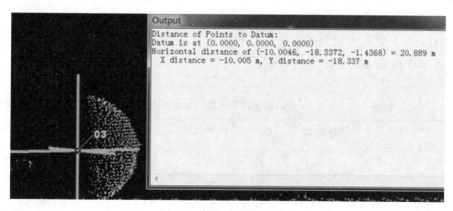

图4-5 标靶中心数据提取

4.5.3 试验数据处理

目前，三维激光扫描仪的精度检校方法和误差模型的建立，多数是基于三维激光扫描仪的扫描原理和全站仪的检校思路。三维激光扫描仪的加常数与乘常数检校，六段解析法和基线比较法是两种传统而经典的方法。

六段解析法是 H. R. Schwendener 在 1971 年提出的六段全组合法。此种方法不需要标准基线，通过对全组合方式获得的观测数据进行平差计算，就可以获得加常数。可以消除乘常数的相关影响，但是加常数的检测精度很高，缺点是只能检测加常数。而基线比较法其模型是对加常数和乘常数两个参数同时进行解算。

因为数据处理中涉及矩阵运算，基于六段解析模型，采用 Matlab 软件编程，方便后期的试验数据处理，解算出全站仪测量数据的加常数和距离改正数，运算界面如图 4-6 所示。

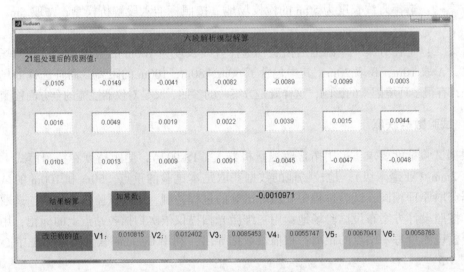

图 4-6　Matlab 程序解算界面

通过 Matlab 计算加常数和改正数后，利用加常数和改正数计算全站仪测量的值，计算结果见表 4-3 和表 4-4。

表 4-3　　　　　　　　　　　全站仪测得距离值（50m）

测站	观测点	测距平均值/m	经加常数改正后距离值/m
1	2	5.0075	5.0172
	3	10.0601	10.0714
	4	20.1489	20.1563
	5	30.1488	30.1533
	6	40.2401	40.2457
	7	50.2951	50.2999
全站仪加常数 $C = -0.0011$			

表 4-4 **全站仪测得距离值（100m）**

测站	观测点	测距平均值/m	经加常数改正后距离值/m
1	2	10.0055	10.0184
	3	20.0241	20.0336
	4	40.0552	40.0667
	5	60.0731	60.0832
	6	80.0918	80.1073
	7	100.1023	100.1043
全站仪加常数 $C = 0.0006$			

4.5.4 试验结果分析

1. 50m 检校场数据结果分析

在 50m 测距精度检校场，采用徕卡 C10 和球面反射标靶，分别对设置的 21 段距离值进行扫描，每段距离上扫描 3 次，并在 Cyclone 软件中提取了每个标靶中心的距离数据。

将徕卡 C10 未经改正的测量结果与真实值进行比较，由图 4-7 可知：在 50m 以内的距离，搭配球面标靶的测距精度最低为 8.5mm，低于标称的 ±4mm/50m 精度。

按基线比较模型的方程，对数据进行平差解算，得到徕卡 C10 在搭配球面标靶时常加常数为 0.05mm，乘常数为 84ppm。经过加乘常数改正后的徕卡 C10 测距值和经过改正的全站仪测得值进行了对比和分析，得到徕卡 C10 的测距误差在 4mm 以内变化，达到了标称的 ±4mm/50m 精度（图 4-8）。

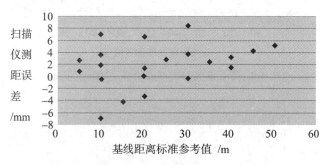

图 4-7 原始激光扫描仪测距值（50m）误差

2. 100m 检校场数据结果分析

在 100m 测距精度检校场，用徕卡 C10 和球面反射标靶，分别对设置的 21 段距离值进行扫描，每段距离上扫描 3 次，并在 Cyclone 软件中提取了每个标靶中心的距离数据。

由于在 100m 检校场的特殊性，在 10m、20m、40m、60m、80m、100m 距离都有点的分布，因此将徕卡 C10 未经改正的测量结果与真实值进行比较，从图 4-9 中可以看出，在

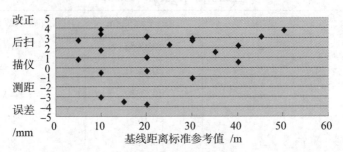

图 4-8　加常数与乘常数改正后的激光扫描仪测距值（50m）的精度

100m 的测距范围内，搭配球面标靶的测距精度在 40m 以内的，最低精度为 3.6mm，在 60m、80m，还有 100m 的精度分别为 4.8mm、6.3mm、7.7mm。

　　按基线比较模型的方程，对数据进行平差解算，得到徕卡 C10 在搭配球面标靶时加常数为 0.6mm，乘常数为 25ppm。经过加乘常数改正后的徕卡 C10 测距值和经过改正的全站仪测得值进行了对比和分析，得到激光扫描仪徕卡 C10 的 40m 以内测距误差在 4mm 以内变化，达到了标称的 ±4mm/50m 精度，而在 60m、80m、100m 处的测距精度分别为 6.9mm、3.7mm、10.8mm（图 4-10）。

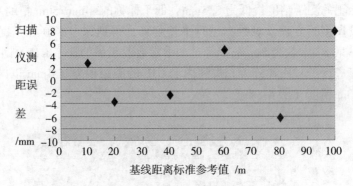

图 4-9　原始激光扫描仪测距值（100m）误差

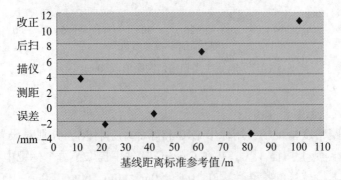

图 4-10　加常数与乘常数改正后的激光扫描仪测距值（100m）的精度

通过对徕卡 C10 三维激光扫描仪的测距精度检校试验，表明在实际的工作环境中，仪器达到了厂家的标称精度，并随着扫描距离的变长，精度呈下降趋势，但是能够满足大多数测量工程的要求。检校试验结果可为多种地面三维激光扫描仪的测距检校提供一定的参考。

4.6 扫描仪平面点位精度检测实验

在测绘领域，地面三维激光扫描技术是一项近十年迅速发展并已经被广泛应用的革命性技术。为了更好地让这项技术应用到社会生产中，对扫描仪点位精度的研究已经成为热点。近年来，一些学者做了相关研究并取得了一定的研究成果。

淮海工学院 2012 年购置了徕卡 ScanStation C10 三维激光扫描仪，研究小组进行了仪器平面点位精度检测研究，以下对主要研究过程与结果作简要介绍。

4.6.1 实验数据采集

1. 实验仪器简介

本研究的主要设备是徕卡 C10 三维激光扫描仪，主要技术参数是：测距精度 4mm，测角精度 12″，点位精度 6mm/50m。使用徕卡 TS30 超高精度全站仪采集标靶坐标与 C10 数据作对比分析，TS30 无棱镜测距精度为 2mm+1ppm，测角精度为 0.5″，具有卓越的测量能力。

2. 实验标靶选择和粘贴

本研究构想通过实验确定扫描物体点云数据各点的坐标数据能否直接为工程所用，或者说确定在何种扫描距离下获取的扫描物的点云数据的坐标信息可以直接使用，并满足工程的精度要求。与三维激光扫描仪配套使用的标靶类型有球形标靶和平面标靶。受实验仪器限制，现只有球形标靶，而球形标靶数据精度又无法具体真实地表现一般建筑物扫描数据精度，所以选用纸质标靶作为扫描物表面特征点识别标志。

实验前将纸质标靶裁剪并编号，用颜色记号笔在白色部分手写编号。粘贴时随机布点，但相邻点号标靶最好临近粘贴，这样可以减少全站仪测量和坐标提取时的工作量。标靶图形及标靶现场粘贴情况如图 4-11 所示。

3. 假定坐标系建立

本次实验所使用的标靶是打印的黑白相间纸质标靶，所以需要选择平整的 $1m^2$ 左右的垂直墙面供标靶粘贴，且垂直于墙面方向有大于 $140m^2$ 的空旷地，保证扫描无遮挡，同时控制点间相互通视。在垂直墙面方向，用全站仪测量确定与墙面相距 20m 至 140m，点间距 20m 的控制点位置，在地面粘贴纸质对中标志，编号分别为 A1 至 A7。所有控制点在一条直线上。

在扫描线路中断一侧地面粘贴对中标志，设为点 B，全站仪测量点 A1 与点 B 间距离 a，假设 A1 (0.0000，1.0000)，令 B (-a，1.000)，采用闭合导线测量方法测量其他控制点坐标。控制点分布略图如图 4-12 所示。

图 4-11　标靶现场粘贴情况

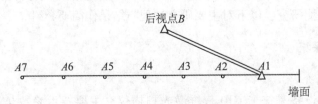

图 4-12　控制点分布略图

4. 仪器数据采集

将脚架棱镜架设在后视点 B 上，进行对中整平。全站仪架设在控制点 $A1$ 上，进行对中整平定向。无棱镜模式测量纸质标靶坐标，每个纸质标靶测量 3 次，每次测量需要重新照准。

将球形标靶架设在后视点 B 上，依次将三维激光扫描仪架设在点 $A1$ 至 $A7$ 上，对中整平扫描后视标靶，测定标靶与仪器距离，分辨率设为 0.001m，确定视场对标靶进行扫描，每站扫描 3 次。扫描结束后用 U 盘导出数据。

4.6.2　实验数据处理及结果分析

1. 外符合精度分析

全站仪坐标数据 3 组数据取平均值为标靶坐标数据真值。扫描仪点云数据使用 Cyclone 软件进行坐标提取，同一站 3 次扫描数据提取结果取平均数作为实验观测值。真值与观测值求差所得真误差见表 4-5。

表 4-5　　　　　　　　　　　　　　真 误 差 结 果　　　　　　　　　　（单位：mm）

点号	20m		40m		60m		80m		100m		120m		140m	
	Δx	Δy	Δx	Δy	Δx	Δy	Δx	Δy	Δx	Δy	Δx	Δy	Δx	Δy
1	0.7	1.0	5.2	-1.4	6.5	3.8	7.5	-9.5	1.5	13.7	8.6	-11.7	3.2	22.5
2	0.1	0.8	5.5	-1.2	6.6	2.6	6.1	-10.8	0.7	13.9	7.0	-11.4	1.6	21.2

续表

点号	20m		40m		60m		80m		100m		120m		140m	
	Δx	Δy	Δx	Δy	Δx	Δy	Δx	Δy	Δx	Δy	Δx	Δy	Δx	Δy
3	-1.0	0.8	4.5	-1.4	6.0	2.9	6.5	-10.3	0.0	11.7	8.3	-11.8	2.3	21.1
4	1.9	0.5	6.7	-1.1	7.6	3.3	9.6	-10.4	2.3	13.7	9.6	-11.9	2.5	22.7
5	1.4	1.0	7.0	-1.8	7.1	3.7	8.4	-10.8	2.2	12.8	9.8	-11.8	2.2	22.7
6	-0.1	1.2	6.3	-0.5	6.5	3.0	7.9	-10.7	0.7	13.6	9.9	-11.3	3.5	23.1
7	-2.0	1.7	3.6	-0.8	4.9	3.9	6.4	-9.3	-1.5	10.3	6.4	-13.6	1.0	22.8
8	-0.6	1.0	5.7	-1.5	6.2	3.5	7.7	-10.2	1.3	13.3	8.5	-12.9	2.8	21.7
9	0.5	1.6	6.2	-0.7	7.3	3.7	7.3	-10.1	2.3	14.0	8.5	-12.0	2.2	23.0
10	-0.1	1.4	4.6	-0.8	6.2	3.5	8.0	-10.3	0.5	14.7	8.0	-12.3	1.9	24.0

根据点位中误差计算公式可得徕卡C10三维激光扫描仪各扫描距离处的外符合点位精度（表4-6），并生成外符合精度分析点位精度折线图（图4-13）。

表4-6　　　　　　　　　　　　　**外符合点位精度计算结果**　　　　　　　　（单位：mm）

距离	σ_x	σ_y	σ_p
20m	1.1	1.1	1.6
40m	5.6	1.2	5.7
60m	6.5	3.4	7.4
80m	7.6	10.3	12.8
100m	1.5	1.32	13.3
120m	8.5	1.21	14.8
140m	2.4	22.5	22.6

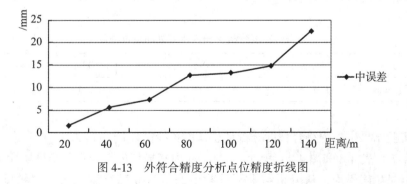

图4-13　外符合精度分析点位精度折线图

由表 4-6 可知，当徕卡 C10 三维激光扫描仪的扫描距离为 40m 和 60m 时，相对应的点位精度分别为 5.7mm 和 7.4mm，略低于 6mm/50m 的标称精度，但是需要考虑的是实验使用的扫描标靶是纸质黑白标靶，反射效果不如与仪器配套使用的球形标靶；同时软件不能自动识别并确定纸质标靶的扫描数据的中心点，需要使用目视判别的坐标提取方法，人为操作将带来不可确定的误差，所以总的来说仪器实验结果能够达到标称精度。

由图 4-13 可知在 140m 范围内，扫描仪点位精度随扫描距离的增加而减小，减小趋势基本符合线性。

2. 内符合精度分析

根据内符合精度分析方法公式先求得扫描仪同一站 3 次扫描坐标平均值，平均值由观测值求差得改正数，最终计算求得的各点位在不同距离的内符合点位精度见表 4-7。

表 4-7　　　　　　　　　　　　内符合点位精度计算结果　　　　　　　　（单位：mm）

点号	20m	40m	60m	80m	100m	120m	140m
1	0.8	0.5	0.5	1.8	1.6	2.3	1.9
2	0.7	0.7	0.6	1.1	1.6	1.1	2.0
3	0.9	0.5	0.5	1.3	1.7	2.0	1.4
4	0.7	0.9	1.0	1.9	1.8	1.3	1.0
5	1.5	1.1	0.3	0.4	2.1	1.7	4.4
6	0.7	1.0	1.1	0.5	0.9	1.8	1.5
7	0.7	2.0	1.5	0.9	6.6	1.9	1.8
8	1.3	0.5	1.2	0.9	0.9	1.9	0.6
9	0.4	1.5	0.8	2.6	3.3	1.4	0.7
10	2.0	1.4	0.6	1.9	1.1	1.7	3.4

在每个距离都能求出 10 个中误差值，所以距离相对应的内符合点位中误差是 1~10 号点中误差的平均值，求得各距离内符合点位中误差结果见表 4-8。

表 4-8　　　　　　　　内符合精度分析各扫描距离处的点位精度

距离/m	20m	40m	60m	80m	100m	120m	140m
点位精度/mm	1.0	1.0	0.8	1.3	2.3	1.6	1.9

根据实验结果生成内符合精度分析点位精度折线图（图 4-14）。

由表 4-7 、表 4-8 和图 4-14 可知，在 140m 内扫描仪内符合点位精度随距离的增加有所增加，但是幅度不大，从分析结果不难看出徕卡 C10 三维激光扫描仪精度相对稳定，能够满足一般工程的应用需求。

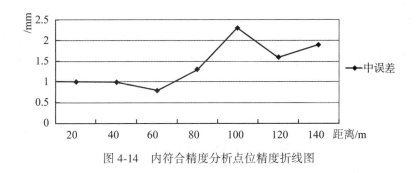

图 4-14　内符合精度分析点位精度折线图

4.6.3　实验结论

采用徕卡 TS30 全站仪和徕卡 C10 三维激光扫描仪获取点云数据，经过坐标提取与处理，进行外符合精度分析和内符合精度分析后得到结论：徕卡 C10 三维激光扫描仪扫描黑白纸质标靶的外符合点位精度随扫描距离的增大而降低。在较近距离对黑白纸质标靶的识别精度低于仪器标称精度；在较远距离精度衰减较快。在 140m 范围内，点位精度的减小趋势基本符合线性；在较近扫描范围内内符合精度较高且相对稳定，随着距离增加，精度降低。在 140m 范围内精度下降幅度并不大。

整体而言，实验结论具有一定的参考价值，但实验中最大扫描距离为 140m，相比仪器标称 300m 的扫描距离并不算远。同时真值坐标的获取精度还有待研究提高。

4.7　目标颜色与粗糙度对点云精度的影响试验

扫描目标颜色和粗糙度对点云精度具有一定的影响，目前国内外学者对此研究较少。国外学者 Clark 等人在研究目标颜色对徕卡 HDS2500 三维激光扫描仪测距精度影响时发现，目标颜色与点云精度存在明显且系统的相关性。国内学者李佳龙等人研究目标颜色和入射角对 Trimble GX 扫描点云精度的影响，发现两者皆对扫描精度有影响。

淮海工学院 2012 年购置了徕卡 ScanStation C10 三维激光扫描仪，研究小组进行了目标颜色和粗糙度对点云精度的影响研究，以下对主要研究过程与结果作简要介绍。

4.7.1　点云数据获取

本次实验对红色、绿色、黑色、黄色、蓝色、紫色等两种不同粗糙度纸张的高精度扫描。实验地点设置在测绘工程学院三维激光扫描仪实验室。点云数据获取步骤如下：

1. 前期材料准备

本次实验所用材料为 6 种不同颜色和不同粗糙度的纸张。6 种颜色都是人为选定的，选定为红色、绿色、黑色、黄色、蓝色、紫色，不具有任何特殊意义，只为区分目标颜色对扫描精度的影响。粗糙度选定为光滑与不光滑两种，粗糙度不光滑采用 A4 复印纸，而粗糙度为光滑的采用彩色打印机使用的光滑纸。两者粗糙度相差较大，易于判断。纸张颜色均为彩色打印机打印，颜色为 Word 软件提供的颜色。各种颜色都为纯色。

2. 实验流程

虽然没有专业的实验场地来控制温度、风力、湿度和光照等因素，但实验时间较短，温度和湿度带来的影响可以忽略不计，实验在室内进行，风力引起的晃动也可以避免。实验时间设定在傍晚，光照不强，且在进行实验前用一些纸板挡在玻璃上，也基本上避免了阳光的干扰。

将准备好的纸质贴片以一定的间隔贴在墙上，用仪器进行扫描。为保证实验精度与准确性，扫描 3 次。随后将扫描成果利用 U 盘传输到计算机上，外业扫描任务完成。

4.7.2　试验数据处理

试验数据处理采用仪器随机后处理软件 Cyclone 进行，在 Cyclone 软件中扫描图像如附录彩图 4-15 所示。用 Fence 把所需要的区域框起来，然后把该区域切到一个新 model-space 里，将每一块划分完单独的方格，回到 Cyclone 主界面里，点击 "tools-info-model-space info" 直接查看此区域内的点云数量。

得到反射强度的步骤则比较复杂，需要将每块方格利用 Fence 工具剪贴到另一个空间里，将方格以 TXT 格式导出，则可以查看方格内每个点云的反射率。需要的数据为每块方格的平均反射率，现在只有每块方格内几万个点云的反射强度，所以这些杂乱无章的数据是没有用的，利用 Excel 软件求出每块方格内的平均反射强度。每块方格内的点云数量以及平均反射强度统计数据分别见表 4-9、表 4-10 与表 4-11。

表 4-9　　　　　　　　　　　　　不同颜色和粗糙度方格的点云数量

纸质贴片	数量			平均值	纸质贴片	数量			平均值
红色粗糙	54409	54298	53126	53944	绿色粗糙	64325	63524	64862	64237
红色光滑	49575	49861	49975	49804	绿色光滑	62586	62341	62951	62627
黑色粗糙	48971	48820	46392	48061	紫色粗糙	50409	51096	50861	50189
黑色光滑	44563	43205	44230	43999	紫色光滑	51236	50968	51023	51076
蓝色粗糙	58321	57986	58686	58517					
蓝色光滑	59630	58632	59245	59169					

表 4-10　　　　　　　　　　　　不同颜色粗糙方格点云平均反射强度

	黑色粗糙	红色粗糙	蓝色粗糙	绿色粗糙	紫色粗糙
平均反射强度	−817.41	−792.5	−423.1	−206.5	−723.8

表 4-11　　　　　　　　　　　不同颜色光滑方格内点云平均反射强度

	黑色光滑	红色光滑	蓝色光滑	绿色光滑	紫色光滑
平均反射强度	−725.4	−1061.5	−405.1	−235.6	−1039.2

4.7.3　试验结果分析

1. 点云数据分析

由表 4-9、表 4-10、表 4-11 统计数据，可以直观地看出颜色和粗糙度对于三维激光扫描仪精度的影响，由于平均反射强度是利用每个点计算平均值获取的，而每块图大约都有四至五万个点，因此将计算平均值统计在表格中。可以直观地看到各种颜色、不同粗糙度方格的数量以及平均反射强度，对于同样大小的方格来说，一般扫描点云数量越大、反射强度越高，其精度也越高。

2. 点云数据颜色分析

徕卡 C10 三维激光扫描仪采用脉冲式绿色激光（波长为 532nm）。根据表 4-9、表 4-10、表 4-11，可以发现平均反射强度与点云数量成正相关，即点云数量越多其平均反射强度越高。在实验中使用的是同样大小的方格纸，且在软件中提取数据时为保证实验精度，每个方格都用相同大小的 Fence 框截取了三次，计算其平均值作为实验数据。由附录彩图 4-15 也可以看出，黄色基本上与背景色融为一体，特别是再放大的时候很难分辨出其边界，故在处理数据时舍弃黄色。由表 4-9 可以看出，绿色粗糙和绿色光滑点云个数最高为 65237 与 62627，黑色粗糙和黑色光滑的点云个数最低为 48061 与 43999。

平均反射强度可以从表 4-10 和表 4-11 中看出，绿色和蓝色的平均反射强度较好，其点云数量也较多，而黑色与红色则比较差。保证了每个方格是同样的面积，如果颜色对扫描精度没有影响，则每个方格内点云数量及平均反射强度应该是相同的。点云数量可以直观地反映出颜色对于仪器扫描精度的影响，平均反射强度加以辅助。对于同样大小的方格，其点云数量越多，说明其扫描的物体越完整具体；其平均反射强度越高，说明其反射性越好，反射回来的点云质量越高。两者结果相同，更加能说明颜色对扫描点云精度的影响。可以很清晰地看出绿色的精度最高，往下依次为蓝色、红色、紫色、黑色。

3. 点云数据粗糙度分析

本次试验选择了两种粗糙度很大的纸张。粗糙度对于精度的影响同样也需要通过每块方格的点云数量及平均反射强度来分析，方法类似于颜色精度分析。为了更直观的看到相同颜色不同粗糙度方格之间的点云数量变化和平均反射强度变化，利用 Excel 表格制作了图 4-16 与图 4-17。可以看出绿色粗糙比绿色光滑的点云数量要多，红色粗糙比黑色光滑的点云数量要多，黑色粗糙比黑色光滑的点云数量要多，而蓝色粗糙与蓝色光滑大致相等，紫色粗糙和紫色光滑大致相等。但通过数据及图 4-16 可以发现，当粗糙纸比光滑纸点云个数多的时候多了很多，而光滑纸比粗糙纸点云个数多的时候都是很少，甚至可以认为其相等。可以很直观地看出粗糙和光滑同样都是有高有低，但总体上粗糙的比光滑的好一些。

点云数量可以直观地反映出颜色对于仪器扫描精度的影响，平均反射强度加以辅助。在判断粗糙度对扫描精度影响时，只需要比较相同颜色的，故从图 4-16、图 4-17 中可以清晰直观地比较相同颜色不同粗糙度之间的点云数量变化及平均反射强度变化。但从这些数据中依旧不能看出比较明显的相关关系，可能是实验材料选取不准确，通过数据只能看出粗糙纸张比光滑纸张略好。

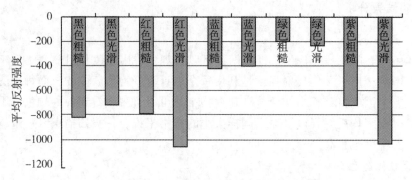

图 4-16　不同颜色的反射强度柱状图

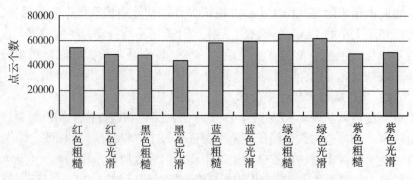

图 4-17　不同颜色的点云个数柱状图

研究结果表明：目标颜色和粗糙度对三维激光扫描仪获取的点云精度有一定影响，颜色对精度影响较大，粗糙度对于精度影响较小。根据实验数据可知，目标颜色对于反射精度影响最小的为绿色，其次分别为蓝色、紫色、红色、黑色。由于条件限制，本研究成果是室内取得的，需要加强实际扫描对象样本的研究。

思考题

1. 什么是精密度、检定、检测、校准、整体校准？
2. 地面三维激光扫描仪在检定与检测方面目前存在的主要问题有哪些？
3. 以 Riegl 公司的仪器为例，精度与重复测量精度的含义是什么？
4. 以 Topcon 公司的 GLS-2000 为例，说明距离测量有几种模式？
5. 以 FARO 公司的 Focus 3DX 330 为例，说明测距噪声的含义是什么？

第5章　点云数据预处理

由于外业获取点云数据时的多种因素影响，点云数据质量直接影响到三维建模等方面的应用，点云数据处理环节非常重要。本章主要介绍数据处理流程，数据的配准、滤波、缩减、分割、分类，最后介绍点云数据应用。

5.1　数据处理流程

5.1.1　数据处理软件

除了硬件，点云数据处理软件也是三维激光扫描系统的重要构成部分。点云数据以公司内部格式存储，用户需要用原厂家的专门软件来读取和处理。目前需要使用两种类型的软件，才能让三维激光扫描仪充分发挥其功能：一种是扫描仪自带的控制软件；另一种是专业数据处理软件。前者一般是扫描仪随机自带的软件，既可以用来获取数据，也可以对数据进行一般的处理，如 Riegl 扫描仪附带的软件 Riscan Pro，Optech 的 Iris-3D，徕卡的 Cyclone 以及美国 Trimble 的 PointScape 点云数据处理软件等。后者主要用于点云数据的处理和建模等方面，多为第三方厂商提供，如 Imageware、PolyWorks、Geomagic 等软件，它们都有点云影像可视化、三维影像点云编辑、点云拼接、影像数据点三维空间量测、空间三维建模、纹理分析和数据格式转换等功能。

5.1.2　数据处理的一般流程

三维激光扫描系统的全部工作流程可分为外业数据获取和内业数据处理，针对内业数据处理步骤不同学者观点不太一致，但是基本步骤大致相同。

刘春等人（2006A）认为内业数据处理主要包括激光点云生成，规则格网化，数据滤波、压缩，数据分类，特征提取，数据拼接，坐标纠正，质量分析和控制等环节。张会霞（2010）认为三维激光扫描数据处理是一项复杂的过程，从数据获取到模型建立，需要经过一系列的数据处理过程：通常包括数据配准、地理参考、数据缩减、数据滤波、数据分割、数据分类、曲面拟合、格网建立、三维建模等方面。

《规程》中说明：数据预处理流程包括点云数据配准、坐标系转换、降噪与抽稀、图像数据处理、彩色点云制作。有的学者将内业数据处理分为预处理与三维建模两个部分。

综上所述，本章简要介绍数据配准、数据缩减、数据滤波、数据分割、数据分类的概念与方法，一般是在随机处理软件中完成，基于点云三维模型构建将在后面的章节阐述。

5.1.3　数据处理的准备

为了保证使用点云数据进行三维建模的质量，点云数据的预处理环节非常重要，预处理后的点云数据质量直接影响三维建模的质量。

为顺利完成点云数据的预处理，数据处理提前做好相关的准备工作是必要的。准备工作包括以下几个方面：

①数据处理的硬件设备。目前扫描后生成的数据文件都比较大，一般有几十个 GB。数据处理的硬件设备一般是指台式计算机（或者图形工作站），笔记本电脑速度较慢。计算机的配置上，总体要求是运算速度快、显示质量高（屏幕大）、硬盘存储空间大，可依据实际需求配置中高端的台式计算机或者图形工作站。

②数据处理的软件。软件包括随机配套软件、建模软件、相关辅助软件。随机配套软件是数据处理的主要软件，具有数据采集、预处理、建模等功能。不同品牌的产品有一定的差异，一般只能安装在一台电脑上使用。国外产品一般是英文版，个别软件做了简单的汉化处理。建模软件目前以国外的商业化软件为主，软件功能上也存在一定的差异，要依据项目的需要做出选择，一般要多种软件组合使用。相关辅助软件是经常用到的图片、视频等。这些软件需要提前在计算机上安装好。

③相关知识与方法。在数据处理前，处理人员一般要了解数据处理的基本概念、原理等基础知识，可通过图书、论文等文献获取。目前主要是利用与设备配套的软件完成预处理，关于国外配套软件详细的中文使用文献较少，一般多是设备销售商的培训资料，还有英文版的软件使用指南和软件在线帮助，使用起来比较困难。对软件的熟悉程度直接影响处理的效率与质量，因此处理人员应该提前了解相关理论知识，重点是熟悉配套软件常用功能的操作方法。

④数据质量检查。在处理硬件与软件准备的基础上，扫描外业工作完成之后，一般可利用 U 盘或者移动硬盘将原始数据文件复制到计算机上。运行配套软件，可打开（或者导入）原始数据。在做数据处理前，通过浏览数据功能，要检查扫描数据的质量，包括测站数量、点云完整性等。

5.2　数据配准

5.2.1　概述

点云数据处理时，坐标纠正（又称为坐标配准，也称为点云拼接）是最主要的数据处理之一，由于目标物的复杂性，通常需要从不同方位扫描多个测站，才能把目标物扫描完整，每一测站扫描数据都有自己的坐标系统，三维模型的重构要求把不同测站的扫描数据纠正到统一的坐标系统下。在扫描区域中设置控制点或标靶点，使得相邻区域的扫描点云图上有三个以上的同名控制点或控制标靶，通过控制点的强制附合，将相邻的扫描数据统一到同一个坐标系下，这一过程称为坐标纠正。在每一测站获得的扫描数据，都是以本测站和扫描仪的位置和姿态有关的仪器坐标系为基准，需要解决的坐标变换参数共有 7 个：3 个平移参数，3 个旋转参数，1 个尺度参数。

《规程》中定义了点云配准（point cloud registration）的概念，即把不同站点获取的地面三维激光扫描点云数据变换到同一坐标系的过程。点云数据配准时应符合下列要求：①当使用标靶、特征地物进行点云数据配准时，应采用不少于 3 个同名点建立转换矩阵进行点云配准，配准后同名点的内符合精度应高于空间点间距中误差的 1/2；②当使用控制点进行点云数据配准时，二等及以下应利用控制点直接获取点云的工程坐标进行配准。

常见的配准算法有：四元数配准算法、六参数配准算法、七参数配准算法、迭代最近点算法（ICP）及其改进算法。点云数据的坐标配准目前国内外研究的都比较多，不同品牌仪器都有与设备配套成熟的软件，如 Cyclone、PolyWorks 软件等。

5.2.2 配准方法分类

依据不同的分类标准，相应地可以得到不同的配准方法分类。综合一些学者观点，主要观点如下：

张会霞（2010）认为坐标纠正的基本方法主要有 3 种：①配对方式；②全局方式；③绝对方式。配对方式只考虑相邻两幅图之间的坐标转换，不考虑误差的传播。全局方式是当对多个点云图进行配准时，需要将多个测站的点云数据中的控制点或标靶点组成一个闭合环，可以有效地防止配准过程中坐标转换误差的积累。而绝对方式需要在扫描时测得标靶点的测量坐标值，在坐标纠正时，把纠正好的仪器坐标系下的点云图纠正到标靶点所在的坐标系下，增加地理参考，使其真正应用到测量领域。

周华伟（2011）认为不同的分类标准，相应可以得到不同的配准方法分类，主要包括：

①根据搜索特征空间的不同，可以分为全局配准和局部配准。全局配准是指针对整个点云搜索对应特征进行配准，局部配准则是在部分点云中搜索对应特征。

②根据配准的精度，可分为粗配准和精配准。粗配准的目的是通过确定两个三维点云集中的对应特征，解算出点云之间的初始变换参数；精配准是通过在粗配准的基础上获取最佳变换参数，然后完成点云配准。

③根据配准时所采用的基元，将点云配准分为基于特征的和无特征的配准。其中前者是指利用一些几何特征，如边缘、角点、面等特征，来解算变换参数，达到配准目的；后者则是直接利用原始点云数据进行配准。

④根据配准参数解算的目标函数，可分为点到点距离最小以及点到对应切面距离最小等。

⑤根据配准变换参数解算的方法，分为四元数法、最小二乘法、奇异值分解法以及遗传算法等。

张庆圆（2011）认为点云拼接方法分类如下：

（1）标靶拼接

标靶拼接是点云拼接最常用的方法，首先在扫描两站的公共区域放置 3 个或 3 个以上的标靶，对目标区域进行扫描，得到扫描区域的点云数据，测站扫描完成后再对放置于公共区域的标靶进行精确扫描，以便对两站数据拼接时拟合标靶有较高的精度。依次对各个测站的数据和标靶进行扫描，直至完成整个扫描区域的数据采集。在外业扫描时，每一个标靶对应一个 ID 号，需要注意同一标靶在不同测站中的 ID 号必须要一致，才能完成拼接。完成扫描后对各个测站数据进行点云拼接。

以 Cyclone 软件为例，完成拼接的点云数据可以通过拼接窗口查看拼接误差精度等信息，该方法的拼接精度较好，一般小于 1cm。如果需要将其统一到我们所需要的坐标体系下，就需要在满足拼接精度的前提下将拼接好的数据进行坐标转换，满足实际要求。

（2）点云拼接

基于点云的拼接方法要求在扫描目标对象时要有一定的区域重叠度，而且目标对象特征点要明显，否则无法完成数据的拼接。由于约束条件不足无法完成拼接的，需要再从有一定区域重叠关系的点云数据中寻找同名点，直至满足完成拼接所需的约束条件，进而对点云进行拼接操作，此方法点云数据的拼接精度不高。

采用三维激光扫描仪采集数据时，要保证各测站测量范围之间有足够多的公共部分（大于 30%），当点云数据通过初步的定位定向后，可以通过多站拼接实现多站间的点云拼接。公共部分的好坏会影响拼接的速度和精度。一般要求公共部分要清晰，具有一些比较有明显特征的曲面。一般公共部分可利用的点云数据越多，多站拼接的质量越好。

特殊情况下，可将标靶拼接与点云拼接结合使用。通常在外业放置一定数量的标靶，而在内业进行数据配准时当标靶数量不能满足解算要求时，就人工选取一些特征点，以满足配准参数结算的要求。这种方法在实际的点云配准中是很常用的，而且实践证明其精度也能达到要求。

（3）控制点拼接

为了提高拼接精度，三维激光扫描系统可以与全站仪或 GPS 技术联合使用，通过使用全站仪或 GPS 测量扫描区域的公共控制点的大地坐标，然后用三维激光扫描仪对扫描区域内的所有公共控制点进行精确扫描。其拼接过程与标靶拼接步骤基本相同，只是需要将以坐标形式存在的控制点添加进去，以该控制点为基站直接将扫描的多测站的点云数据与其拼接，即可将扫描的所有点云数据转换成工程实际需要的坐标系。使用全站仪获取控制点的三维坐标数据，其精度相对较高。因此数据拼接的结果精度也相对较高，其误差一般在 4mm 以内。

目前已经有一些仪器支持以导线方式（假定坐标系、用户已有坐标系）进行扫描，在与设备配套的软件中会自动完成数据的拼接。例如，徕卡、Topcon 等品牌的扫描仪，减少了数据拼接的工作量。

另外，有的学者提出基于特征点云的混合拼接，该方法要求扫描实体时要有一定的重合度，拼接精度主要依赖于拼接算法，可分为基于点信息的拼接算法、基于几何特征信息的拼接算法、动态拼接算法和基于影像的拼接算法等。

5.2.3 数据拼接实例

本次试验的扫描对象是江苏省连云港市海清寺大门前的万年宝鼎,分成近(距古鼎大约 2m)、中(距古鼎大约 10m)、远(距古鼎大约 30m)三种距离,对古鼎进行全方位的扫描。其中近、中距离设置 6 个测站,每个测站相互之间与古鼎构成的夹角为 60°;远距离设置 4 个测站。根据公共点获取方案原则,相邻两个测站之间至少要有 3 个公共点,结合实际标靶的通视性,本文设置了 5 个公共点,每次需要测量 4 个公共点。以徕卡 C10 进行野外扫描获取点云数据。拼接前要做好原始数据的准备,利用 U 盘将扫描仪输出的工程文件复制到安装有 Cyclone 软件的图形工作站上,并做好数据备份工作。

以球形标靶为公共点进行数据拼接的主要过程如下:

①新建数据库。点击"Servers"→右击"abc(unShared)"→"Databases"→输入数据库的名称和路径,如"E:a \ hqstd"。

②导入点云数据。右击"hqstd"数据库→将外业测量的"hqstd"点云数据导入到 Cyclone 软件中。查看每一个测站的点云数据,以检查数据导入的正确性与完整性。

③创建拼接。右击"hqstd"数据库→Scanworld→Add Scanworld→选择"Station-001"和"Station-002"两个测站,如图 5-1 所示。

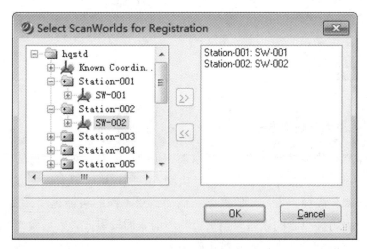

图 5-1 创建两个测站拼接

④添加约束条件。单击"Constraint"→"Auto-Add Constraints",添加自动拼接的约束条件→"Registration"→"Register"。

⑤误差检验。如果拼接的误差小于 6mm,则这两站的拼接就是合格的,冻结拼接数据并可以查看。

⑥以拼接后的数据为基础,依次与新的测站数据进行拼接,重复③至⑤步骤,完成宝鼎所有测站扫描数据的拼接,完整的拼接结果如图 5-2 所示。

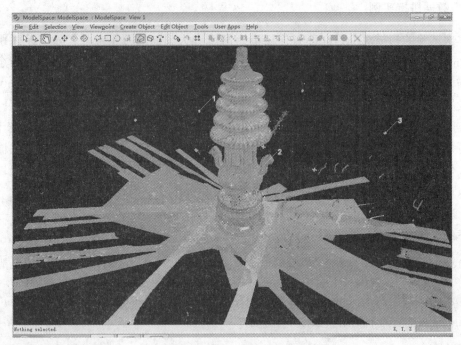

图 5-2　宝鼎点云拼接结果图

5.3　数据滤波

5.3.1　噪声产生原因与处理方法

地面三维激光扫描数据处理的一个基本操作是数据滤波，对于获取的点云数据，由于各方面原因，不可避免地会存在噪声点。产生噪声点的原因主要有以下方面：

①由被扫描对象表面因素产生的误差，例如，受不同的粗糙程度、表面材质、波纹、颜色对比度等反射特性引起的误差。当被摄物体的表面较黑或者入射激光的反射光信号较弱等光照环境较差的情况下也很容易产生噪声。

②偶然噪声，即在扫描实施过程中由于一些偶然的因素造成的点云数据错误，如在扫描建筑物时，有车辆或行人在仪器与扫描对象间经过，这样得到的数据就是直接的"坏点"，很明显应该删除或者过滤掉。

③由测量系统本身引起的误差。例如，扫描设备的精度、CCD 摄像机的分辨率、振动，等等。对于目前常见的非接触式三维激光扫描设备，受到物体本身性质的影响更大。

由于以上因素，如不对点云数据进行去噪处理，这些噪声点将会影响特征点提取的精度，重建三维模型的质量，其结果将导致重构曲面、曲线不光滑，降低模型重构的精度。通过对原始扫描数据进行分析发现，若不对点云进行去噪处理，构建的实体形状与原研究对象大相径庭。因而在三维模型重建之前，需对点云数据进行去噪光顺处理。

在处理由随机误差产生的噪声点时，要充分考虑点云数据的分布特征，根据分布特征采用不同的噪声点处理方法。目前，点云数据的分布特征主要有：①扫描线式点云数据，按某一特定方向分布的点云数据；②阵列式点云数据，按某种顺序排列的有序点云数据；③格网式（三角化）点云数据，数据呈三角网互连的有序点云数据；④散乱式点云数据，数据分布无章可循，完全散乱。不同点云数据的表达形式如图 5-3 所示。

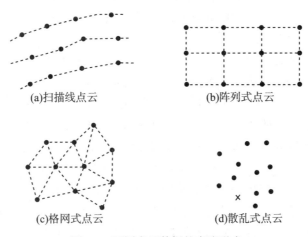

(a)扫描线点云　　　　(b)阵列式点云

(c)格网式点云　　　　(d)散乱式点云

图 5-3　不同点云数据的表达形式

第一种数据属于部分有序数据，第二种和第三种数据属于有序数据，这三种形式的数据点之间存在拓扑关系，去噪压缩相对简单，采用平滑滤波的方法就可以进行去噪处理。常用的滤波方法有高斯滤波、中值滤波、平均滤波。

对于散乱点云数据，由于数据点之间没有建立拓扑关系。目前散乱点云数据的去噪处理还没有一种快速、有效的方法。目前对散乱点云数据滤波的研究主要分两类：一类是将散乱点云数据转换成网格模型，然后运用网格模型的滤波方法进行滤波处理；另一类是直接对点云数据进行滤波操作。常见的散乱点云数据滤波方法有双边滤波算法、拉普拉斯（Laplace）滤波、二次 Laplace 方法、平均曲率流、稳健滤波算法点云去噪处理。

根据噪声点的空间分布情况，可将噪声点大致分为以下四类：

①飘移点，即那些明显远离点云主体，飘浮于点云上方的稀疏、散乱点。

②孤立点，即那些远离点云中心区，小而密集的点云。

③冗余点，即那些超出预定扫描区域的多余扫描点。

④混杂点，即那些和正确点云混淆在一起的噪声点。

对于第①、②、③类噪声，通常可采用现有的点云处理软件通过可视化交互方式直接删除，而第④类噪声必须借助点云去噪算法才能剔除。

5.3.2　数据滤波与点云粗差研究概述

针对数据滤波与点云粗差方面的研究，一些学者进行了有益的探讨，取得的主要成果如下：

白志辉等人（2009）针对地表点云的剔除和建筑物点云粗差做了大量实验，实验结果表明：剔除地表点云的计算时间是点云数量的二次函数，分次计算可以节省时间。这种基于实体的点云剔除方法是可行的，可以剔除距离实体表面较远的点云数据，提高数据质量。

高志国（2010）结合实地扫描的点云数据，利用 Matlab2008 编程实现了移动窗口最小二乘曲面拟合算法，对点云数据进行滤波处理，并着重讨论了 Terrascan 软件系统地进行点云数据的分类处理工作。李亮等人（2010）提出了一种实用的粗差提取算法。对算法的原理、实现过程和其中重要参数的确定进行了分析，并编程实现了算法。

孙正林（2011）重点研究了散乱点云数据的滤波，对一般的 Mean-Shift 点云滤波算法进行了改进，通过 Matlab 平台实验证明了这些算法的可行性和优越性。赵鑫等人（2011）提出了 3 种具有先验信息的去噪算法，利用 Timble GX200 地面三维激光扫描系统获取的地形测量数据进行实验分析，结果表明：高程注记点可以作为先验信息为点云去噪提供依据，并确保去噪后基本符合实体特征。黄飒等人（2012）探索稳健平面拟合算法，对点云数据中有用信息的提取提出一种粗差剔除方案。靳洁（2013）利用 Geomagic Studio 软件的滤波工具对同一组点云数据进行滤波处理，经试验结果分析表明：B 样条小波滤波法取得了良好的滤波效果，能有效去除点云数据的噪声，并有效地保持了地形特征。严剑锋等人（2013）在对点云分割选取拟合点的基础上，选取较为准确的多面函数拟合点，利用多面函数曲面可更好地表达地形细节，进一步逼近真实的地形表面的优点，进行二次滤波。

吕娅等人（2014）提出在高程方向进行切片分层的去噪方法。根据对不同地形的点云进行去噪实验，通过分层过滤非地面点可以得到很好的去噪效果。

综上所述，学者研究内容有一定的针对性，实现功能有一定的难度，在数据处理软件中实现还有一定距离。

5.3.3　去噪处理实例

目前，扫描仪厂家自带的软件和专业的点云数据处理软件一般都有一定的去噪声的功能，能够处理噪声中的飘移点、孤立点、冗余点。例如，FARO SCENE 软件采用各种过滤器对点云数据进行去噪，主要包括异常值过滤、深色扫描点过滤、离群点过滤、基于距离过滤点。此外，利用软件提供的多边形、矩形选择器等多种方式手动选择噪声点，并将其删除。以 Cyclone 软件为例简要说明操作过程如下：

在 Cyclone 软件的工具栏中选择合适的"Polygonal Fence Mode"按钮框（图 5-4），然后选择需要去除的噪声点，选取完成后，按住"Shift+I"键删除选择图形以内的噪声点

（图5-5），经过多次选择要去除的噪声点进行删除。也可以选择要保留的区域，按住"Shift+O"键删除选择图形以外的噪声点，最后得到需要的点云图（图5-6）。

图5-4　去噪选择工具

图5-5　去噪过程

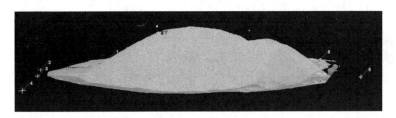

图5-6　去噪后的点云图

5.4　数据缩减

5.4.1　数据缩减方法

三维激光扫描仪可在短时间内获取大量的点云数据，目标物要求的扫描分辨率越高、体积越大，获得的点云数据量就越大，大量的数据在存储、操作、显示、输出等方面都会占用大量的系统资源，使得处理速度缓慢，运行效率低下，故需要对点云数据进行缩减。

数据缩减是对密集的点云数据进行缩减，从而实现点云数据量的减小，通过数据缩减，可以极大地提高点云数据的处理效率。通常可利用两种方法进行数据缩减：

①在数据获取时对点云数据进行简化，根据目标物的形状以及分辨率的要求，设置不同的采样间隔来简化数据，同时使得相邻测站没有太多的重叠，这种方法效果明显，但会大大降低分辨率。

②在正常采集数据的基础上，利用一些算法来进行缩减。常用的数据缩减算法有基于Delaunay 三角化的数据缩减算法（主要方法有包络网格法、顶点聚类法、区域合并法、边折叠法、小波分解法）、基于八叉树的数据缩减算法、点云数据的直接缩减算法。

点云数据优化一般分两种：去除冗余和抽稀简化。冗余数据是指多站数据配准后虽然得到了完整的点云模型，但是也会生成大量重叠区域的数据。这种重叠区域的数据会占用大量的资源，降低操作和储存的效率，还会影响建模的效率和质量。某些非重要站的点云可能会出现点云过密的情况，则采用抽稀简化。抽稀简化的方法很多，简单的如设置点间距，复杂的如利用曲率和网格。

《规程》中指出：降噪与抽稀应符合下列规定：①点云数据中存在脱离扫描目标物的异常点、孤立点时，应采用滤波或人机交互进行降噪处理；②点云数据抽稀应不影响目标物特征识别与提取，且抽稀后点间距应满足相应的要求。

点云压缩主要根据点云表征对象的几何特征，去除冗余点，保留生成对象形面的主要特征，以此提高点云存储和处理效率。理想的点云压缩方法应做到能用尽量少的点来表示尽量多的信息，目标是在给定的压缩误差范围内找到具有最小采样率的点云，使由压缩后点云构成的几何模型表面与原始点云生成的模型表面之间的误差最小，同时追求更快的处理速度。针对不同排列方式的点云数据，许多学者提出了不同的压缩方法，常见的方法如下：

① 扫描线式点云数据，可以采用曲率累加值重采样，均匀弦长重采样，弦高差重采样等方法。

② 阵列式点云数据，可以采用倍率缩减、等间距缩减、弦高差缩减等压缩方法。

③ 格网式点云数据，可采用等密度法，最小包围区域等方法。

④ 散乱式点云数据，可采用包围盒法，均匀网格法，分片法、曲率采样，聚类法等方法。

点云压缩有多个准则可以遵循，包括压缩率准则、数量准则、点云密度准则、距离准则、法向量准则、曲率准则等。其中，法向量和曲率准则可以使简化后的数据集在曲面曲率较小的区域用较少的点表示整个形面，而在曲率较大或尖锐棱边处保留较多的点，其他准则无法满足这种要求。

5.4.2　点云统一化举例

在 Cyclone 处理软件中，一般在去噪操作完成后，依据对点云精度的要求，对扫描对象进行统一化处理。

单击软件菜单"Tools"→"Unify Clouds"项，在弹出的对话框中设置点云间隔，例如，采用5mm 间隔，之后单击"Unify"即可实现数据的统一化（图5-7）。软件还定性设置了4 个选择项目，分别是低、中、高、最高的点云减少。经过统一化处理后，扫描对象的点云数量会下降，文件的字节数也会减少。

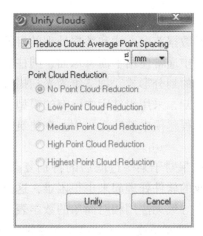

图 5-7 点云数据统一化

5.5 数据分割与数据分类

在三维激光扫描点云数据中进行分割可以更好地进行关键地物提取、分析和识别，分割的准确性直接影响后续任务的有效性，具有十分重要的意义。

虽然人们对点云数据的分割进行了大量的研究，也提出了很多种针对各种具体应用的分割算法。但目前尚无通用的分割理论和适合所有点云数据的通用分割算法；即使给定一个实际图像分割问题，要选择适用的分割算法也还没有统一的标准。

徐文学（2009）根据地面三维激光扫描数据的结构及目标物的几何特点，在对区域生长算法和基于图论的影像分割算法分析的基础上，分析了两种算法的不足，提出了一种基于反射值影像的地面三维激光扫描数据的分割方法，并根据激光扫描数据的强度信息对新提出的方法进行改进。通过大量的试验表明该方法能够取得很好的分割效果。

李孟等人（2009）针对现有三维激光扫描数据区域分割算法受原始碎片表面粗糙度影响较大且只适用于形状较规则、表面较平坦及断裂面较少的物体这一问题，提出了区域膨胀策略的三维扫描表面数据区域分割算法，该算法将三维激光扫描表面数据分割成若干个具有相同法矢方向的区域。首先将三维扫描表面数据转化为三维网格模型；然后利用同一区域中相邻网格具有相似法线方向这一性质，使用区域膨胀策略生成若干获选表面区域，最后通过去除候选区域中的噪声区域得到最终表面区域分割结果。通过实物表面扫描数据对上述算法进行仿真验证，结果表明：该算法可对三维表面扫描数据进行有效的区域分割。

张会霞（2010）认为数据分割是点云数据表面特征提取和三维建模中的一项重要的数据处理过程，点云数据的分割一直是逆向工程、模型构建方面的研究热点。目前，主要有三种分割算法：基于边界的分割、基于表面的分割、基于扫描线的分割。目前，三维激光扫描系统软件数据分割主要是通过手动完成的，根据需要把点云数据分割成不同的子集，以进行曲面拟合等操作。自动分割最常用的是针对平面，采用区域增长算法分割点云数据。还有一种是针对模型库中的组件进行自动分割，完成曲面拟合。

在逆向工程中，根据点云数据获取方式和数据处理的目的不同，对点云数据分类的方式也有较大的差异。逆向工程中通常使用平面、球面、圆柱面、圆锥面、规则扫描面和一般的自由曲面等这几种几何面的划分形式，把三维激光扫描数据划分为不同的类型，并根据这些类型对点云数据进行分割，采用组件库中已有的模型，通过曲面拟合，可以建立目标物的表面模型，这在逆向工程建模中被广泛采用，在建筑物建模中，对于圆柱、圆锥等规则的几何形体也常常采用。

周华伟（2011）认为：如果对于某些过滤后的特别复杂的、曲率变化过大的实体点云数据进行拟合，即使是专业的软件处理起来也很困难，这会造成表示曲面的数学模型和处理拟合算法的难度加大，也导致无法用相对简单的数学表达式描述三维模型。这样非但不能节约时间成本，而且不能保证精度。三维建模前通常考虑将复杂的整体点云进行分割，采用"先分割再拼接"的思想，最后进行整体匹配恢复原始实体的形状。数据分割是根据组成研究对象外形曲面的子曲面的类型，将原始扫描数据划分到不同的点云子集中，也就是将属于同一子曲面类型的数据成组。

倪明等人（2014）以昆明市文明街历史文化街区——光华街沿街历史建筑三维点云为例，介绍了点云数据的分类原则、分类方法，并对分类结果进行展示与应用。

5.6　点云数据应用

5.6.1　点云文件输出

目前，点云数据处理软件都支持多种格式的文件输入与输出，以保证文件与其他软件的兼容性。

以 Cyclone 软件为例，当扫描对象的点云处理之后，可以根据后期处理选择数据文件的输出文件类型进行数据的输出。操作方法：单击"File"→"Export"项，然后选择数据文件的保存路径及保存类型，例如，选择 Text-XYZ Format（∗.xyz）类型，以便在相关软件 Geomagic、Suefer 等中进行建模等处理。

另外，还可以将点云数据保存为图片格式的文件，以供使用。以 Cyclone 软件为例，可以将目前点云数据状态输出成为图片格式的文件。操作方法：单击"File"→"Export"项，在 top 与 ortho image 状态下，可以输出∗.tif 格式文件。单击"File"→"Snapshot"项，可以选择输出∗.tif、∗.bmp、∗.jpg、∗.png 格式文件。

5.6.2　点云数据漫游制作

为了全面动态展示扫描对象的三维效果，多数点云数据处理软件都有点云数据漫游制作的功能。点云数据漫游是通过在适当的角度插入相机以便全景查看扫描目标，以达到视频浏览点云模型的效果。

以 Cyclone 8.0 软件为例，借助相机进行点云数据漫游，用多个相机组成一条路径，使视角在相机的位置上移动，从而达到点云漫游的效果。点云数据漫游的主要步骤介绍如下：

①插入相机。在菜单命令下点击"Create Object"→"Insert"→"Camera"，可以选择合适位置插入第一个相机（图5-8）。

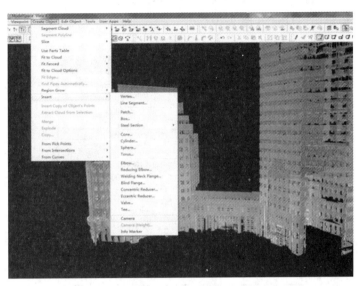

图5-8 插入相机

②按照第①步的操作，选择合适的路径和角度，能够全面地展示目标建筑物点云数据的特点，插入75个相机形成一条完整的路径。之后通过加选 的方式，按预期设计漫游路径的前进方向和浏览建筑物点云数据的角度，有序地选择插入的相机，确保选择顺序的正确。

③从相机生成路径，点击菜单命令"Tools"→"Animation"→"Create Path"，完成对蓝色线漫游路径的生成（图5-9）。

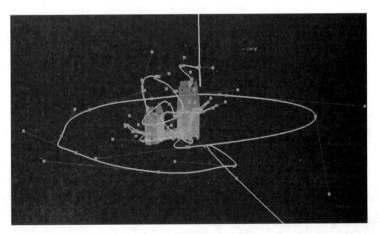

图5-9 漫游路径生成

④设置路径。点击菜单命令"Tools"→"Animation"→"Set Path"。

⑤漫游参数设置。点击菜单命令"Tools"→"Animation"→"Animation Editor",对漫游进行相关设置,软件中默认每 15 栅格为 1 秒,为了全面地展示点云数据,设置 1800栅格,设置完成后点击"OK"(图 5-10)。

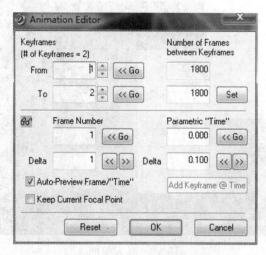

图 5-10　点云漫游参数设置

⑥隐藏相机和路径。点击菜单命令"View"→"Set Object Visibility",将"Spline,Spline Loop"和"Camera"后面方框中的勾号去掉(图 5-11)。

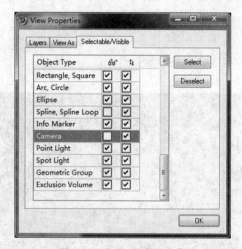

图 5-11　相机和路径隐藏

⑦点云漫游输出操作。点击菜单命令"Tools"→"Animation"→"Animation…",在弹出的对话框中选择漫游文件的保存路径"G：\ zc \ 1118",最后点击"Animate",完成漫游文件的输出(图 5-12)。

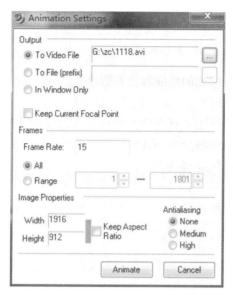

图 5-12　完成漫游输出

⑧检查修改。将输出的视频在相关播放软件中观看，检查播放的效果。如果有需要修改的地方，可在 Cyclone 软件中做适当修改，有可能的话，甚至需要重新制作。

5.6.3　点云数据的网络发布

经过预处理后的点云数据，可依据需要发布在互联网上，以满足不同用户的需要。

例如，使用 Leica Cyclone TruView 插件可以将获取的点云数据发布在网上（图 5-13）。在 TruView 中用户可以提取真实的三维坐标以及量测距离，结果可以显示在点云图像上。

图 5-13　发布在网上的点云数据

思考题

1. 什么是坐标配准？常见的配准算法有哪些？
2. 在点云数据中产生噪声点的原因主要有哪些？
3. 点云数据的分布特征主要有哪些？噪声点大致分为哪几种类型？
4. 点云数据优化方法一般分为哪几种？
5. 点云数据的主要应用有哪些？

第6章 三维模型构建

利用处理后的点云数据对扫描实体进行三维建模是重要的应用技术，目前普遍采用多种相关建模软件完成。本章在介绍三维建模目的意义、建模软件、建模方法及研究现状的基础上，比较详细阐述了基于 Cyclone、Geomagic、SketchUp 软件建模的主要过程。

6.1 三维建模的目的和意义

模型是用来表示实际的或抽象的实体或对象，数据模型是一组实体以及它们之间关系的一般性描述，是真实世界的一个抽象。数据结构是数据模型的表示，是建立在数据模型基础上，是数据模型的细化。

三维建模指的是对三维物体建立适合于计算机处理和表示的数学模型，它是在计算机环境下对其进行处理、操作和分析其性质的基础，同时也是在计算机中建立表达客观世界的虚拟现实的关键技术。虚拟三维模型提供了物体、场景、环境的逼真表达方式，原来人们根据设计图纸运用 AutoCAD、3DS Max、MAYA 软件等直接进行正向建模得到物体的三维模型，实现技术简单，且获取的设备信息具有较高的精度，但由于对操作人员素质要求较高，同时还要手工输入大量数据并进行实地纹理采集，工作量非常大，制作周期长，更重要的是模型没有精度可言，无法以真实的数字基础还原物体，不能逼真地再现现实世界，已经不能胜任人们对复杂曲面物体的建模需要。利用航空摄影测量影像能得到地面高程信息、纹理数据以及拓扑信息，对有明显轮廓的人工地物能提供较高的三维重建精度，但对于大量的复杂物体（如复杂房屋、桥梁、工厂设备等），由于其结构的复杂性，还没有一个较好的解决方案。

三维激光扫描技术因其在测量中能将各种物体表面的点云数据快速、准确地测量到计算机中，且在记录位置信息的同时记录物体表面反射率，使重构的三维实体更加生动，而经常被用于建筑物测量维护与仿真，位移监控和外观结构三维建模，设计与维护分析和景观三维测量与工程建设相关的众多领域。

目前，如何对三维激光扫描仪获取到的点云数据进行处理建模，从而达到实际应用需求，已经成为各项行业研究的热点问题，这些行业主要包括：

①数字城市建设。在数字城市领域，三维城市建模正逐渐成为其研究的热点，而将三维点云数据应用于城市建筑物的建模，是数字城市建设运用的一种新的技术手段。

②文物保护领域。在文物保护领域，由于其特殊性，在需要高精度，非接触式的测量方式获取数据，三维激光扫描技术成为最精细和最快捷的文物保护手段之一。而文物的三维模型准确地记录了文物精确的几何信息，对于文物的保护和修复起到重要的作用。

③三维人体模型建模。在服装、医疗以及影视等行业对于三维人体模型的建模一直是其研究的重点和难点。三维人体建模技术发展至今，已经出现了大量的实现方法。但是随着科技发展，人类认识进步，对人体仿真性要求越来越高，这样，一些传统的建模方法开始暴露出局限性。而结合三维激光扫描技术获取的点云数据来构建三维人体模型是三维人体模型建模的一种新的技术手段。

6.2 三维建模软件简介

目前，能够实现三维点云数据建模的主要有两种类型的软件：一种是扫描仪随机自带的软件，既可以用来获取数据，也可以对数据进行一般的处理，如徕卡的 Cyclone，Riegl 扫描仪附带的软件 Riscan Pro 等；另一种是专业数据处理软件，主要用于点云数据的处理和建模等方面，多为第三方厂商提供，如 Imageware、PolyWorks、Geomagic、3DS Max、SketchUp 以及 PointCloud 等软件，它们都有点云影像可视化、三维影像点云编辑、点云拼接、影像数据点三维空间量测、空间三维建模、纹理分析和数据格式转换等功能。下面介绍几种常用的三维点云数据建模软件。

1. Leica Cyclone

该软件是与徕卡三维激光扫描系统配套的专业数据处理平台，由瑞士徕卡公司自行研发，针对徕卡三维激光扫描仪的功能特点量身打造的三维数据后处理软件，使用该软件用户可在工程测量、制图及各种改建工程中处理海量点云数据，目前最高版本为 9.1。根据不同的用途 Cyclone 软件分为多个功能模块，包括：Survey、Model、Scan、Register、基于 AutoCAD 的插件 CloudWorx、Publisher、Cyclone Ⅱ TOPO、TruView 插件。

Leica Cyclone 三维数据处理软件的主要特点如下：

①可输出二维或三维图、线划图、点云图、三维模型；
②可控制 Leica 扫描仪完成点云数据采集；
③海量数据管理（可支持 10 亿点以上的数据管理）；
④根据点云自动生成平面、曲面、圆柱、弯管；
⑤实现三维管道设计；
⑥自动构网和生成等高线；
⑦依据切片厚度生成点云切面；
⑧用 CloudWorx 模块可在 AutoCAD 或 MicroStation 中处理点云数据；
⑨可以输出 DXF、PTX、PTS、TXT 等多种数据格式。

CloudWorx 插件：可让用户充分利用 CAD 技术，在 CAD 中对点云进行分析处理和建模管理。

TruView 插件：是一款基于互联网的免费点云数据浏览软件。可以在互联网上展示点云数据成果，并可进行远程共享、标注、量测等操作。

Cyclone Ⅱ TOPO 软件：是一款小巧的地形测绘软件。

Cyclone 软件建模功能较为强大，但主要应用在平面、曲面、圆柱、弯管等规则体方面，对于复杂的不规则体的建模还难以实现。

2. Riscan Pro

Riscan Pro 是奥地利 Riegl 地面三维激光扫描系统的配套软件。它具有较为强大的扫描仪工作控制和数据配准功能，能够将模型导出通用文件格式，删除多余点云数据，进行三角化建模。软件的主要特点如下：

①可方便地对扫描范围、精度等扫描参数进行设置；

②自动提取、匹配反射片进行场景拼接；

③自动计算扫描仪与数码相机坐标系之间的转换关系；

④对点云的拼接可人工配准后由软件完成；

⑤可导入全站仪、GPS 等外部测量设备的测量数据，提高测量精度，方便地进行各种坐标系转换；

⑥将扫描得到的点云数据进行处理，删除冗余数据；

⑦对点云数据进行三角化建模、进行纹理映射及对模型进行渲染。

在实际建模过程中，由于 Riscan Pro 软件对点云及三角化后的网格模型的编辑能力有限，一般需要结合其他建模软件共同建模。

3. Imageware

Imageware 是由美国 EDS 公司出品，后被德国 Siemens PLM Software 所收购，现在并入旗下的 NX 产品线，是一款著名的逆向工程软件。Imageware 软件的主要特点包括：

①模块化。Imageware 产品提供了独特、综合的自由曲面构造及检测工具，该工具的应用范围从早期的概念开发直到产品及制造的检测。

②点处理模块。Imageware 点处理模块能接受基本上所有的三坐标测量设备提供的散乱或扫描点云数据，并能按照要求抽取点云，使其到达所设定的密度。在该模块还可以对点云进行提取、点云的修补、切割和修剪等操作。Imageware 在对点云数据进行选取、去噪、精简、检测等操作时拥有更大的自由度。

③多边形造型。Imageware 多边形造型模块完全胜任三角面数据的处理。创建多边形几何、修补多边形网格、偏置多边形数据、切割多边形数据创建面、增加或减少多边形数据、多边形数据编辑等。作为单独运行的模块，它提供了处理任何大小的多边形模型的能力。

④NURB 技术。Imageware 采用 NURB 技术，软件功能强大，易于应用。Imageware 对硬件要求不高，可运行于各种平台。

Imageware 因其强大的点云处理能力、曲面编辑能力和 A 级曲面的构建能力而被广泛应用于汽车、航空、航天、消费家电、模具、计算机零部件等设计与制造领域。

4. PolyWorks

PolyWorks 是加拿大 InnovMetric 软件公司出品的一款三维数据处理软件。它能快速和高品质地处理由各种三维激光扫描仪获取的三维点云数据，并且可自动生成多种世界通用的标准格式数据。

PolyWorks 主要有两个功能软件包：一是 PolyWorks/Modeler，即自动建立模型。它可以处理目前世界上流行的大部分三维激光扫描仪产生的数据。PolyWorks8.0/Modeler 包括的主要模块有：IMAlign 模块用于数据的配准；IMMerge 模块用于数据的融合；IMEdit 模块用于数据的编辑；IMCompress 模块用于数据的压缩；IMTexture 模块用于处理纹理；IM-View 模块用于显示三维模型。主要用于虚拟现实、医疗、教学、人体模型等领域。二是 PolyWorks/Inspection，即依据具有零误差的 AutoCAD 设计数据和用扫描仪扫描获得的实际物体数据，自动得出生产过程中造成的人为误差报告。主要应用于汽车制造厂与研究所、CAD、CAM、CAE 等领域。它也是加拿大 Optech 公司 ILRIS 三维激光扫描仪指定的三维点云数据后处理软件。

PolyWorks 功能强大，稍微增加一些人机交互就可以得到高质量的三维模型。起初主要应用于逆向工程中，目前越来越多地应用于测绘技术中。

5. Geomagic

2013 年，美国 3D Systems 公司将之前收购的扫描类软件进行整合（5 个软件），统一更名为 Geomagic 系列产品，简化后的主要产品有五大类，其中扫描类软件包括 Geomagic Designx（逆向工程软件）、Geomagic Wrap（扫描数据处理软件）、Geomagic Control（三维检测软件）。

Geomagic 软件的主要功能有：

①点云的处理（如采样、去除坏点和冗余点、分割等）；

②多边形模型的创建、编辑和子网格模型的生成；

③对网格的参数化和 Bezier 或 NURBS 曲面拟合。

Geomagic 软件在众多工业领域，如汽车、航空、医疗设备和消费产品等使用广泛。

6. 3DS Max

3DS Max 是著名软件开发商 Autodesk 开发的基于 PC 的三维渲染制作软件。它的前身是基于 DOS PC 系统的 3D Studio 软件，目前最高版本是 2016。3DS Max 凭借其图像处理的优异表现，被用于电脑游戏的动画制作，后来又被用于制作电影特效。现在，它在三维造型领域有着广泛的应用。

3DS Max 软件的主要特点有：

①三维数据处理功能强大，扩展性很好；

②模型功能强大，动画方面有较大的优势，插件丰富；

③操作简单，容易上手，制作的模型效果非常逼真。

3DS Max 软件的主要应用领域有虚拟现实的运用、场景动画设置、三维模型建立、材质设计、路径设置和创建摄像机等。

7. SketchUp

SketchUp 软件是@ Last Software 公司设计的一套三维建模工具，@ Last Software 公司于 2000 年成立，公司规模较小，却以 SketchUp 而闻名业界，后被 Google 公司在 2006 年 3 月收购。在这之后，Google 公司在原有的基础上，加大研发力度，增加了更多的组建功能，同时结合 Google 自身强大的 3D 模型资源库，从而形成了一个完善的共享平台。2012 年 4 月，Google 将其 SketchUp 3D 建模平台出售给 TrimbleNavigation。

SketchUp 软件有着丰富的组件资源，能让设计者更加直观地进行框架构思，操作风格简洁、命令简单易懂，是一款不错的三维建模软件，在建筑领域有着广泛的运用。

8. Pointools

Pointools 软件是配合三维激光扫描仪，进行后处理应用的产品，它实现了与 Auto-CAD、SketchUp 等软件的无缝结合。利用它用户能够在 AutoCAD 和 SketchUp 等环境中输入海量的三维激光扫描数据和数码影像数据，并对其进行编辑、处理。利用软件功能，可以对点云进行隐藏或显示操作，这为三维环境下的数据处理提供了方便。软件支持点捕捉功能，甚至可以精确辨认三维坐标中的每个单独点。利用这些信息，通过标准的 AutoCAD命令可直接提取扫描物体的精确几何特性。

除了上述介绍的三维点云建模软件外，还有一些其他的如美国参数技术公司（PTC）的 Pro/Scan_ tools 模块、法国达索公司 CATIA 的 QSR/GSD/DSE/FS 模块及 UG 的 Point cloudy 模块等，另外还有 Paraforms、Rapidform 以及 Solid Works 等软件。

6.3 三维建模方法

根据三维模型表示的方式不同，对点云数据进行三维模型重建有两种方法：一种是三维表面模型重建，主要是构造网格（三角形网格等）逼近物体表面；另一种是几何模型重建，常见于 CAD 中的轮廓模型。前者构网方法简单，适用于地形数据建模，但对于点云这样的大数据量不适用；后者先把点云转化为实体模型，然后提取实体模型的轮廓线或特征线，生成 CAD 等模型，适用于建筑物等较规则实体对象的建模。面向图形表示的几何模型又分为点模型、线模型、面模型和体模型 4 类。

在《规程》中对规则模型（基于长度、宽度、高度、半径、直径、角度等特征参数构建的三维模型）和不规则模型（基于不规则三角网方式构建的三维模型）分别给出了定义，三维模型构建是成果制作之一。三维模型制作流程包括点云分割、模型制作、纹理映射，对制作要求进行了说明。

基于三维激光扫描获取的点云数据进行三维建模主要是对点云数据进行一系列后续处理完成的。后续处理过程主要包括点云数据的预处理、数据的配准、点云滤波、模型的构建、纹理映射等。不同系统所使用的技术和方法不尽相同，但是主要步骤如下：

①点云数据获取。

②点云数据处理。

以上两个步骤的内容在第 3 章与第 5 章中已经有阐述，在此不再赘述。

③模型的构建。模型的构建是在确定扫描对象的位置之后，根据滤波后的点云数据来提取扫描对象的模型。首先是把不同视点下的点云数据融合，融合后的点云数据是离散的，对于复杂对象的表面形状不能真实地再现，此时就需要将三维点云数据转化为三角网格模型来很好地逼近扫描对象的表面形状。

④纹理映射。纹理映射是还原真实三维模型的关键一步，经过前面步骤得到的三维模型，已经具有了很好的几何精确性，但是为了满足可视化的需要，还原真实的三维景观，还需要采用纹理映射技术对三维模型添加真实的色彩。纹理映射（纹理贴图）就是模拟景物表面纹理细节，用图像来替代物体模型中的细节，提高模拟逼真度和系统显示速度。三维模型的细节如果都采用三维模型来表示将大大增加数据量以及模型的复杂度，对于系

105

统运行速度也是非常不利的。通过纹理映射的方法模拟出这些细节，则解决了这个问题，兼顾系统对速度和模型对逼真度的要求。

另外，为了提高显示效果的真实性，可以用模型渲染的软件做进一步处理。

6.4　三维建模研究概述

在发达国家三维激光扫描技术已成熟地应用于机载激光测高、车载激光实景扫描和建模、城市三维建模、三维地图、产品设计生产等方面。早在 1989 年，美国国家医学图书馆就提出了"可视化人体计划"，并在 1991 年采用二维 CT 图像和核磁共振扫描方法，获取了一套人体的数据结构。

1997 年，加拿大 El-Hakim 等人将激光扫描仪和 CCD 相机固定在小车上，形成一个数据采集和配准系统，并在此基础上进一步研究实现了室内场景三维建模系统。

2002 年，I. Stamos 和 P. K. Allen 等人研制出了完整的激光三维建模系统，这个系统在利用激光扫描得到三维数据的同时还能通过摄影设备获得建筑物的深度图像和彩色图像，以此来重构建筑物三维模型。

2003 年，夏季结束的斯坦福大学实验室"数字米开朗基罗计划"，是建立数字化罗马城市计划的一部分，更是三维激光建模应用的典型案例，该计划使用激光扫描系统获取米开朗基罗所有雕塑作品的三维信息，然后在计算机里重建雕塑的三维表面来复原其原貌。

国内起步虽然较晚，但是在各方面的应用中也已取得很多成绩。智能交通、城市规划、减灾防灾、工程建设、仿形加工、模具快速制造、三维动画、艺术品制作、人体器官复制、三维地图、地形测量与数字化再现等方面都得到了应用，形成了成熟的解决方案，如 2002 年 10 月中国第三军医大学完成了首例人体三维数据的采集和可视化工作，使我国成为全世界第三个拥有本国可视化人体数据集的国家。

2006 年，北京建设数字科技有限责任公司利用瑞士 Leica 的 HDS3000 三维激光扫描系统采集乐山大佛的三维数据，并利用 Cyclone 处理软件建立乐山大佛三维立体模型，即"数字乐山大佛"，本项目是国内首次利用三维激光扫描技术开展特大型石质文物的科技保护工作，意义重大。

2009 年北京则泰集团公司与中国石油兰州石化公司合作的"数字化工厂"项目采用 Leica HDS6200 采集了石化工厂的点云数据，并将构建的三维模型加载到三维 GIS 系统中，实现了工厂三维可视化及与业务相结合的各项功能。

2010 年北京建筑工程学院与故宫博物院合作的"故宫古建筑数字化测绘"项目采用日本 Topcon 公司的 GLS-1500 三维激光扫描系统，采集了完整的太和殿三维模型数据，构建了太和殿的现状彩色立体模型，此项目不仅对古建筑的保护有着重要的意义，而且将来万一太和殿不复存在了也可以根据这些数据将其复原。

邱俊玲（2012）利用 Leica ScanStation2 对黄河小浪底枢纽工程进行了出水大坝、控制中心大楼的三维模型重建。黄承亮（2013）通过实例验证了三维激光扫描技术在人体三维建模中的可行性。王奉斌（2013）利用了三维激光扫描技术对矿井进行了实体三维建模的工作流程，获得了巷道以及井下各种生产设备的三维模型。王晏民等人（2013）

设计并实现了深度图像空间数据库模型，研究了散乱点云的快速曲面拟合算法和深度图像的快速生成算法，在此基础上提出了基于 MBB 的空间数据库索引的建立方法，实现了地面激光雷达数据管理原型系统，并以一个实例验证了数据模型和组织方法的可行性。杨林等人（2014）针对室内外一体建模目标下点云外业和内业的具体处理方法，并结合具体实例，验证了技术方案的可行性和有效性。

目前，三维激光扫描数据的获取和快速成型技术的发展已日趋成熟，但是点云数据预处理、实体物体数字模型重建等技术不够成熟，还有很大的发展空间。存在的主要问题有：

①如何从庞大的点云数据中自动提取特征点，是三维建模过程中的一个关键问题；

②实现复杂扫描对象的模型建模还有大量的工作要做；

③三维建模过程中，模型太多，数据量过大会引起整体三维显示速度过慢，因此建模型优化问题还需要继续研究和探索。

另外，三维激光扫描仪自带的系统软件建模功能都还不是特别完善，如 Cyclone 软件虽然已经有强大的建模功能，但它的缺陷也是显而易见的，如对不规则图形的建模比较困难。目前国产的针对点云数据的三维建模软件还比较少，大量的相关商业软件产自欧美，国内建立拥有自主知识产权的通用点云数据处理软件刚刚起步。

6.5 Cyclone 软件建模应用实例

6.5.1 概述

在利用 Leica Cyclone 软件建模方面，一些学者进行了相关研究与应用。本项目的扫描对象是淮海工学院苍梧校区内的毓秀花园物管楼，点云数据获取设备采用的是瑞士徕卡 ScanStation C10 三维激光扫描仪，建模软件为 Cyclone7.1 和 3DS Max 2012。拼接去噪后的物管楼点云如附录彩图 6-1 所示。

通过对物管楼结构的实地考察，本项目采取了从整体到局部、由表及里的建模方法。整体建模包括房屋（主楼和附属楼）、房顶、房檐、门柱、台阶，局部建模包括对门窗、玻璃檐、栏杆以及其他细节的建模，内部建模主要是对屋内具有完整点云数据的实体进行三维模型的重构。物管楼整体结构如图 6-2 所示。

6.5.2 建模技术流程

1. 整体轮廓建模

由于物管楼的房屋不是很规则的形状，它的前后部分都是曲面，而左侧是由倾斜的长方体和平面组成，所以建模时将房屋点云数据分割为两部分（主楼和附属楼）分别进行构造。其他各个部分也都经过点云分割处理单独建模。

（1）主楼

主楼前后是由曲面组成，左右则是平面，在建模时采用先曲线构面，然后挤压生成体的方法。主楼建模后的模型如图 6-3 所示。

图 6-2　物管楼整体结构示意图

图 6-3　主楼立体模型图

（2）附属楼

因为附属楼上部是由倾斜的平面和长方体组成，而下部由圆柱体，所以采取由上到下的顺序进行建模。

①创建平面。在创建平面模型时有多种方法可以选择，最常用的是区域生成和直接拟合点云两种方法。区域生成的方法可以根据显示效果不断调整参与点云的厚度和范围，比点云匹配的方法更精确；而直接拟合点云的方法则比较快速。在建模时可以根据项目需要选择合适的方法。在这里采用的是区域生成的方法。

②生成长方体。将矩形平面挤压成一个长方体。

③拟合圆柱体。附属楼的底部不是规则的圆柱体，在创建模型时需要先曲线构面，然后再做一个挤压处理。

④旋转处理。对于附属楼的点云数据缺失部分，可以通过复制、组合已经建好的模

型，做旋转处理得到。最终建模效果如图 6-4 所示。

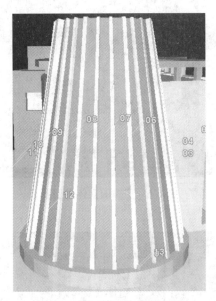

图 6-4　附属楼的立体模型图

（3）房顶

根据物管楼房顶结构图，在建模时同样要采用曲线构面和挤压两种手段。房顶的立体模型如图 6-5 所示。

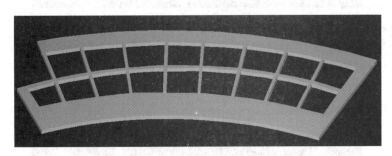

图 6-5　房顶的立体模型图

（4）房檐

房檐的建模方法同房顶一样，先沿着上部轮廓绘制曲线，然后根据曲线生成面，最后做挤压处理生成立体模型，立体模型如图 6-6 所示。二楼处的房檐同顶部相同，可以通过复制、平移处理将其移至相应处。

（5）门柱

按照拟合圆柱的方法对楼前的门柱进行建模，模型效果如图 6-7 所示。

（6）台阶

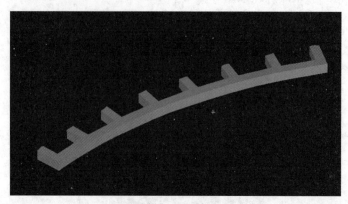

图 6-6　房檐的立体模型图

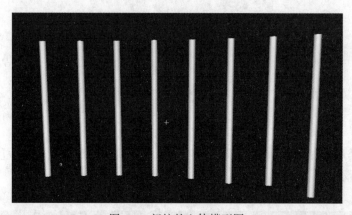

图 6-7　门柱的立体模型图

　　按照拟合主楼的方法对台阶进行建模。需要注意的是，在对上一层台阶做挤压处理时，都是以下一层台阶上表面为参考面，而最后一级台阶是以地面为参考面。台阶的立体模型效果如图 6-8 所示。

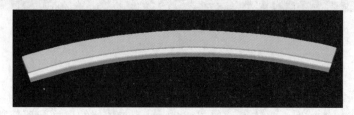

图 6-8　台阶的立体模型图

2. 局部细节建模

　　完成整体建模后，还需要对局部的一些细节进行精细建模。例如，主楼上的门窗需要进行抠除处理，楼前的玻璃檐、二楼的栏杆、斜坡处的扶手等都需要进行模型创建。

（1）门窗

对于平面上普通门窗的建模，可以先在墙体上画一个矩形选框，然后直接抠出门窗即可。然而，物管楼的墙体是一个曲面，在 Cyclone 软件中不能直接进行抠除处理。所以对门窗的处理采用了面-面相切的方法。

针对一些规则的小窗户，也可以先利用矩形和多边形选框对点云进行分割，然后拟合生成一个 Box，完成对窗户的建模。抠除窗户后的立体模型如图 6-9 所示。

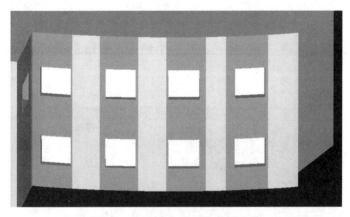

图 6-9　抠除窗户后的立体模型图

（2）玻璃檐

由于楼前的玻璃檐是由一块块的玻璃按照一定的弧度、倾角构成的，不能由曲线构面，然后生成体的方法获得。另外，如果通过对每一块玻璃单独进行建模，则不能保证玻璃之间是否闭合。通过对多种方法的试验，最终采用了先绘制出玻璃之间的线段，然后再利用相邻的两条线段生成面的方法。效果如图 6-10 所示。

图 6-10　玻璃檐的立体模型图

（3）栏杆

按照拟合圆柱和弯管的方法进行建模。水平、竖直方向的直管可以通过拉伸处理连接起来。效果如图 6-11 所示。

其他部分的实体按照以上方法进行建模即可。物管楼最终建模效果如附录彩图 6-12 所示。

图 6-11　栏杆的立体模型图

3. 内部建模

利用三维激光扫描仪的穿透特性还可以获取屋内的点云数据。内部建模和外部建模方法一样，这里就不再做详细阐述。内部模型建模完成后的效果如图 6-13 所示。完成后，内部模型与外部模型合并到一起，点击工具栏中的透视按钮 🔍 就可以由外到内进行查看了。

图 6-13　内部模型

将做好的模型导出为 .dxf 格式文件，单击菜单栏的"File→Export"命令，选择输出路径、名称和格式。然后导入 Geomagic 软件，输出为 .3ds 格式。

4. 模型渲染

为了使三维模型更加生动和真实，就需要对模型进行渲染。本项目采用的软件是 3DS Max 2012 中文版，渲染器插件为 V-Ray for 3DS Max 2012 中文版。

①打开 3DS Max 软件，导入模型。

②分离模型。由于软件之间的差异，打开的模型是整体的，要进行分离处理。

③编辑建筑物。将建筑物的各个面归类，如墙体、窗户、门柱等。

④指定 V-Ray 为特定渲染器。

⑤打开材质编辑器。在右侧材质参数编辑器调整反射、折射等参数观察效果。参数设置如图 6-14 所示。

⑥将材质指定给指定对象，完成贴图。图 6-15 为棱柱的贴图效果。

⑦制作环境。创建一个球体，删除下半球，如图 6-16 所示。在材质编辑器中选择材质，并指定环境贴图图片，将环境贴图拖拽到材质编辑器中的发光材质球上，使其产生一个关联。

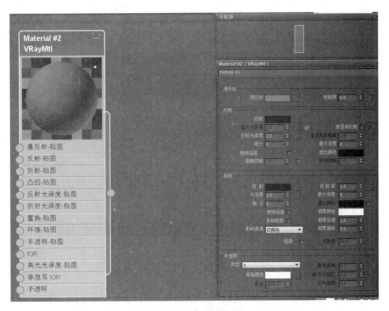

图 6-14　调整参数

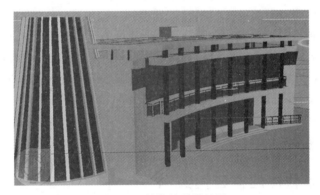

图 6-15　棱柱的贴图效果

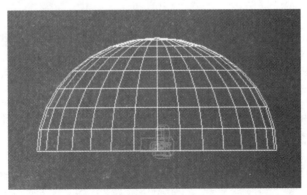

图 6-16　制作环境

⑧打灯光,将光源置于合适位置,如图 6-17 所示。

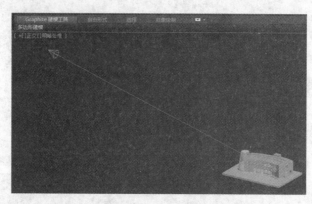

图 6-17 打灯光

⑨调整渲染参数,最终渲染效果如附录彩图 6-18 所示。

5. 漫游制作

①插入相机,将摄像机置于适当位置并调整参数。

②绘制曲线。按照漫游路径,利用线工具绘制一段曲线,如图 6-19 所示。设置漫游路径,将视角切换到摄像机镜头,然后播放动画即可预览动画效果,还可以将漫游输出。

北京则泰集团公司技术人员以 Cyclone 软件为建模平台完成了中海油某陆上终端海油平台的三维建模。厂区内涉及冷却塔、导热油炉、膨胀罐平台、制冷框架、计量框架等设备。主要采用自动拟合法进行建模,它主要针对外形相对规则的物体,如平面、立方体、柱体、球体、弯管、工字钢、槽钢、法兰、圆环等。根据点云和设计图纸,可精确建立出物体的三维模型,如附录彩图 6-20 所示。

6.6 Geomagic 软件建模应用实例

6.6.1 概述

在利用 Geomagic 软件进行三维模型的建立研究方面,一些学者对岩画、人体、雕像的建模进行了研究。本项目扫描对象为淮海工学院机械楼前"知行"雕刻石。点云数据获取设备采用的是瑞士徕卡 ScanStation C10 三维激光扫描仪,建模软件为 Cyclone 7. 1 和 Geomagic Studio 2012。拼接去噪后的雕刻石点云如附录彩图 6-21 所示。

在 Cyclone 中进行完点云数据的拼接、去噪和统一化处理之后就可以将点云数据导出为 Geomagic Studio12 可以识别的格式".XYZ"。

6.6.2 建模技术流程

Geomagic 建模遵循点—多边形—造型这三个紧密联系的处理阶段,该软件可以快速高效地利用点云数据拟合出多边形格网,并自动转换成 NURBS 曲面,保证建模效率。建

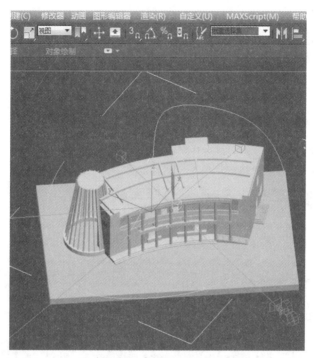

图 6-19 绘制路径曲线

模的主要过程如下：

1. 点处理阶段

点处理阶段的主要作用是将前面预处理之后的点云数据进行点云着色、去除非连接项、去除体外孤点、减少噪声、采样等更为细致的处理，使点云数据更为整齐、有序、有效，最后将处理好的点云数据封装进入多边形处理阶段。

（1）点云着色

导入预处理好的点云数据后，为了更加清晰、方便地观察和处理点云数据，首先要对点云数据进行着色处理，使其表现出不同的反射率。着色后的点云效果如图 6-22 所示。

（2）去除非连接项及体外孤点

①去除非连接项。此项操作目的在于选中并去除偏离主点云一定数量的点束。

②去除体外孤点。体外孤点是距离主点云距离相对较远的点云数据，它们会严重影响后期封装出多边形网格的质量，所以必须删除。

③减少噪声。这里所说的减少噪声，与前面点云数据预处理的去噪还是有区别的。减少噪声的目的是移动偏差较大的点云数据，使其变得平滑，使点云数据统一排布，直接决定封装后形成曲面的精度。根据不同的建模要求选择合适的减噪方式，可以通过观察颜色的分布来调试减噪参数的设置，如图 6-23 所示。

④采样。采样是为了减少点云的数量，使点云的运算速度更快，提高建模效率。采样的方式有三种：一是栅格采样，即依据均匀的间距不考虑曲率和密度来减少无序点云数

图 6-22　着色后的点云数据

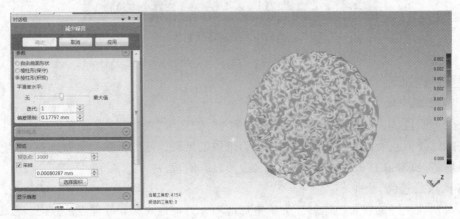

图 6-23　减噪处理参数调试

据；二是曲率采样，即减少平坦区域点云数量，保留高曲率区域点云数据；三是随机采样，即随机地减少一定比例的点云数据。

⑤封装数据。经过上述操作之后，点云总数量从开始的一千多万减少到了五百多万，这些处理都是为了点云数据能更好地封装成三角形网格。将点云数据封装成三角网就进入多边形处理阶段了，封装好的三角网模型如图 6-24 所示。

2. 多边形阶段

通过观察封装好的三角网模型可以发现，表面有很多的洞，还有很多相交叠置在一起的三角网，进入多边形处理阶段就是要对封装好的数据进一步处理，得到一个理想多边形模型，为精细曲面阶段的处理打下基础。多边形阶段处理过程繁琐复杂，下面仅对处理过

图 6-24　封装好的三角网模型图

程中关键的几个环节进行详细介绍。

（1）模型分割

由于封装后三角形网格数据量非常大，直接对整体处理需要相当长的计算时间，因此需要对模型进行分割，逐块进行处理。本文按照雕刻石的 4 个面将模型分割为正面、背面、左侧、右侧 4 个部分分别进行处理，其中正面为刻有"知行"的部分。以正面为例，分割只需使用框选工具选中正面部分区域，鼠标右击左侧模型管理器中"石头"多边形图层选择复制，然后在复制好的图层上右键选择"反转选区"，按 Delete 键点击即可得到如图 6-25 所示的正面模型。依次分割出其他 3 个面，就可以进行下一步的处理。

（2）创建流型

创建流型是为了删除模型中的非流型三角形，是保证模型能够进行后续处理的前提。创建流型分为开流型和闭流型，开流型适用于片状不封闭的模型，相反闭流型适用于封闭的模型，这里 4 个面都是片状的模型，因此需要创建为开流型。

（3）破洞填补

在多边形处理阶段中，破洞填补是工作量最大的一个环节，也是影响建模质量的关键环节。可以针对所有的洞进行全部填充，也可以填充单个洞。全部填充的方式对于具有复杂结构的构筑物容易产生错误，例如，将本来就是孔的特征被填充，没有选择填充类型导致填充后表面曲率发生较大变化，因此这里选用填充单个孔，但这样会导致工作量的加大。填充单个洞的方法有三种：填充完整孔、填充边界孔和生成桥填充。

①填充完整孔。"填充完整孔"用以填充具有完整闭合边界的孔，填充完成的效果如图 6-26 所示。

②填充边界孔。填充边界孔可以填充边界缺口，没有完整闭合边界的孔，也可以将比

图 6-25　分割完成的正面模型图

图 6-26　填充完整孔

较大的完整孔分成多个部分进行填充；最后即可完成边界孔的填充，如图 6-27 所示。

③生成桥填充。指定一个通过孔的桥梁，以将孔分成可分别填充更小的孔，更为准确地拟合表面曲率。但通常使用此工具对悬空部分区域进行填充。桥填充效果如图 6-28 所示。

在修补过程中，经常会遇见由相交三角形引起的错误，如图 6-29（a）所示，单纯地依靠后期网格修复是无法完全修正的，这需要利用框选工具将相交部分选中并删除，使其变成孔如图 6-29（b）所示，然后用修补孔的方法将其修复。但是注意删除的部分不宜过大，否则会导致补孔后曲率和光滑度会发生较大偏差。

（4）网格修复

经过破洞填补、删除钉状物及打磨处理之后 4 个面需要合并。合并操作简单，只要选中需要合并的 4 个图层，点击工具栏上的"合并"按钮，按照默认设置进行合并即可。

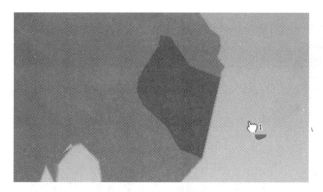

图 6-27　填充边界孔

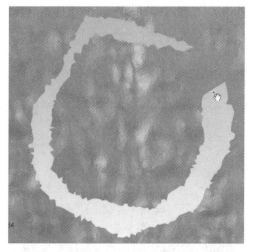

图 6-28　生成桥填充

合并之后再将雕刻石顶部缺失部分数据补齐，结果如图 6-30 所示。合并之后需要对整体模型再进行三角网格的修复，主要修复模型中存在的非流型边、自相交、钉状物、小通道、小孔等不宜发现和手动修复的错误。

（5）多边形的松弛和简化

松弛多边形用于调整三角形的抗皱夹角，使三角网格更加平坦和光滑。有些时候如果构筑物点云数量过大，封装之后放大图形会发现多边形网格显示为很多的点，这是由于封装后的三角形数量太大，屏幕无法全部显示出来而只能以点的形式表示。简化多边形就是使用更少数量的多边形来表示模型载体，可以基于三角形数量或者公差限制来简化多边形。

3. 形状阶段

形状阶段是从通过基本的探测编辑轮廓线、曲率，创建曲面片，并对曲面片进行编辑来创建一个理想的 NURBS 曲面，完成模型的逆向构造。

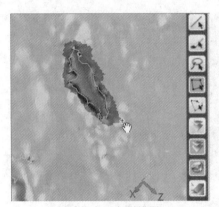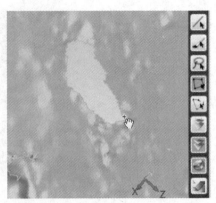

(a) 相交三角形错误　　　　　　　　　(b) 修正完成

图 6-29　相交三角形引起的错误修正流程

图 6-30　合并之后修复效果图

（1）曲面片的构造和编辑

点击"精确曲面"进入形状阶段的精确曲面，选择"构造曲面片"，弹出对话框中设置指定的"曲面片计数"或者"自动估计"。创建出的曲面片中存在一些如相交路径、高度交点等问题，需要进行曲面片的编辑，点击"修理曲面片"，进行曲面片的编辑，如图6-31 所示。

（2）自动曲面化

点击"自动曲面化"，在图 6-32 显示的对话框中设置完成后点击"确定"即可得到理想的 NURBS 曲面模型。

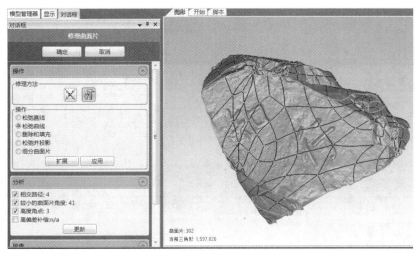

图 6-31　修理曲面片

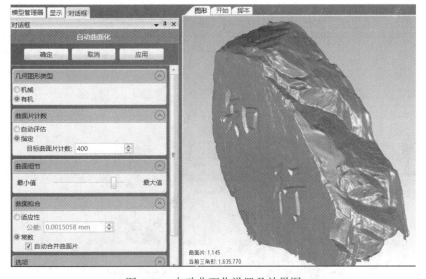

图 6-32　自动曲面化设置及效果图

4. 纹理映射及贴图

模型建好之后，为了使其更加生动，通常要采取纹理映射和贴图的处理。首先生成纹理贴图，之后，就可以对雕刻石的每个面进行贴图操作了。以正面贴图为例，选择"纹理贴图"→"投影图像"，加载正面的实物照片，在最下面图形区调整模型，使其与照片上的影像相吻合，在左面模型和右面照片相同特征点上进行控制点的选取，控制点应分布均匀，如图 6-33 所示。

点击"确定"后，可以看到正面的贴图效果如图 6-34 所示。

将其他三面按同样的方式贴图之后，最终雕刻石的效果如附录彩图 6-35 所示。

图 6-33　纹理贴图控制点选择

图 6-34　正面贴图完成效果图

5. 精度分析

在建模过程中采取了多种处理手段，它们都会对模型的精度造成影响，建好的模型与最初的点云数据之间必然存在着偏差，进行精度分析的依据就是建好的模型与点云数据之间的偏差值。Geomagic 中设置好偏差参数后可以得到偏差色谱图，如图 6-36 所示。

观察图形中的色谱图，可以得出结论：模型总体与点云数据偏差不大，平均偏差在 $-0.002 \sim 0.001\text{mm}$，在标准偏差值以内符合精度要求。最大偏差值为 0.088mm，超过了标

图 6-36　偏差色谱图

准偏差值，造成这一结果的主要原因是雕刻石顶部没有点云的部分是通过破洞修补自动拟合表面曲率形成的，与实际偏差较大，如图 6-37 所示。

6.7　SketchUp 软件建模应用实例

6.7.1　概述

SketchUp 是经常使用的建模软件，一些学者进行了相关的建模研究应用。本项目扫描对象为江苏省连云港市花果山脚下的海清寺院内的阿育王塔。点云数据获取设备采用的是瑞士徕卡 ScanStation C10 三维激光扫描仪，点云数据预处理后的效果如附录彩图 6-38 所示。选择 SketchUp 软件进行三维建模，并采用 VRay 软件对模型进行渲染。

6.7.2　点云数据准备

1. 点云数据格式转换

在 Cyclone 软件中导出来的数据格式为 .pts 格式，这样的数据文件是无法导入 Sketch-Up 软件使用的，所以在建模之前还需要做数据格式的转换，将 pts 格式的数据文件转换成 SketchUp 软件所能支持的 pod 文件，然后再展开建模工作。

由于 SketchUp 软件自身不能识别点云数据，因而需要安装 Pointools 插件来识别点云数据。在安装 Pointools 插件后，系统会自动产生 Pointools POD Creator 数据转换器。从

图 6-37　雕刻石顶部偏差较大部分

Cyclone 软件中导出的数据格式是 pts，使用这个插件可以将 pts 格式转换为 pod 格式。

2. 点云数据导入

在数据格式转换成功后，点击菜单栏中的"插件"→"Pointools"→"Attach POD file"，导入转换格式后的点云数据。数据导入后点云数据显示为白色，不利于建模工作的展开，因而需要调整点云数据的属性，点击菜单栏中"视图"→"工具栏"→"Pointools"，打开 Pointools 工具条后，点击 按钮，即可以将白色的点云数据转变成彩色的点云数据，通过自由调节点云数据的透明度、对比度等，可以更加直观地观察到点云数据的结构特点，从而更准确地进行后期三维立体建模。

6.7.3　三维建模步骤

阿育王塔的结构非常规则，具有对称性，因此可以将其分成二"组"，塔有九级，第一层为塔基和塔座，它们是单独的一个组，第二层到第九层都可以划分为相似的组，因而在建模过程中，第二层的构建一定要以组件的模式绘制，除了第一层之外的其余几层可以借助于第二层那个组参照点云数据以及拍摄的照片进行相应的调整。这样的绘制方式会节省很多时间，可以让塔的绘制更精确。具体构建模型的步骤如下：

1. 阿育王塔塔基的构建

阿育王塔是规则物体，塔底是一个正八边形，对照点云数据中的塔基底，使用多边形工具▼绘制一个与点云数据中的塔基底相依合的正八边形，再使用推拉工具 推拉正八边形，依照点云数据将其推拉到合适的位置，塔基的立体效果就形成了。

　　塔基需要添加 4 个佛门，4 个佛门都是一样的，因而在构建第一个佛门的时候要先建组，其他 3 个佛门可以用复制的方法完成。根据现场拍摄的照片以及点云数据的信息，使用推拉工具 ◆、矩形工具 ■、线条工具 ◢ 和圆弧工具 ◖，完成第一个佛门的绘制。接下来就是复制的工作，选择第一个佛门的组，使用旋转工具 ◔，按住 Ctrl 键，以正八边形的中心为定点，复制旋转组件，4 个佛门的构造就完成了。佛门的创建效果如图 6-39 所示。

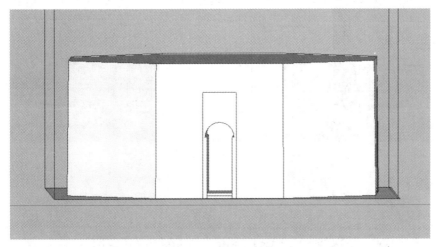

图 6-39　佛门的创建

　　佛门构建完成后，查看点云数据的属性，用线条工具 ◢、尺寸工具 ◈ 量出塔基向外扩张和向上提升的距离，再依据拍摄的照片了解向外扩张的阶层数，计算出每一层的延伸和上升距离。计算好所需要的数据后，借助偏移工具 ◉、推拉工具 ◆ 绘制出向外扩张和向内收进的立体效果模型。塔基的效果如图 6-40 所示。

　　2. 阿育王塔塔座的构建

　　阿育王塔的塔座呈莲花状，绘制塔座的主要工具是跟随路径工具 ◔。依据点云数据，绘制两个一样大小的正方形，使用平移工具 ◈ 将两个同一平面的图形在竖直方向上平移，平移到不同高度的两个平面内，高度凭借点云数据测出的高度数据。然后使用圆弧工具 ◖ 沿着两个平面绘制一条弧，选择两个平面以及弧线，点击跟随路径工具，软件系统自动就生成一个模型。依照上述方法，绘制一个面的似一片莲花瓣的塔座，再使用平移工具 ◈ 将产生的模型平移到一个长方体，借助推拉工具 ◆ 和拍摄的照片，通过不断的调整，绘制出合适的塔座。最后将整个塔座创建组，使用平移工具 ◈ 将塔座和塔基进行拼接。完整的效果如图 6-41 所示。

　　3. 阿育王塔塔身的构建

　　阿育王塔的塔身共 8 层，每一层结构类似，所以在绘制第一层的时候需要创建组，其余 7 层的构建只需在第一层的基础上稍作修改，这样就会加快建模的进度。

　　塔身第一层的绘制步骤与塔基相同，用推拉工具 ◆ 将塔座的面推拉到合适的位置，绘制 4 个佛门。塔身的构造与塔基有不同之处，塔基的 4 个面有佛门，4 个面是光滑的

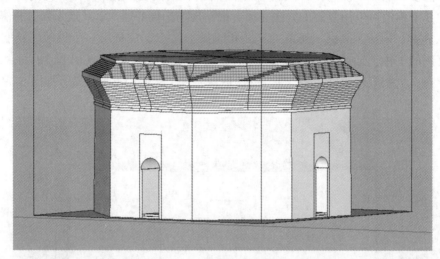

图 6-40　塔基的创建

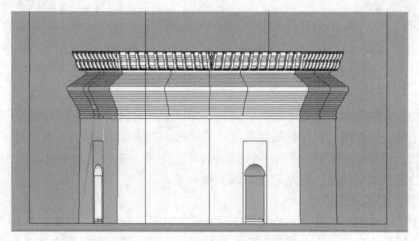

图 6-41　塔基与塔座拼接后效果图

墙；而塔身的每一层的 8 个面都有建筑，分别是 4 个面有佛门，4 个面有窗户。佛门的绘制可以仿照塔基佛门绘制的方法，窗户的绘制可以先在一个平面上构建，再以组件的形式插入塔身的面上，绘制时主要用拉伸工具 🔄 和推拉工具 ⬇。

　　绘制窗户时，观察拍摄的照片，研究出窗棱的画法：先把一个面推拉到合适位置，点选推拉出来的面，按住 Shift 键，点击拉伸工具 🔄，将一个面等比例地拉伸为一条线，这样推拉出来的侧面就随之倾斜，整个就形成窗棱。其余 4 个窗棱利用相同步骤绘制即可。

　　窗户绘制结束后，就可以以组件的形式插入 4 个面上，再分别使用平移工具 ✥、旋转工具 🔄 将窗户嵌入面的中心即可。窗户镶嵌结束后，塔身的第一层就构建完成了，效果如图 6-42 所示。

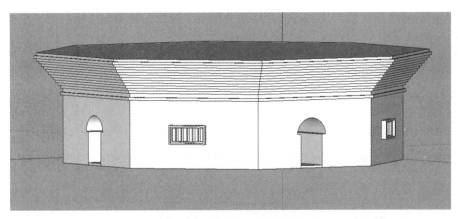

图 6-42 塔身第一层效果图

　　塔身第一层构建结束，以此为组件，依次绘制其他 7 层。根据拍摄的照片和点云数据，借助拉伸工具✍进行删改，不断调整，做到和点云数据一致。阿育王塔是规则建筑，塔身的绘制就比较简单，主要是调整工作，逐步修改，做到和点云数据贴合。整个塔身的效果如图 6-43 所示。

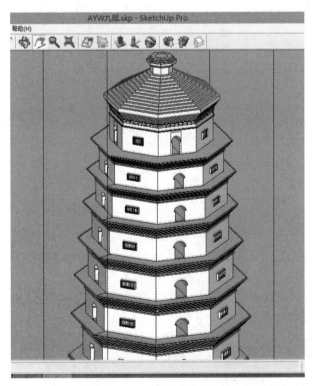

图 6-43 塔身效果图

4. 阿育王塔塔顶的构建

阿育王塔的塔顶呈葫芦状,可以分两部分绘制,绘制的步骤与塔座类似,主要使用跟随路径工具 。

下半部分的绘制过程:先在平面上使用圆形工具 以固定半径绘制一个圆形,再使用偏移工具 绘制一个固定半径的小圆,选择小圆,按住 Ctrl 键,点击平移工具 ,将小圆平移一定高度。以大小圆心的连线为高、大圆的半径为宽,点击矩形工具 绘制一个长方形,再用线条工具 将小圆与长方形相交的点和大圆与长方形相交的点相连,删除多余的三角形,然后用圆弧工具 点选直线的两个端点绘制一段圆弧。选择两个圆形和圆弧,点击跟随路径工具 ,系统则自动形成葫芦状。

葫芦的上半部分用相同的方法绘制,但是上半部分比下半部分要复杂一点,上半部分只有一段外扩的圆弧,而下半部分是有一段外扩的圆弧和一段内缩的圆弧,绘制方法还是一样,只需相应地调整即可。

葫芦构建完成后,用偏移工具 向内偏移葫芦口的圆,形成一个小于葫芦口的圆形,再用推拉工具 将其推拉到合适位置,最后选择这个圆柱体的上底面,按住 Shift 键,点击拉伸工具 ,将圆形缩成一个点,这样塔顶的塔尖就形成了。塔顶的效果如图 6-44 所示。

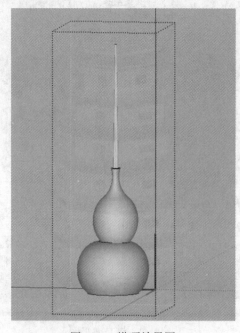

图 6-44 塔顶效果图

塔顶绘制结束后，点击平移工具 ![tool] 将塔顶的组件平移到塔身，与塔身拼接，形成完整的塔。完整塔的效果如图 6-45 所示。点云数据与模型融合后塔的效果如图 6-46 所示。

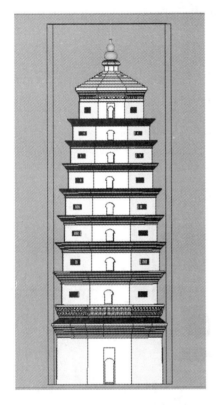

图 6-45　完整塔的效果图　　　　图 6-46　点云数据与模型融合后塔的效果图

6.7.4　基于 VRay 的模型渲染

1. 模型贴纹理

三维建模完成后，紧随其后的就是模型渲染，通过渲染能使三维模型更加形象逼真。三维模型是在 SketchUp 软件下创建的，所选用的 VRay 可作为一种渲染插件嵌入 SketchUp 软件，即渲染可以在 SketchUp 软件里完成。安装 VRay 插件后，SketchUp 软件里就增加了 VRay 工具栏，打开 VRay 材质编辑器，在材质列表中选择任意一种材质，点击"预览"即可看到材质的示意图，在选中的材质上右击鼠标，在弹出来的子菜单上点击"将材质应用到所选物体上"，那么所有墙面就贴上了这样自定义的纹理。

VRay 中的材质没有包含所有材质，很多材质在 VRay 中是无法满足对象的纹理效果，此时可以使用 SketchUp 软件自带的材质库。SketchUp 软件自带的材质库包含很多类型，如半透明材质、围篱材质、地毯和纺织品材质、指定色彩、砖和覆层材质，等等，材质的选择多种多样，而且类型明确。本课题创建的模型是一座古塔，主要材料是砖，因而在砖和覆层材质中选择。点击"编辑"，在纹设置那一栏选择"使用纹理图像"，点击右边的

"添加图像"按钮，在 SketchUp 纹理库中找到"材质 4"，并通过调节颜色找到最适合模型的纹理颜色。材质选择如图 6-47 所示。

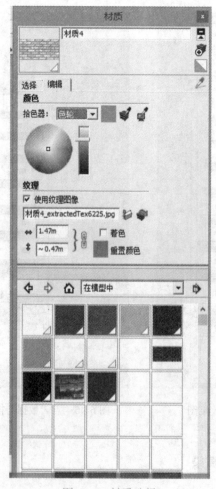

图 6-47　材质选择

　　材质选择恰当后，使用颜料桶 给模型进行纹理贴合，贴纹理后的效果如图 6-48 所示。

2. 模型渲染

　　模型渲染工作主要是设置参数，参数是根据各个不同的对象和场景来定的，因而设置参数的时候需要不断的调整，且要一边调整参数一边观察模型渲染的效果，当渲染效果达到预期值时，那么参数的值也就定了。VRay 渲染包括室内和室外两个部分，本次课题研究只扫描塔的外部，因此主要研究室外模型的渲染。

　　点击 VRay 工具栏中的设置面板 按钮，弹出如图 6-49 所示的窗口，渲染的主要参数设置都在设置面板中。

图 6-48 贴纹理后的模型

图 6-49 VRay 的设置面板

设置渲染参数的方法如下：

①点击"输出"，下拉"输出"内容，点击"获取视口长宽比"按钮，渲染范围就定为当前窗口。此外还可以自定义设置"输出设置"内容。

②输出设置完成后，点击"全局开关"按钮，在下拉的内容中，选择自布光源，一定不能选择缺省光源。

③设置图像采样参数，点击"图像采样器"，在类型一栏中选择"自适应细分"，在"抗锯齿过滤"一栏选择"面积"。

④在发光贴图的下拉内容中，设置半球细分的值为 60，采样的值为 30，其余部分为默认值即可。

⑤设置纯蒙特卡罗（DMC）采样器，改噪点阈值为 0.005，最小采样值改为 12。

⑥在灯光缓冲的下拉内容中，修改计算参数一栏的细分值为 500。

渲染参数都设置好后，点击 VRay 菜单栏中渲染工具⊛，系统会根据设置好的参数对模型进行渲染，渲染效果如附录彩图 6-50 所示。渲染后的结果可以保存为 JPEG 格式。特别需要说明的是，渲染窗口只是对当前窗口所在的视角的对象进行渲染。

可以转换模型的视角，再次进行渲染，效果展示如图 6-51 所示。

图 6-51　转换视角渲染的效果图

6.7.5　阿育王塔的专题图绘制

三维实体可以真实直观地展示一个目标，不能反映出目标物体的实体信息。利用 Au-toCAD 软件可以从三维实体转换成有三维实体信息的平面图，在文物保护中是很重要的资料。

平面图即为建筑平面图，是建筑物每一层的水平剖切图。用一个假想的水平剖切平面沿着略高于窗台的位置剖切房屋，将切面以下的部分向下投影，所得到的水平剖面图即为平面图。

在文物保护中，一般绘制建筑物的正立面、侧立面、俯视平面图、剖面图、横断面图、纵断面图，等等。剖面图、横断面图以及纵断面图的作用是展示建筑物内部结构以及相关信息，本次课题研究的对象由于现场的环境条件限制，未扫描阿育王塔的内部结构，因而在研究中只能用 AutoCAD 软件绘制阿育王塔正立面、侧立面以及俯视平面图，并且标注各部分的尺寸，为文物保护的工作提供相应的信息。

绘制阿育王塔的正立面和俯视平面图的具体步骤如下：

①在 SketchUp 软件中，打开创建好的模型，点击"镜头"→"标准视图"→"顶部"，则出现俯视平面图，图像如图 6-52 所示。点击"文件"→"导出"→"二维图形"，以 ∗.dwg 格式导出图形。

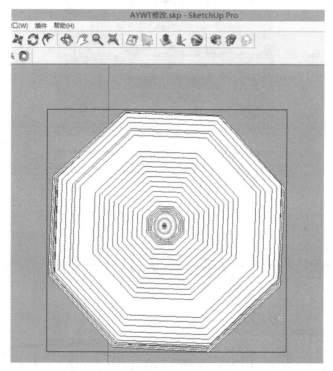

图 6-52　俯视平面图

②俯视平面图导出后，点击"镜头"→"标准视图"→"前"，出现阿育王塔的正立面图形，如图 6-53 所示。点击"文件"→"导出"→"二维图形"，仍然以 ∗.dwg 格式导出图形。

③以 AutoCAD 打开 SketchUp 软件导出的俯视平面图与正立面图，点击"线性"按钮，在俯视平面图与正立面图上标注主要的线段信息。从俯视平面图（图 6-54）中可以看出阿育王塔的外围大小，从正立面图（图 6-55）中可以看出阿育王塔每一部分的高度。

图 6-53　正立面图形

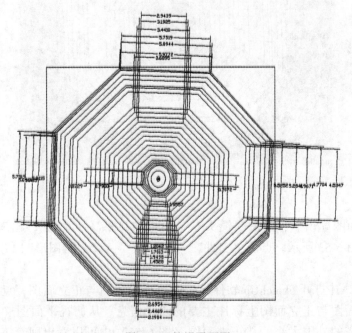

图 6-54　俯视平面图

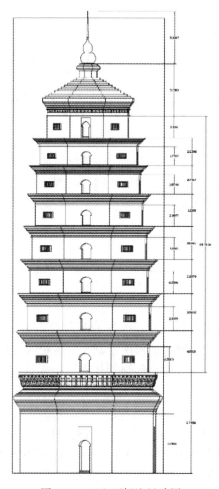

图 6-55　正立面标注尺寸图

思考题

1. 什么是三维建模？利用点云数据进行处理建模的结果可实际应用于哪些行业？
2. 什么是纹理映射？主要作用是什么？
3. 目前三维建模中存在的主要问题有哪些？
4. 利用 Cyclone 软件建模的主要步骤有哪些？
5. 利用 Geomagic 软件建模的主要步骤有哪些？
6. 利用 SketchUp 软件建模的主要步骤有哪些？

第7章 地面激光扫描技术在测绘领域中的应用

随着地面三维激光扫描技术的快速发展，在传统测绘领域应用研究越来越多，许多学者已经取得了一定的研究成果。本章将简要介绍其在测绘领域中的应用，主要包括地形图测绘与地籍测绘、土方和体积测量、监理测量、变形监测、工程测量。

7.1 地形图测绘与地籍测绘

7.1.1 应用研究概述

传统的地形图测绘是利用全站仪、GPS 接收机等仪器进行野外采点。HDS 技术来自测绘领域，其最基本的应用之一就是地形图绘制。与传统的手段相比，它具有高效率、细节丰富、成果形式多样、智能化、兼容性强等优点。近年来，一些学者进行了应用研究，取得的主要成果如下：

马立广（2005）在武汉大学友谊广场利用 I-Site4400 型地面三维激光扫描系统进行了一次水平 360°的扫描测量，利用 Optech 公司 ILRIS_ 3D 三维激光扫描系统对小山进行连续扫描，扫描获取的点云数据在随机软件 PloyWorks 中进行处理。试验结果表明：应用地面三维激光扫描技术进行地形测量工作，无需过多的人工干涉，数据准确，效率高。

2008 年 1 月，昆明市测绘研究院与徕卡技术人员在机场工地作了相关的对比测试，测试结果显示，扫描仪获取数据的成图精度完全符合 1：500 的地形图的要求（高磊等，2009）。

对陡崖、峡谷等复杂危险地形，传统地形测绘方法常常束手无策，三维激光扫描技术数字化、精确、快速、不接触的特点正好可以解决这类问题。梅文胜等人（2010），以某工程局部地形测绘为例，详细说明应用地面三维激光扫描技术实现精细地形测绘的方法及流程，并归纳总结目前该技术用于地形测绘中需要解决的问题。三维激光扫描技术能用于特殊场所详细的大比例尺地形图的绘制，尤其是大型建筑施工现场、采石场或下陷地区。

吕宝雄等人（2011）依托 Riegl 三维激光扫描系统，以实例研究说明该技术在水电地形测量中应用的可行性，论述数据获取、点云拼接及数字高程模型的生成。

彭维吉等人（2013）对实现地形图的快速生成进行了试验研究。与传统测绘方法相比，是一种可供借鉴的地形测图方法，并通过实例说明此方法的实用性及高效性。胡章杰等人（2013）利用从点云数据中提取的相关特征，采取交互式建模的方式进行三维建构筑物建模，最后将地面三维激光扫描的成果整合到三维规划竣工核实应用中。

李志鹏等人（2014）详细说明了使用三维激光扫描仪进行大比例尺地形测量的外业数据采集及内业成图处理的方法和步骤，并归纳总结了目前该技术在大比例尺地形测量应用中的优势和尚需解决的问题。存在的问题是：目前还没有一套真正成熟的基于点云数据的地形图测绘软件。崔剑凌（2014）在西藏某水利枢纽及配套灌区工程地形测量项目中，使用 Riegl VZ-400 型地面三维激光扫描仪共扫描 726 站，完成 1∶2000 地形图测量 6.44km²；1∶1000 带状地形图 6.2km²；1∶500 地形图 11.29km²。经过平面、高程精度检核，可以满足《工程测量规范》及技术设计要求。宋化清等人（2014）以泾阳县云阳镇大里村为例，详细论述了 Riegl VZ-400 三维激光扫描系统实现农村宅基地调查的方法，并分析比较了三维激光扫描测量成果精度。吴晓章等人（2015）选择校园内具有典型地物的长方形区域为试验对象，详细阐述了地形图制作方法，并与全站仪测图方法进行了对比分析。试验研究结果表明：采用激光点云数据制作大比例尺地形图技术方法可行，精度能够满足要求，但是要广泛应用还有许多问题有待解决。

7.1.2　存在的主要问题

尽管地面三维激光扫描仪技术在地形测绘方面取得了一定的应用成果，但是还存在以下主要问题：

①由于仪器价格昂贵，测绘企业拥有率较低，加之有些技术问题未能较好地解决，目前应用较少。

②目前还没有一套完整成熟的基于点云数据的地形图测绘软件，在成图的过程中需要交互使用到多种不同的软件。

③如何实现点云数据中地形特征点的自动或半自动化精确提取，将是地面三维激光扫描技术应用于地形测绘的过程中需要长期进行研究的课题。

④如何自动化或半自动化剔除点云数据中的非地貌数据，是等高线生成中亟需解决的问题。

⑤当地形高低起伏遮挡情况比较严重时，容易出现数据黑洞，形成局部数据缺失。除了多设测站争取保证测区数据完整外，也可研究将近景摄影测量与地面激光扫描相结合的方法，来解决局部扫描数据空洞的问题。

随着技术问题的解决，相信地面三维激光扫描仪技术将在困难地区或者复杂环境条件下会得到较好的应用。

7.1.3　地籍测绘应用案例

吉林大学的房延伟（2013）利用三维激光扫描技术进行了农村地籍测绘的实验研究。主要内容简单介绍如下：

1. 概述

选择河北省武安市冶陶建制镇城区作为研究区，测区能够反映我国北方地区农村居住特点，所处地理位置处于半丘陵半平原地区，建筑时间长、集中连片的宅基地主要集中在地势高低起伏区域，新农村建设的宅基地所处位置地形相对较平坦。利用德国 Z+F 公司的 image 5010 三维激光扫描仪作为数据获取的主要设备。激光扫描仪开展实际工作之前，已采用 GPS、RTK 结合全站仪进行了控制测量和导线测量,以便于后期的地籍测量和精度检查。

2. 主要技术流程

(1) 站点设置准备

需要提前进行现场勘查或者在实际作业中进行站位设置的选择。和常规全站仪类似,设站相对灵活,可选择在通视效果较好的巷道口或者地势较高的平台。在测区已有的图根控制点,一般就设立在控制点上,再进行对中整平。由于 3D 激光扫描仪每站均采用独立坐标系,所以需要在作业行进路线上设置觇标,便于内业处理时的站与站间数据的拼接。

(2) 转扫测量

在仪器架站和站标设置完成之后,即可进行转扫操作,一般 3~5 分钟即可完成一站的扫描测量。扫描完成后,可在显示屏中实时查看点云数据,对点云数据获取不理想区域,可调整局部扫描精度重新扫描。结合生产实际和作业过程,以街巷测量为主,在房屋密集区,则在房顶或院落内部以设站为辅的方式进行。为直接引入测区的坐标系,在先期测量中,直接对 3D 激光扫描仪外置了 GPS 机。在后期的测量中,配合使用了免棱镜全站仪,在距离已有控制点不远的范围内,均匀地对站标十字靶心进行点位坐标测量,便于在后期数据拼接处理时,对坐标系统的引入。

(3) 数据处理

对获取到的三维点云数据,后期在 Z+F LaserControl 软件中进行测站的拼接。每个觇标都不相同,软件可以自动识别站标的十字靶心,减小人为操作引起的误差传递。拼站的操纵是以选定的某一站作为参考站,作为拼接的基准,之后加载相邻的设站数据,系统会根据不同标靶的十字心完成初步的识别拼接,在完成相邻站的拼接之后,可依次加载其他的设站数据,最后查看拼接的整体效果,对个别可能存在拼接错误的站,采用手工方式,参考两站之间重叠区域共同特征点来完成,同时可查看系统的拼接误差。

软件的自动拼接报告中,拼站的精度都在毫米级别,能够满足整体测区拼站后的精度要求。同时,软件具有自动对点云数据进行剖面裁切的功能,方便地物特征性的提取。点云数据内业处理流程有多站点云数据的拼接、坐标系转换、地物提取、CASS 成图等步骤。在具体的操作过程中,需要注意的是:拼接后的点云数据量比较大,受计算机处理速度的限制,可以进行分块处理。

为提高自动化提取地物特征线的效率,可以通过导出切片和剖面成像等功能,快速辅助特征线的提取。在导出切片时,只导出那些位于所指定平面垂直上方和下方一定距离之间的点云数据,因此,如果对点云数据质量较好且没有遮挡的扫描区域,可以快速获取地物的平面图。

(4) 精度对比

点云数据点位和实测线划图的对比结果:点云数据本身的数据精度较高,提取线划图之后的界址点精度可达到 2~5cm,个别有 5~10cm 的情况。原因在于内业人员对点云数据的主观判断上,另外,由于站与站之间通过拼接操作,存在误差传递的现象。

3. 研究结论

利用 3D 激光扫描仪,对测区进行了为期 6 天的生产实验,共测量面积约 0.5km²,

通过 3 台激光扫描仪，3 台免棱镜全站仪，GPS 接收机一台，同步开展工作。优点：测量精度高、工作效率强、设站灵活、便于操作。缺点：测区客观因素复杂，胡同多，树木遮挡严重，想要直接获取测区全覆盖的地籍要素，需增加设站次数；需配合房顶作业，增加了作业量；需多台仪器组合作业，仪器本身成本过高。在对点云数据的处理上，自动化程度不高，仍以内业人员的主观判断为主，造成了点云数据精度的损失。

7.2　土方和体积测量

传统的土方量计算手段有全站仪法和 GPS 法。传统的方法都需要采集相当数量的采样点，数据采集的时间比较长，外业工作人员比较辛苦。三维激光扫描速度与精度的优点使得它可以测量和监测土方填充的体积，如果基准面已知，通过测量新的地形表面，减去它的基准面，就可得到需要填充的土方量，在采矿或采石时，通过三维激光扫描仪可以获得矿的体积，而这种技术相对于传统的测量技术，速度快、精度高。

7.2.1　应用研究概述

土方测量是项目施工中必须要做的工作，近年来利用地面三维激光扫描仪取得的应用研究主要成果如下：

2008 年 1 月，昆明市测绘研究院与徕卡技术人员（高磊等，2009）在机场工地作了相关的对比测试，测试结果显示，利用三维激光扫描技术计算土方量，改变了传统测绘的作业流程，并使相关外业测绘流程大大简化，外业工作时间大大缩短，内业处理的自动化程度也显著提高。

黄有等人（2012）通过使用 Riegl VZ-400 型号的三维激光扫描仪对某矿堆进行了扫描，对扫描数据进行三维建模后测算矿堆的矿方量。欧斌等人（2012）针对三维激光扫描系统在分方测量中的应用进行了综合测试，提出了该技术在分方测量中的数据获取和数据处理方法，并与传统数据采集测量方法进行了比较。

陈展鹏等人（2013）选择汶川县草坡乡震区典型滑坡堆积体，采用徕卡 ScanStation 2 三维激光扫描仪实地测量滑坡堆积体，构建滑坡堆积体几何模型，计算滑坡堆积体体积，并建立了使用三维激光扫描仪测量和计算滑坡堆积体体积的方法。胡奎（2013）运用徕卡 C10 三维激光扫描仪对百善煤矿河堤岸一侧进行扫描，结合数据后处理软件 Cyclone 对河堤原土方量进行计算后，通过 CAD 软件对河堤按要求进行加高设计并计算体积，从而获得填方量和挖方量。张荣华等人（2014）对比了三维激光扫描和传统全站仪测量方式在土石方测量应用中的采集点数、作业时间、总人力等指标方面的不同，得到了该技术在土石方量测量应用中的相关定量指标。滕连泽等人（2014）运用 Riegl VZ-400 三维激光扫描仪对排土场进行了扫描，运用 ArcGIS 中填挖方的计算方法对排土场的方量进行了计算，得出排土场的现有方量。苏春艳等人（2014）以西安市文景路北段工程堆积的垃圾为实例，利用 Leica ScanStation 2 三维激光扫描仪获取点云数据，介绍了基于 Cyclone 系统软件的点云数据处理、三维模型重建及土方量的计算方法。

大型容器的体积测量采用传统测绘方式是一项非常复杂的工作，近年来利用地面三维激光扫描仪取得的应用研究主要成果如下：

李鹏（2010）解决了粮仓内部空间限制下低扫描站点布设所带来的局部数据冗余问题，提出了基于 MLS 的自适应重采样方法。实现了点云数据的快速自动分割和特征提取，设计开发了一种基于二维栅格的自动分割方法。

胡敏捷等人（2011）设计出一套船舱构件模型库和基于 NURBS 曲面的曲面求交、曲面三角剖分和容积计算方法，并利用 ObjectARX 开发出一套基于 AutoCAD 平台的船舱模型重建和容积计算系统。王金涛等人（2011）提出了一种基于三维激光扫描原理的卧式罐容量全自动测量方法。讨论了一种卧式罐扫描点云数据分析算法，设计了对比试验系统，以容量比较法为参考依据，三维激光扫描方法测得的容量值相对偏差明显小于几何测量法测量值。

陈哲敏等人（2013）采用徕卡 ScanStation 2 三维激光扫描仪测量得到大型容器的外围三维坐标，设计了一种快速的点云计算方法，对点云数据噪声点的自动消除、容器纵向切片以及截面积积分计算，获得大型容器的容积值。

周晓雪（2014）采用徕卡 HDS 油罐测量系统和自编软件实现，给出容积计算实现的思想，并进行实际测量，完成三维激光扫描测量系统试验验证。此外，还进行了外测试验和对比试验，并对扫描仪在不同罐形、不同标称容积立式罐中的应用进行了探究。陈贤雷等人（2014）提出一种基于三维激光扫描技术的大型立式罐容量计量方法。通过运用"三角形面积积分法"和"截面积高度积分法"，计算出立式罐不同液位高度对应的容积值。结果表明该方法在不规则罐容量准确计量、罐体的变形和不规则监测等方面具有独特的优势。

张文新（2015）采用徕卡 P20 三维激光扫描仪对大型储油罐的罐体进行观测，获取点云数据，计算、分析储油罐的半径、垂直度及油罐高度。结果表明：罐壁平均高度偏差、罐壁垂直度最大值偏差、圈壁板内表面半径偏差在可接受范围内，且精度符合规范标准要求。

目前，多数地面三维激光扫描仪的后处理软件都具备土方量与体积计算的功能，限制广泛应用的主要因素是仪器价格昂贵，获取扫描数据有时会存在一定的困难等。

7.2.2　沙堆体积测量应用案例

淮海工学院测绘工程学院的研究小组，利用徕卡 C10 扫描仪获取点云数据，经过预处理后分别采用三种软件计算体积，进行全面分析对比。主要内容介绍如下：

1. 堆体点云数据野外获取与预处理

（1）沙堆体点云数据获取

堆体的选择对于实验的成败起着决定性的作用。选择基本要求：独立成型的堆体；堆体保持稳定，以便数据在 2~3 个小时内完成采集；堆体的组成颗粒大小要尽量小，避免出现大的缝隙。经过勘察，确定在学校附近施工场地内一个细沙堆为实验对象。

根据扫描堆体的形状、大小，采用球形标靶拼接方式获取数据，三维激光扫描仪总共架设 4 站，数据采集结束后，将采集的数据传输到 U 盘留作后处理。

（2）点云数据预处理

Leica Cyclone 8.0.3 软件是徕卡三维激光扫描仪的配套软件，用于三维激光扫描仪获取的点云数据的后期处理。数据导入完成后，对点云数据进行拼接、去噪和统一化等处理，得到预处理后的点云数据（图7-1）。

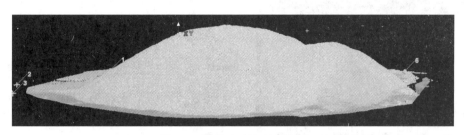

图 7-1　预处理后的点云数据

为了不同条件间对比分析，选取不同水平面的 Z 值，通过改变 Z 值求取点云数据到 4 个不同的 XY 面的体积。因为堆体所在的地面起伏不定，Z 值无法确定，所以首先在点云的边界选择 10 个点云数据，记录下 10 个不同的 Z 值并取它们的均值作为堆体底面的高程。经过计算，Z 值先设置为-1.765m，然后分别用三种软件计算体积并作统计。为了去除地面起伏对结果的影响，使堆体的底面呈一个平行于 XY 面的平面，求取该平面以上的点云体积。根据点云的 Z 值，再取 3 个 Z 值-1.600m、-1.550m 和-1.500m，以便对比分析。

将预处理的点云数据以"Text-XYZ Format（＊.xyz）"的格式导出，以便在 Surfer 和 Geomagic 软件中求算体积。

2. 沙堆体积求算

（1）Geomagic 软件求算体积

利用 Geomagic 软件求算体积的主要技术方法：打开 Geomagic 软件，并导入预处理后的点云数据文件。对点云数据进行着色、去除体外孤点及非连接项、减少噪音、数据封装以及模型填补等工作。然后利用软件的体积求算功能，通过设置位置度的值来改变 Z 值（图7-2），进而求算沙堆到该位置的参考面的体积，当输入-0.6004m 时，点云上面部分到该平面的体积为 15.779m^3，下面部分到该平面体积为 77.790m^3，总体积为 93.569m^3。

（2）Surfer 软件求算体积

Surfer 软件是美国 Golden Software 公司编制的一款画三维图的软件。Surfer 具有的强大插值功能和绘制图件能力，使它成为用来处理 XYZ 数据的首选软件。

利用 Surfer 软件求算体积的主要技术方法：打开 Surfer 软件，将前期预处理的点云数据文件导入，然后进行格式转换，将 XYZ 格式的数据文件转换为 Surfer 软件识别的 grd 格式文件。之后利用 Surfer 软件的体积求算功能，通过设置不同的 Z 值（图7-3），求算堆体到 Z 值所在 XY 平面的体积，可以根据需要生成不同格式的体积求算报告，报告中有 Z 值、表面积和体积等详细的数据。

图 7-2　Z 值设置与体积　　　　　　　图 7-3　Surfer 软件 Z 值设置

（3）Cyclone 软件求算体积

利用 Cyclone 软件求算体积的主要技术方法：利用"选择功能"选取需要求算体积的点云数据，然后建立"TIN"。在"TIN"建立成功的基础上，通过设置 Z 值（图 7-4）可设置不同的参考面，最后直接求算沙堆到参考面的体积。

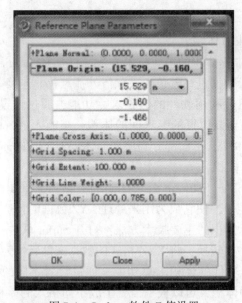

图 7-4　Cyclone 软件 Z 值设置

3. 数据处理及分析

（1）体积数据统计计算

三种软件在不同 Z 值时求算的体积及相应的数据处理见表 7-1，其中 V_S、V_G 和 V_C 分别代表 Surfer8.0、Geomagic 和 Cyclone 三种软件求算的体积，$\bar{V}$ 代表体积的平均数，ΔV_S、ΔV_G 和 ΔV_C 分别代表三种软件求算的体积与体积平均数之差，差值都取绝对值。

表 7-1　　　　　　　　　　　　　　　　体积相关计算结果　　　　　　　　　　（单位：m^3）

z m	V_S	V_G	V_C	$\bar{V}$	ΔV_S	ΔV_G	ΔV_C	$\left(\dfrac{\Delta V_S}{\bar{V}}\right)\%$	$\left(\dfrac{\Delta V_G}{\bar{V}}\right)\%$	$\left(\dfrac{\Delta V_C}{\bar{V}}\right)\%$
−1.765m	94.033	88.733	92.891	91.886	2.147	3.153	1.005	2.34	3.43	1.09
−1.600m	76.47	76.513	76.557	76.513	0.043	0.001	0.044	0.06	0.00	0.06
−1.550m	72.141	72.184	72.228	72.184	0.043	0.000	0.044	0.06	0.00	0.06
−1.500m	67.956	67.998	68.041	67.998	0.043	0.000	0.043	0.06	0.00	0.06

（2）数据分析

因为实验的目的是满足实际应用的需要，所以从求算体积的可行性、操作的难易程度和体积求算的精度等几个方面进行分析和比较。

①Surfer 8.0 软件可在网站上免费下载并安装于电脑，虽然主要功能是绘制图像，但支持体积、表面积和距离等的求算。该软件能识别多种格式的数据文件，操作简单便捷，可实现结果的短时间计算。此外，从表 7-1 中可以看出，当求算的体积精确到立方分米时，该软件能获得相当精度的结果。在精度要求不是很高而且快速求取体积的情况下，用 Surfer 8.0 软件不失为一种很好的选择。

②Geomagic 软件的获取比较困难，一般情况下用户经过向公司申请同意后，可以获得 1 个月的软件试用，购置正版软件比较昂贵。其次，该软件的操作相对比较复杂一些，而且软件运行需要花费一些时间。如果是计算大体积独立体的体积，将会耗费很长的时间。精度方面，从表 7-1 中可以看出，在相同的前提条件下，用 Geomagic 软件求算的堆体体积的精度最高。

③Cyclone 软件是具有知识产权的软件，一般是随徕卡扫描仪进行销售。其次，该软件的界面是纯英文模式，在没有系统培训的情况下，对于初学者来说在操作上有一定的难度。最后，在 Cyclone 软件求算堆体体积的精度方面，可以求取较高精度的结果，能够满足一般工程的需求。

三种软件在求算相同大小独立体体积时的软件性能对比情况见表 7-2。

表 7-2　　　　　　　　　　　　　　　　软件性能对比

软件	软件安装难易程度	操作难易程度	花费时间（分钟）	精度
Surfer	容易	简单	5	高
Geomagic	较难	较难	28	很高
Cyclone	难	难	12	高

4. 研究结论

基于徕卡 C10 的沙堆体积快速测量的方案是完全可行的，其可以应用于工程领域的土方量和体积等方面，应用中可以根据需要选择不同的软件进行沙堆的体积求算，不仅可以保证精度，而且可以提高工作效率。

7.3 监理测量

从技术规范上讲，监理测量和施工测量并没有太大区别，但两者的功能和目的决定了两者的区别。施工测量侧重于测量的技术职能，而监理测量则更侧重于测量的管理及评价职能。从监理测量的属性和目的来看监理测量更要把握测量的效率和可靠性的统一。传统的监理测量采用和施工测量同样的技术手段进行抽样测量，利用统计学理论对测量成果进行评价，这样就会产生一个矛盾，即如果采样不足就会影响成果评价的可靠性，反之就会影响成果评价的效率。这种效率和可靠性的矛盾一直是监理测量的瓶颈。大多数监理单位为配合施工单位的施工进度往往强调效率，这也为施工安全和质量埋下了隐患。三维激光扫描技术的出现让测量监理看到了曙光，它的高效率和全面的特性能有效解决监理测量中的瓶颈问题。三维激光扫描是真实场景复制，资料具有客观可靠性，可作为施工单位整改的依据。这些特点正是三维激光扫描技术应用到监理测量领域内的基础。

7.3.1 应用研究现状

地面三维激光扫描技术在工程项目监理测量方面的应用研究开展得比较晚，取得的应用研究成果不多，主要研究成果如下：

李伟等人（2011）利用地面三维激光扫描技术对一段破损路面进行检测，探索了该技术用于道路平整度检测的有关问题。周克勤等人（2011）以两个工程案例（鸟巢钢结构的钢架，某大型钢结构建筑主、次梁出厂检测）为依据，探讨了三维激光扫描技术在特异型建筑构件检测中的应用。

原玉磊等人（2012）采用三维激光扫描仪对抛物面天线进行测量研究。分别用三维激光扫描仪和全站仪对小型抛物面天线进行测量试验。试验表明：三维激光扫描仪对抛物面天线面形描述比较全面，面形拟合精度比较高。

王令文等人（2013）阐述了用 FARO FOCUS 3D 三维激光扫描仪对杭州某地铁隧道检测的基本流程与方法，并采用 SOKKIA NET1200 全站仪对扫描数据进行绝对定位的方法，提高了点云拼接精度。通过以设计轴线为基准来提取隧道断面，并与理论断面进行比较，得出了隧道的变化趋势。同时充分利用三维激光扫描仪获得的反射强度信息构成影像图，并以此对隧道进行渗水、裂缝等分析，可全面排查隧道管壁的质量问题，无需人工现场勘察。王晏民等人（2013）通过分析地面激光雷达基本原理及应用实例，验证了地面激光雷达技术在现代大型钢结构建筑变形监测中的快速、高精度及整体性监测特点，相比传统测量具有极大优势。

戴靠山等人（2014）使用激光扫描技术对一座风电塔的外形进行了扫描，并利用扫描数据进行风电塔几何外形的建模，从而验证了结构的直径尺寸，还利用扫描数据对风电塔的垂直度进行了评估。赵显富等人（2014）提出一种工业构件螺栓孔的空间位置检测方法，通过三维激光扫描获得构件的完整点云，提取螺栓孔的点云，利用非线性的最小二乘法拟合螺栓孔的中心，获得螺栓孔中心在点云坐标系中的坐标。将点云坐标系中的坐标转换到模型坐标系中，计算出标准模型与构件对应点之间的误差，从而实现对工业构件螺栓孔的空间位置精度检测。

7.3.2 监理测量应用实例

李超（2013）对利用徕卡三维激光扫描技术在钢结构检测中的应用进行了研究，主要内容介绍如下：

1. 项目概况

随着三维激光扫描仪的发展，三维激光扫描技术在构筑物钢结构有多个方面应用，如钢结构精度检测、房屋结构装修设计、大型钢结构的控制安装、玻璃幕墙的扫描安装，等等。2012 年 10 月，由山东金鹏钢结构幕墙公司、徕卡测量系统贸易公司利用徕卡 Scan-Station C10 对山东金鹏大型钢架房梁进行了扫描，并采用徕卡 Cyclone 软件、COE 插件、Cloudworx 插件及第三方软件对数据进行了处理。

2. 外业数据获取

钢架结构呈圆环状，半径为 12m，结构较为复杂。根据实地勘察 3 站扫描即可获取大部分点云数据，点云拼接采用标靶拼接模式以保证拼接的质量。

扫描过程 20 分钟，共扫描 3 站，采用中等密度扫描模式，获取的点云丰富真实，如附录彩图 7-5 为钢结构点云展示。

3. 数据处理流程

（1）基本处理及建模

将点云数据导入徕卡 Cyclone 后处理软件中，利用拼接模块将 3 站点云拼合到一起，误差不超过 2mm，提取目标点云，即钢架结构点云；将地面及其他噪声删除。因为在后面精度检测中可以直接利用点云，可以将点云直接导出并命名为"Pointcloud"。

利用 Cyclone 后处理软件建模模块还可以将点云直接进行建模，用作展示或者生成二维线划图，图 7-6 为模型和线划图。

图 7-6　模型与线划图

（2）客户设计模型格式转化

客户模型设计是在其专用设计软件中完成的，如果其格式与第三方软件不通用，可以利用徕卡 COE 插件将其转化成其他格式。由于此设计模型为 DWG 格式，直接利用 CAD另存为 DXF 格式后，第三方软件在显示过程中出现了错误，所以利用徕卡 COE 插件将其转化为第三方软件可识别的三维 DXF 格式，命名为"Model"。

（3）钢架结构生产检测

将钢架结构点云数据"Pointcloud"和转化后原设计模型"Model"导入第三方比测软件中。图 7-7 为转化模型导入第三方软件。

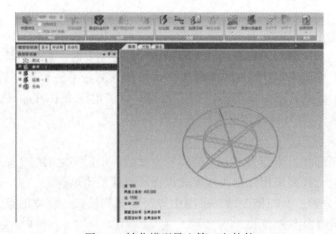

图 7-7　转化模型导入第三方软件

第三方软件中有一项自动对齐功能，利用此项功能将两个数据进行自动特征匹配。第三方软件中的匹配模式还包含手动匹配以及手动自动相结合模式。

匹配过程不需要太多的人工干预，这样能减少人为误差的影响。匹配完成以后，第三方软件有三维检测功能，按照设定的参数，两个数据自动进行比较，并用不同色带显示不同位置偏差量的大小。山东金鹏加工工艺较高，通过自动比较，最大偏差值在 1cm 左右。如果实际操作过程中有规定值，即可把规定限差值输入到上下最大公差处，在后期的报表中就会以此数值为标准，自动判断不同位置处焊接拼装钢结构是否符合建造标准。图 7-8为自动比较成果展示。

如果需要，软件还能将各检测位置处最终结果生成报表形式，报表的格式按照自己的需要进行设置即可，导出的格式也是多种多样的，如 PDF、Word、Excel 等。

将地面三维激光扫描技术引进到工程监理领域既拓宽了三维激光扫描技术的应用范畴，同时也为测量监理增加了新的工具和技术手段。利用三维激光扫描技术对施工现场的实景复制并网络共享可实现施工管理和监理的信息化。三维激光扫描技术克服了传统测量以点代替面，抽样代替总体的缺点，真实客观地再现了测量成果，极大地提高了这些成果的评价可靠性和应用价值。在提高生产精度、速度的同时，最大效率地保证了工程质量，节约了生产成本。随着应用的深入，三维激光扫描技术将是测量监理不可缺少的一种技术手段。

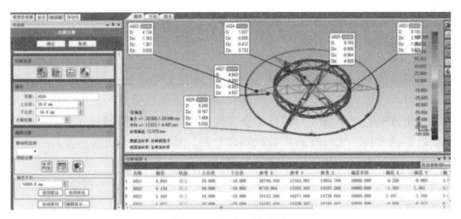

图 7-8　自动比较成果

7.4　变形监测

　　自然界的变形危害现象很普遍，如地层、滑坡、岩崩、地表沉陷、火山爆发、溃坝、桥梁与建筑物的倒塌等。在利用传统的变形测量方式进行变形监测时，需要在变形体上布设监测点，而且点数有限，从这些点的两期测量的坐标之差获得变形，精度很高（一般可以到毫米级）。但从有限的点数所得到的信息也有限，不足以完全体现整个变形体的实际情况。而地面激光扫描仪可以以均匀的精度高密度地测量，测量的数据可以获得更多的信息。

　　目前，变形监测采用多种技术手段，相关的方法及理论研究都已比较深入，形成了相应的技术及理论体系。地面三维激光扫描系统作为一种全新的测绘系统，它具有许多新的特性及功能。将三维激光扫描技术应用于变形监测时，最常用的方法一是将点云数据借助于计算机软件处理，用点、线、多边形、曲线、曲面等形式将立体模型描述出来，重建实体表面模型，然后对表面模型进行求差处理。二是用重采样（配准）后的地面三维激光扫描数据进行差分运算然后比较变化。

　　变形监测的最大特点是精度要求较高，因此，能否应用三维激光扫描技术进行变形监测主要取决于三维激光扫描仪的测量精度是否能够达到工程要求。此外，和现有变形监测技术相比，该项技术是否具备一定的技术优势也是决定其应用范围和层次的重要因素。

　　三维激光扫描仪能提供视场内的、有效测程内的、基于一定采样间距的采样点三维坐标，并具有较高的测量精度和极高的数据采集效率。与基于全站仪或 GPS 的变形监测相比，其数据采集效率较高，且采样点数要多得多，形成了一个基于三维数据点的离散三维模型数据场，这能有效避免以往基于变形监测点数据的应力应变分析结果中所带有的局部性和片面性（即以点代替面的分析方法的局限性）；与基于近景摄影测量的变形监测相比，尽管它无法像近景摄影那样能形成基于光线的连续三维模型数据场，但它比近景摄影具有更高的工作效率，并且其后续数据处理也更为容易，能快速准确地生成监测对象的三维数据模型。这些技术优势决定了三维激光影像扫描技术在变形监测领域将有着广阔的应用前景。

7.4.1　应用研究现状

三维激光扫描技术在越来越多现代监测中扮演着重要角色，大型建筑物监测包括桥梁、大坝、隧道、边坡、矿井、建筑、海洋石油平台、油气管道等大型结构的长期健康监测和灾后的变化监测。三维激光扫描技术在完整获取大面积的监测目标数据时有着巨大优势：数据获取的速度快，实时性强；数据获取全面，精度高；全天候作业，不受光线的影响，主动性强；数据表达清楚明了，表达简单。

将地面三维激光扫描技术应用于工程项目的变形监测方面，一些学者进行了应用研究，成果主要体现在以下4个方面：

（1）建筑物变形监测

史友峰（2007）选用 Optech ILRIS-3D 扫描仪获取武汉的一个拱形建筑物点云数据，借助 Polyworks 点云数据处理与分析软件实现实验点云数据处理和建模。提出基于三维扫描模型的变形监控方法。

蔡来良等人（2010）利用点云数据平面拟合处理方法进行了建筑物变形监测应用研究。基于 AutoCAD 平台开发了数据处理系统，该系统能服务于变形监测，施工质量检验等领域。李仁忠等人（2010）使用三维激光扫描技术对重庆世贸大厦进行变形监测数据分析统计，并将地面三维激光扫描技术与常规变形监测方法进行对比，得到定量的分析结果。

党晓斌（2011）利用 Leica ScanStation 2 三维激光扫描仪获取长安大学地质大厦点云数据，并对该建筑物进行了精确的三维建模和纹理贴图，获取了建筑物沉降点和特征点的三维空间坐标，推算出了建筑物顶部房角点的平面位移量、位移方向及垂直沉降量，同时还求出了该建筑物的倾斜率及沉降点的垂直形变。李建敏等人（2011）针对电视塔在运营中的形变情况，使用三维激光扫描仪定期对电视塔的移动变形进行观测，并通过对电视塔的形变监测数据采集、内业处理、分析与预报，可以较快地获得空间位置的相对变化。

唐琨等人（2013）提出了一种基于中轴线上节点坐标偏移的方法提取变形信息，给出利用三维激光扫描进行建筑物变形监测的实施步骤，通过对武汉大学友谊广场"空中之舞"雕塑实验分析。

葛纪坤等人（2014）使用 Leica ScanStation C10 型扫描仪获取大量基坑围护墙体的点云数据，经过点云处理并建模，采用 Geomagic Studio 软件对点云模型进行变形分析，得到基坑围护墙体的 3D 整体变形和 2D 局部变形。陈德立等人（2014）通过工程实例采用三维激光扫描仪获取点云数据并建立了三维偏差模型，与传统的测斜方法等进行了比对和精度分析，提出了提高精度和稳定性的具体改进措施。

（2）桥梁变形监测

王红霞（2012）利用加拿大 Optech ILRIS 3D 三维激光扫描仪，对桥梁模型进行了扫描，得到了各点的三维坐标。并且进行了 5 种荷载工况实验，得到各个荷载工况下的桥梁模型各点的三维坐标。姚明博（2014）采用徕卡 ScanStation 2 三维激光扫描仪，从 2013 年 4 月至 12 月对杭州梦溪桥整座桥进行定期扫描。提出了采用最小二乘法对桥面进行拟合探讨的研究，建立了特征线二维模型和三维模型，并利用 Matlab 强大的绘图功能，使模型可视化，取得较好的效果。此外，还分析了整个桥梁的变形状况，并和历史传统测量数据的模型进行了对比。

（3）隧道变形监测

侯海民（2010）结合青岛胶州湾海底隧道实践，提出了采用三维激光扫描仪对隧道安全监测的方法进行监控，该项测量技术将逐步替代目前简易的测量模式，成为未来隧道工程安全监控的主要方法。托雷（2012）采用 Riegl VZ-400 获取的地铁隧道点云数据进行了验证，验证结果表明：此方法在数据拼接和断面截取方面均能达到工程应用的精度要求，能够快速准确地提取出隧道的形变信息。师海（2013）通过三维激光扫描技术在沪昆客运专线湖南段雪峰山隧道的应用，研究了如何方便有效地对隧道等隐蔽地下工程进行地质调查获取岩体结构面产状，提取其优势结构面和计算体积节理数以及如何快速地监测隧道掌子面的收敛变形。胡琦佳（2013）基于 VC++开发平台，研制了集点云数据预处理、后处理和模型演示为一体的隧道工程三维激光扫描数据处理原型系统，并采用新疆盐水沟隧道两期三维激光扫描实测数据对系统进行可靠性验证。沙从术（2014）针对隧道环境提出了用一次扫描多点整体监测取代传统的单点监测求收敛值的方法；讨论了隧道直径、隧道表面的粗糙度、扫描分辨率、扫描入射角、隧道表面的反射率等因素对扫描结果的影响。

（4）地表形变监测

王婷婷（2011）提出了神经网络进行曲面重建的方法。在 Matlab 中用 BP 神经网络算法实现了对实际地形的大量点云数据的曲面重建，并提取了两期数据的整体变形信息和单点变形信息。王婷婷等人（2011）研究采用双三次插值方法对点云数据拟合曲面函数，建立曲面模型，并通过多期观测建立的模型获取测区的整体变形信息。朱生涛（2013）利用 Leica ScanStation 2 三维激光扫描技术对地形的变形区域进行扫描，并将扫描到的点云数据进行预处理，并将最终的点云数据通过配套的 Cyclone 数据处理软件导出，然后在 Matlab 中编写利用 BP 神经网络进行曲面拟合的相关程序软件，对扫描到的两期数据进行处理与分析，通过比对两期地形表面重建图形，来观测整个区域的变形情况，并提取变形信息。刘博涛（2014）提出的用小波神经网络方法进行曲面重建，利用小波神经网络进行曲面拟合时，不但能获取整个地面的沉降信息也能提取单个点的沉降信息，与传统的沉降监测方法相比，有更强的整体表现能力。张大林等人（2014）利用 Leica ScanStation 2 三维激光扫描仪，对广东五华县莲塘岗崩岗进行连续 3 年共 6 次实地监测。选择 2011 年 6 月 3 日和 2012 年 5 月 12 日两次监测结果，通过 ArcGIS 对数据进行处理分析。陈弘奕等人（2014）提出了点云和点云直接比较、点云生成模型后比较两种变形分析方法，编制了基于激光点云数据的变形分析软件。

虽然地面三维激光扫描技术在变形监测方面取得了一定的应用研究成果，但是还存在一些技术方面问题，主要体现在地面三维激光扫描技术监测精度能否满足相关规范的要求、前后景物的相互遮蔽、传统变形监测点失去其应有的作用等。相信未来仪器精度提高后才能在变形监测领域有广泛的应用。

7.4.2 山体形变监测应用实例

徕卡测量系统贸易（北京）有限公司研究人员李超（2012）利用徕卡 ScanStation C10

三维激光扫描仪，以两次扫描点云数据为例，探讨利用徕卡滑坡变形监测软件及时预判滑坡量及监测其移动趋势的方法。主要内容介绍如下：

1. 项目概述

2010 年 9 月 2 日，济南南部山区黄土岭由于土质疏松并且受强降雨影响发生了小范围的山体形变，而紧邻黄土岭下方是一处小型水库。根据国土部门工作人员测算，万一山体发生坍塌，将有 15 万立方米的土落入水库，而水库只有 6 万立方米的库容量，水库里的水会马上溢出大坝，对下游的簸箕掌村构成威胁。

2. 形变山体点云数据获取

数据获取分别于 2010 年 9 月 2 日 9：00 点和 9 月 3 日 16：00 点在同一远离山体位置架设仪器，扫描形变山体相同区域，获得了此次研究的三维监测数据。由于此次山体滑坡范围较小，只有 30~40m，所以单站扫描即可获得全面的点云数据。如果形变区域较大，可以进行多站扫描，并利用徕卡提供个标靶对多站数据进行高精度拼接以获取形变区域完整点云数据。

3. 山体滑坡风险评估

利用扫描仪获取的形变山体点云数据，可以对灾害造成的最大影响进行粗略评估，为应急预案的提前制定提供数据参考，最大限度降低灾害造成的负面影响和对人员的伤害，并有效地控制成本。针对此次山体滑坡，利用徕卡滑坡监测软件中土方计算功能，模拟并得出了此次形变最大的滑坡量为 15 万立方米，根据下游蓄水池的储水量，如果发生滑坡，4 万立方米的水将瞬间冲出大坝，威胁下游人员财产安全。

4. 山体形变监测

分别对两次扫描的点云数据命名为 Finall of scan_ 0910 和 Finall of scan_ 0940，扫描点云如附录彩图 7-9 所示。点云既包含位置信息 x、y、z，还包含了不同地物反射强度信息 Intensity 以及色彩信息 R、G、B。

数据导入变形监测软件后，根据色彩信息和反射率信息，分别利用自动和手动模式对山体表面植被及其他地物进行去噪处理，得到精确的地表数据，然后分别对地表点云进行三维建模，得到两次扫描的地表模型，分别命名为 Finall TIN-1、Finall TIN-2，地表模型如附录彩图 7-10 所示。

以两次扫描的位置信息作为模型比较的标准，将 Finall TIN-1 和 Finall TIN-2 导入徕卡滑坡监测软件中，利用参测数据对比命令对两表面模型进行自动比对，形变区域将会用不同的颜色显示不同的变形量，比对结果如附录彩图 7-11 所示。

监测软件不仅能够自动对形变区域进行比对，而且能够自动生成报表，对形变大小范围进行统计，两次数据比对结果报表见表 7-3。

表 7-3　　　　　　　　　　　　　　　　形变比对报告

最小值	最大值	处于最小值与最大值间点数	整体百分比
−0.05	−0.045	38	0.07
−0.045	−0.04	30	0.055
−0.04	−0.035	35	0.064

续表

最小值	最大值	处于最小值与最大值间点数	整体百分比
−0.035	−0.03	29	0.053
−0.03	−0.025	20	0.037
−0.025	−0.02	13	0.024
−0.02	0.02	52186	96.04
0.02	0.025	20	0.037
0.025	0.03	37	0.068
0.03	0.035	47	0.086
0.035	0.041	61	0.112
0.041	0.046	61	0.112
0.046	0.051	67	0.123

通过两天两次的扫描监测以及彩色显示对比结果、报表数据统计，可以清楚得到山体形变的范围及形变的大小。从上述比较中可以得到黄土岭测量范围中绝大部分形变在2cm以内，占整体扫描数据的96.04%，部分位置产生了大于2cm、小于5cm的区域位移。

现场地质工作人员根据实地土壤黏度、高差、水流等情况，并附加仪器误差等因素推算，对于未加固的黄土质山坡，2cm以内的变化在安全范围以内，但需要每天连续地观测，直至山体达到稳定。针对大于2cm的形变，除去测量误差、去噪误差因素，可能是山体滑坡产生的变化，还要进行蓄水池排水、坡底加固、下游簸箕掌村人员疏散；另外，考虑近期雨水过多，还要在山坡一侧修建一条水渠。

5. 徕卡滑坡监测软件对山体形变监测趋势模拟

徕卡滑坡监测软件不仅能显示两次测量的对比结果，根据变形的趋势，监测软件还能对山体形变以后的趋势进行模拟，根据研究需要，设置几个参数即可实现，形变模拟如图7-12所示。

图7-12 形变趋势模拟

7.5　工程测量

7.5.1　应用研究概述

将地面三维激光扫描技术应用于工程测量方面，一些学者进行了应用研究，成果主要体现在以下 4 个方面：

（1）隧道工程

代替常规的测量手段对隧道进行扫描，得到高精度的点云模型。在点云模型上直接抽取断面数据对隧道工程的质量与状态进行评价和验收。HDS 系统提供了成熟完整的隧道工程解决方案。

夏国芳等人（2010）采用三维激光扫描测量技术实现了隧道横纵断面图的绘制。研究结果表明：该方法由于其完整的隧道点云模型，可以准确地绘制横纵断面图，并且根据实际需要，可以灵活绘制横断面图。

刘燕萍等人（2013）基于三维激光扫描技术快速地采集盾构隧道的点云数据，并对其分割生成切片，提出一种多点坐标平差计算圆心的方法求取切片圆心和半径，分析隧道的收敛变化。孔祥玲等人（2013）对地面三维激光扫描技术在城市轨道交通隧道工程竣工测量中的数据采集与处理进行了介绍，研究了线状地物提取的方法，讨论了三维激光扫描技术在隧道竣工测量领域内应用的可行性、技术优势、测量方法和数据处理方法。宋妍等人（2013）通过现场试验将三维激光扫描技术与数码摄影地质编录进行应用对比，根据现场实际需求情况，将两者优势进行集成，为开发新型隧道地质编录系统开拓思路。

黄祖登等人（2014）使用奥地利 Riegl 公司的 VZ-400 型地面三维激光扫描系统对某电缆隧道进行三维激光扫描实验，采用系统自带的 RiSCAN PRO 软件进行预处理，利用 Trimble 公司 Realworks 软件对隧道点云进行横断面切片处理。

（2）道路工程

闫利等人（2007）以地面三维激光扫描技术应用于高精度断面线生成为例，对点云数据采集方案和点云数据处理方法进行了研究，通过实验证实了三维激光扫描技术非常适合于快速、高精度断面线生成。赵永国等人（2009）通过现场对比测试，研究分析了地面三维激光扫描技术用于公路工程测量的精度及其影响因素，探讨了地面三维激光扫描技术用于公路工程测量的可行性。徐进军等人（2011）针对专用软件对扫描点云数据进行数据处理的过程，提出应用距离控制和时间控制相结合的扫描方法。

王星杰（2012）对三维激光扫描仪在道路竣工测量中的应用进行了研究，详细介绍了三维激光扫描技术在道路竣工测量中的内外业作业方法，同时进行了多方面的精度检验。王鑫森等人（2013）将三维激光扫描仪应用于公路测量，通过控制点云采集的参数来优化点云密度分布，采用基于四元数的 ICP 算法进行配准。运用点云边界点识别算法准确提取了公路边界线，并进一步生成了公路中心线及各项路线设计参数。朱清海等人

（2013）基于 EPS2008 软件平台进行了二次开发，实现了对三维激光扫描点云数据进行断面数据提取，提出了基于三维激光扫描技术进行快速断面测量的作业流程与方法，并通过工程实例进行了验证。杨国林等人（2015）在利用 Z+F IMAGER 5010C 激光扫描仪和 Geomagic Studio 软件获取点云数据的基础上，依据设计的平曲线参数，获取了线路纵横断面。

（3）竣工测量

胡章杰等人（2013）介绍了一种利用地面三维激光扫描技术来辅助建设工程的规划竣工核实的技术路线。张平等人（2014）采用 Riegl VZ -1000 三维激光扫描仪，以重庆瑞安天地一期超高层建筑为例，研究了基于三维激光扫描技术的异型建筑物建筑面积竣工测量的方法。邢汉发等人（2014）以广州市会展中心某异型建筑为工程实例，提出了一种基于三维激光扫描技术的城市建筑竣工测量方法。

高志国等人（2014）阐述了地面 LiDAR 的规划建筑物竣工验收测量的作业流程，详细介绍了数据采集和处理中的关键技术。通过广州新白云国际机场旅客航站楼及附属建筑竣工验收测量项目的实践，采用先进的地面 LiDAR 测量技术对超大型、多功能、结构复杂、新颖、别致的建筑物的建筑竣工测量，实现了对城市规划管理的精细化。

（4）输电线路

王永波等人（2011）将三维激光扫描技术应用于超高压输电线路的检测与维护中。在点云数据的基础上，可方便地计算超高压输电线路维护过程中所需的各项参数，如档距、高差、弧垂、导线的相间距离等。

赵淳等人（2012）提出基于三维激光扫描数据建立线路走廊三维模型，根据此模型提取差异化防雷评估所需的全档距地形地貌参数和杆塔结构参数，进而进行全档距绕击防雷性能评估。

陈锡阳等人（2014）提出采用激光雷达系统对输电线路通道引发的山火进行监测。通过在距离监测点 560 m、460 m、360 m 及 260 m 处分别进行激光雷达系统监测烟雾的模拟实验，实验结果充分验证了该系统可实现对线路周边区域引发的山火状态进行宽范围、较高精度的监测和评估。

（5）船体外形测量

李欣等人（2006）进行了 21 m 长船体外形测量的试验性研究，证明了三维激光扫描技术在快速、高效获取船体三维数据、提取船体型线方面有着较大的优越性。

林伟恩等人（2014）应用三维激光扫描技术对船体型线测量进行了试验研究，根据型线测量要求，提出三维激光扫描技术在船体型线测量中的技术方案，通过三维激光扫描技术获取船体曲面海量点云数据，建立三维模型并提取船体型线。

7.5.2 建筑物竣工测量应用研究案例

对于城市异型建筑的竣工测量，采用常规方法外业工作量较大，精度难以达到要求。随着地面三维激光扫描仪的应用，一些学者进行了相关研究。淮海工学院测绘工程学院研究小组采用徕卡 C10 三维激光扫描仪，以连云港市金海置业广场为研究对象，对建筑物建筑面积竣工测量进行了试验研究，主要技术方法简要介绍如下：

1. 工程概况与点云数据获取

（1）工程概况

金海置业广场位于连云港市朝阳东路和运河路交叉口的西南角，是市区内异型建筑物的代表之一，底部至顶部面积逐渐减小，形状也在变化。它由 A 座、B 座以及 AB 座连接部分构成。A 座共 27 层，由 13 种不同形状的楼层构成；B 座共 13 层，由 6 种不同形状的楼层构成；AB 座连接部分共 3 层，由 3 种不同形状的楼层构成。建筑物总体构成如图 7-13 所示，连接部分如图 7-14 所示。

图 7-13　建筑物远景照　　　　图 7-14　A 座与 B 座连接部分的近景照

（2）扫描技术方案设计

本研究采用徕卡 C10 三维激光扫描仪获取点云数据。为了达到扫描的目的与满足精度要求，结合金海置业广场周边视野环境和目标建筑物本身复杂结构的特点，采用全站仪导线的方式对目标建筑物进行多站扫描。扫描线路布设成闭合导线，导线点位分布在建筑物的周边，其中 A 座和 B 座建筑顶部构造比较复杂，因此在建筑物的 4 个拐角处选择合适的角度设站。闭合导线的布设略图如图 7-15 所示。

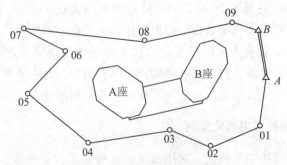

图 7-15　闭合导线的布设略图

（3）控制点布设

为了与验收单位的数据作对比，在相同坐标系下获取扫描数据。由连云港市勘察测绘院有限公司技术人员，采用南方公司的灵锐 S82T 接收机，在 JSCORS 系统支持下，采用 RTK 方式对 B 座建筑物东侧布设的控制点坐标进行了测量，A 点平面坐标为 45674.293m，16767.051m，B 点平面坐标为 45623.468m，16763.060m。

（4）点云数据获取

依据导线设计略图，结合现场实际情况，在地面上做临时导线控制点标志。从 A 点开始架设扫描仪，按照导线方式逐站进行扫描。在扫描 20 层以下建筑物时，选择高等分辨率，扫描 20 层以上时，选择超高分辨率。

2. 建筑物面积提取

（1）点云数据预处理

本次使用仪器配套的随机数据处理软件 Cyclone 8.0.3。点云数据处理主要包括点云噪声处理和点云统一化处理。预处理后的点云如附录彩图 7-16 所示。

（2）目标建筑横切面提取

由于建筑物某些层的面积形状是相同的，所以只提取有代表性的建筑层计算面积。下面以 A 座第 18 层为例，说明横切面提取及面积计算的方法。

1）提取层模型

在 Cyclone 软件中用 "Rectangle Fence Mode" 命令选取 A 座第 18 层建筑物的点云数据，通过 "Copy Fenced to New ModelSpace" 功能复制模型到新的模型空间。选取菜单栏中的 "Top View"，从选取层的顶视图可看到此层的粗略轮廓线。

2）将特征层导入 CAD

预先安装 CloudWorx 插件，在 CAD 软件中会在菜单栏自动出现 CloudWorx 选项。利用 CloudWorx 插件可将 Cyclone 软件中的数据模型导入 CAD 中。在 CAD 菜单的三维视图中选择俯视，就可出现层模型的轮廓线。

3）在 CAD 中绘制轮廓线

由于目标建筑物很高且楼层越往上拐角越多，所以从地面使用仰角扫描楼层的中部和顶部时，必然会出现因一些拐角被遮挡而缺少点云数据的现象。为提高提取建筑物面积的精度，本研究采用构造线的方法，弥补层模型一些规则的地方，如直角处与对称处。导入 CAD 中的建筑物轮廓线有缺少数据的部分，根据对称性原则，可以通过构造线方法，较好地还原建筑层的形状和特征（图 7-17）。用构造线对粗略轮廓线的所有边都进行勾画，可得到层模型比较精细的轮廓线。再用多线段对轮廓线进行绘制（图 7-18），可得到最终的建筑物精细轮廓线。

（3）建筑面积量测

利用 CAD 面积测量功能，可测得已绘制图形的面积。常规测量方法得到的 A 座 18 层横截面图及其面积如图 7-19 所示。

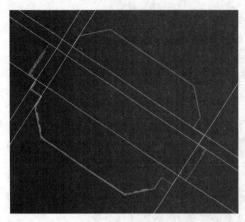 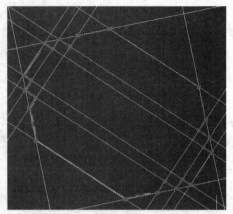

图 7-17　还原建筑层的形状和特征　　　　图 7-18　用多线段对轮廓线进行绘制

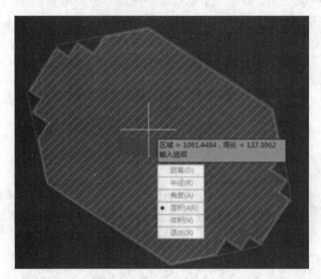

图 7-19　常规测量方法得到的 A 座 18 层横截面

3. 结果分析

（1）点位精度对比分析

为了与常规竣工测量观测数据对比，在建筑物底座随机选择了 20 个角点坐标进行比较，数据计算见表 7-4。

表 7-4　　　　　　　　常规测量法与激光扫描法点位坐标对比　　　　　　（单位：m）

序号	常规测量法实测坐标		激光扫描法测量坐标		ΔX	ΔY
	X	Y	X	Y		
1	45671.688	16718.580	45671.698	16718.553	−0.010	0.027
2	45674.008	16729.796	45673.972	16729.808	0.036	−0.012

序号	常规测量法实测坐标		激光扫描法测量坐标		ΔX	ΔY
	X	Y	X	Y		
3	45668.396	16738.269	45668.401	16738.223	−0.005	0.046
4	45657.234	16740.606	45657.251	16740.548	−0.017	0.058
5	45632.333	16724.175	45632.345	16724.131	−0.012	0.044
6	45631.805	16721.601	45631.820	16721.586	−0.015	0.015
7	45629.185	16719.977	45629.187	16719.944	−0.002	0.033
8	45617.194	16661.816	45617.174	16661.783	0.020	0.033
9	45618.024	16655.231	45618.003	16655.203	0.021	0.028
10	45631.159	16635.398	45631.104	16635.303	0.055	0.095
11	45645.719	16632.238	45645.719	16632.225	0.000	0.013
12	45653.260	16637.161	45653.210	16637.154	0.050	0.007
13	45656.206	16651.750	45656.183	16651.734	0.023	0.016
14	45643.107	16671.699	45643.094	16671.667	0.013	0.032
15	45640.844	16672.166	45640.861	16672.153	−0.017	0.013
16	45647.100	16702.403	45647.099	16702.384	0.001	0.019
17	45642.220	16678.805	45642.201	16678.770	0.019	0.035
18	45639.502	16679.365	45639.492	16679.359	0.010	0.006
19	45642.906	16695.884	45642.904	16695.861	0.002	0.023
20	45645.624	16695.324	45645.635	16695.314	−0.011	0.010

由表 7-4 分析得出,激光扫描法测量坐标精度中误差为 4.2cm,满足了验收单位对竣工测量主要地物点和次要地物点点位中误差不应大于 5cm 和 7cm 的精度要求。

(2) B 座建筑面积对比分析

依据横切面提取建筑物不同楼层面积方法,获取 B 座建筑有代表性楼层的面积,与常规测量方法的面积对比见表 7-5。

表 7-5 　　　　　　　　　　　**B 座建筑面积对比** 　　　　　　　　（单位：m²）

编号	B 座楼层	常规测量方法测得的面积	激光扫描法提取的面积	面积较差	百分比（%）
1	4	1073.451	1072.4704	0.9806	0.09
2	5	1073.451	1073.3047	0.1463	0.01
3	6	1073.451	1071.8639	1.5871	0.15

续表

编号	B座楼层	常规测量方法测得的面积	激光扫描法提取的面积	面积较差	百分比（%）
4	7	1073.451	1072.5781	0.8729	0.08
5	8	1073.451	1073.0496	0.4014	0.04
6	9	1042.3959	1041.6364	0.7595	0.07
7	10	1042.3959	1044.0576	−1.6617	0.16
8	11	1008.8914	1009.5405	−0.6491	0.06
9	12	919.701	921.5253	−1.8243	0.20

由表 7-5 分析得出，激光扫描法测量获取的建筑物面积与常规测量方法的面积较差较小，面积较差绝对值平均值为 $0.987m^2$，面积较差占总面积百分比远远满足了规范中对竣工测量面积误差小于 1% 的要求。

（3）A 座与 B 座连接部分建筑面积对比分析

依据横切面提取建筑物不同楼层面积方法，获取 A 座与 B 座连接部分有代表性楼层的建筑面积，与常规测量方法的面积对比见表 7-6。

表 7-6　　　　　　　　　**A 座与 B 座连接部分建筑面积对比**　　　　　　（单位：m^2）

编号	楼层	常规测量方法测得的面积	激光扫描法提取的面积	面积较差	百分比（%）
1	1	2896.1261	2906.6563	−10.5302	0.36
2	3	2944.2698	2946.3322	−2.0624	0.07

由表 7-6 分析可知：激光扫描法测量获取的 A 座和 B 座连接部分建筑物面积与常规测量方法的面积较差较小，面积较差绝对值平均值为 $6.2963\ m^2$，远远满足规范中对竣工测量面积误差小于 1% 的要求。

（4）A 座建筑面积对比分析

依据横切面提取建筑物不同楼层面积方法，获取 A 座有代表性楼层的建筑面积，与常规测量方法的面积对比见表 7-7。

表 7-7　　　　　　　　　　　**A 座建筑面积对比**　　　　　　　　（单位：m^2）

编号	楼层	常规测量方法测得的面积	激光扫描法提取的面积	面积较差	百分比（%）
1	8	1105.8421	1110.4225	−4.5804	0.41
2	9	1116.9895	1118.4173	−1.4278	0.13
3	10	1121.1541	1127.899	−6.7449	0.60
4	11	1091.4484	1093.388	−1.9396	0.18
5	19	1019.7477	1027.6058	−7.8581	0.77

编号	楼层	常规测量方法测得的面积	激光扫描法提取的面积	面积较差	百分比（%）
6	21	1016.8061	1028.8112	-12.0051	1.18
7	22	882.6449	893.2477	-10.6028	1.20
8	23	858.0235	869.2735	-11.25	1.31
9	25	742.9978	754.6758	-11.678	1.57
10	27	276.094	282.6035	-6.5095	2.36

由表7-7分析可知：激光扫描法测量获取的第4层至第19层面积与实际计算面积较差较小，远远满足规范中对竣工测量面积误差小于1%的要求。但是第20层至第27层面积与实际计算面积较差较大，不能满足规范中对竣工测量面积误差小于1%的要求。出现这种结果的原因可能有两种：一种是A座建筑物20层以上的部分大多是玻璃幕墙，这种材质影响了激光点获取数据的准确性；另一种是由于建筑物周边地形限制，仪器至建筑物的距离比较近，扫描时仰角较大，对获取的点云数据质量有一定影响。

4. 研究结论

通过试验研究证明，地面三维激光扫描技术应用于异型建筑物竣工测量中是可行的，体现出了它的优越性。但是对于反射率较低的建筑材料（如玻璃幕墙），点云数据质量还不能满足提取建筑面积的规范要求，有待于进一步研究。由于仪器价格、技术规范等限制，此技术方法的广泛应用还需要时间。

思考题

1. 目前地面三维激光扫描技术在地形测绘方面应用存在的主要问题有哪些？

2. 利用 Cyclone 软件对钢结构进行检测的主要技术过程有哪些？

3. 将地面三维激光扫描技术应用于变形监测的应用研究成果主要体现在哪些方面？

4. 将地面三维激光扫描技术应用于工程测量的应用研究成果主要体现在哪些方面？

5. 近3年（查最新文献）学者在利用地面三维激光扫描仪进行建筑物竣工测量方面取得了哪些应用研究成果？

第8章　地面激光扫描技术在文物保护领域中的应用

地面激光扫描技术在文物保护领域中的应用比较早，技术相对成熟。本章在介绍文物保护的意义、主要成果形式与应用研究现状的基础上，比较详细地阐述了将军崖岩画保护应用实例和北京历代帝王庙应用实例，最后对存在的主要问题进行了分析，给出了技术应用展望。

8.1　文物保护的意义

文物保护是指对各种文化遗产现场的测量、记录与恢复。雕塑、古建筑物、考古现场都属于该应用范畴。人类社会在发展中留下了许多珍贵的文物，有自然的和人文的遗产，随着时间的流逝，这些文物经过风吹日晒雨淋以及人为的损坏有的变得残缺不全，有的面临着即将消失，为了更好地保护和修复这些珍贵的遗产，三维激光扫描技术给文物保护提供了新的技术手段。通过三维激光扫描技术把文物的几何和纹理信息扫描下来，以数字的形式存储或构建成三维模型，这对文物的保护、修复以及研究都有重要的意义。

文物记载着一个国家和民族特定历史时期政治、经济、文化的发展过程。文物是不可再生的，也不是永生的。随着时间的流逝和人类活动的影响，文物不断遭到侵蚀和破坏，如何采用新技术在不损伤文物的前提下让人类瑰宝长久地保存已经成为全球性的课题。由于三维激光扫描技术具有扫描速度快，外业时间短；操作方便，节省人力；所得数据全面而无遗漏；适于测绘不规则物体、曲面造型，如石窟、雕塑等；数据准确，精度可调，点位和精度分布均匀，人为误差影响小；非实体接触，便于对不可达、不宜接触对象的测绘；不依赖光照，可在昏暗环境和夜晚工作等特点，在国内外的文物保护领域已经有了很多应用和成功案例。

1999 年，美国斯坦福大学的 M. Levoy 带领他的工作小组，利用基于三角测距原理的三维激光扫描仪和高分辨率的彩色图像获取，实施了"数字化米开朗基罗"项目，将文艺复兴时期的意大利著名雕塑家的作品数字化。英国自然历史博物馆对文物进行三维激光扫描，并将彩色数字模型装入虚拟现实系统中，建立虚拟博物馆，使得参观者宛如到了远古时代。

2003 年 Ben Kacyra 创建了 Cyark 公司（http：//www.cyark.org/），公司专门从事对正在遭受威胁的历史建筑的数字保存工作，他计划在 2011 年至 2016 年的 5 年内用数字化扫描技术在网络上建立世界上 500 个名胜古迹。微软于 2014 年与 Cyark 公司合作，提供 Web 方面的技术，联合 Cyark 改版网站，并通过 WebGL 来呈现这些 3D 历史遗迹。到目前为止，已经扫描了玛雅金字塔、庞贝古城、复活节岛等知名世界遗产。

　　国内在数字文物方面的项目这几年比较多，例如，数字化石窟、石刻，有大同云冈石窟、乐山大佛等项目，北京建筑工程学院（更名为北京建筑大学）完成的数字化故宫项目，清华大学古文化保护研究所施工的山西西溪二仙庙三维激光扫描工程，西安四维航测遥感中心所施工的兵马俑 2 号坑高精度考古现场记录等。

8.2　主要成果形式

　　地面三维激光扫描技术应用于文物保护领域的成果比较丰富，以徕卡三维激光扫描仪及后处理软件为例，其提交的成果形式主要有如下四种类型：

　　（1）原始点云数据

　　点云数据是实际物体的真实尺寸的复原，是目前最完整、最精细和最快捷的对物体现状进行档案保存的手段。点云数据不但包含了对象物体的空间尺寸信息和反射率信息，而且可以结合高分辨率的外置数码相机，逼真地保留对象物体的纹理色彩信息。结合其他测量仪器如全站仪与 GPS，可以将整个扫描数据放置在一定的空间坐标系内。通过 Cyclone 软件，可以在点云中实现漫游、浏览和对物体尺寸、角度、面积、体积等的量测，直接将对象物体移到电脑中，利用点云在电脑中完成传统的数据测绘工作。

　　（2）线划图件

　　传统文物测绘尤其是建筑文物测绘的成果之一，是各种测绘图件，包括平面图、立面图和剖面图等。这些图件可以表示建筑物内部的结构或构造形式、分层情况，说明建筑物的长、宽、高的尺寸，门窗洞口的位置和形式，装饰的设计形式和各部位的联系和材料等。利用点云数据，在 AutoCAD 中使用 Cloudworx 插件，可以方便地做出所需相应图件。

　　（3）发布在网络上的点云数据

　　利用徕卡 Cyclone 软件中的发布模块和 TruView 软件，扫描的点云可以发布在互联网上，让远端用户通过互联网犹如置身于真实的现场环境之中。点云不但可以网上浏览，还可以实现基于互联网的量测、标注等。对于一些不宜长期向公众开放的文物景点，可以满足公众的网上虚拟浏览的需求。

　　（4）文物模型

　　徕卡三维激光扫描仪比较适用于古典建筑和佛像、雕塑、壁画等的扫描。扫描的数据可以利用 Cyclone 或其他第三方软件进行建模，构建 Mesh 格网模型，再通过纹理映射或是导入到其他三维软件中进行纹理贴图，最终得到文物的数字化的模型。通过构建文物的三维立体模型，实现了文物资源的虚拟展示。

8.3　应用研究概述及文物保护项目简介

8.3.1　应用研究概述

　　地面三维激光扫描仪在文物保护方面的应用开展得比较早，也是重点应用的领域之一。许多学者进行了相关应用研究，并取得了丰富的研究成果，主要内容如下：

宋德闻等人（2006）针对徕卡 HDS 应用于秦俑二号坑数字化工程进行了研究。利用徕卡 HDS3000 扫描仪获取点云数据，数据处理与建模采用 Cyclone 软件完成。

刘江涛（2007）全面研究了 Riscan Pro 软件和 PolyWorks 软件联合建模的方法，针对考古发掘现场数字化的要求，给出了点云数据处理的方法，实现了对三星堆遗址、金沙遗址的数据缩减、平滑处理、去噪、多站点数据拼接、三维几何建模和三维模型修补等工作。利用计算视觉原理，实现了数码相机精准标定，给出了大纹理生成方法，实现了纹理映射。

周俊召等人（2008）简要介绍了将地面三维激光扫描技术应用于石窟石刻文物保护测绘的工作流程，以及三维激光扫描应用于石窟石刻文物保护测绘中可以便利地生成的新的测绘成果。

蔡广杰（2009）利用两种类型三维激光扫描仪对大昭寺进行了数字化扫描，给出了工程应用中多站点三维激光数据配准方案。提出了复杂结构混合建模方法，突出细节，精简数据。实现了复杂大型场景纹理映射，实现了在真三维环境下统计调查大昭寺壁画十多种病害分布情况。孙新磊等人（2009）结合江阴市长径镇老街保护和整治规划的实际项目阐述了激光扫描技术的工作流程，其中包括传统历史街区的测量、基于扫描文件的 Auto-CAD 图纸的绘制。

王昌翰等人（2010）通过对三维点云数据处理、三维构网、纹理映射、三维模型构建及三维浏览等关键技术进行研究，解决了三维激光扫描系统用于高精度文物三维重建中的若干技术难题，并精确重建出文物三维模型。

刘世晗（2011）利用徕卡 ScanStation 2 三维激光扫描仪采集连云港将军崖岩画的三维几何信息，并利用 Cyclone 进行数据预处理。采用 Geomagic Studio 软件实现了岩画的三维模型重构和纹理映射。利用点云数据和三维模型建立了将军崖岩画的数字档案。汤羽扬等人（2011）以国家指南计划项目"北京先农坛太岁殿古建筑精细测绘"课题为依托，将太岁殿三维激光扫描数据与古建筑营造作法研究、建筑现状形态分析紧密结合，探讨了三维激光扫描数据在文物建筑保护中的应用。云冈石窟研究院（2011）2005 年采用三维激光扫描测绘技术制作了云冈石窟立面正射影像图，实现了洞窟内部的数字化虚拟漫游，获得了比例尺寸准确的壁面正射影像图。根据激光扫描测绘技术提供的点云数据，实现了洞窟测绘中各个方向的剖面处理。周华伟等人（2011）给出了基于三维激光扫描仪的外业点云测绘实施方案和数据处理流程。结合实例分析了用户对于三维激光扫描点云数据处理软件和生成三维古建筑模型的需求，通过建立古建筑数据库，设计了基于 GIS 的古建筑数字保护系统。

韦春桃等人（2012）通过结合实际的墓葬保护工程，重点阐述了 3 维激光扫描技术数据的采集、处理、建模过程和方法。黄慧敏等人（2012）对故宫保和殿大修的需求，应用地面激光雷达技术对故宫保和殿进行精细测绘。根据获取的点云数据制作线划图、土木结构模型、柱子倾斜分析图、正射影像图等。

崔磊等人（2013）以 Riegl VZ-400 对天安门广场华表古建筑进行了三维扫描测量实验，给出了数据采集、数据处理和模型重建的基本方法和结果。实验结果真实细致地反映了华表的三维形貌和纹理特征。陆益红等人（2013）利用徕卡 C10 三维激光扫描仪对徐州狮子山楚王陵墓道及周围建筑进行扫描，对激光点云进行三维重建，制作出完整模型及其线划图。周立等人（2013）采用 FARO Focus3D 扫描仪对洛阳孟津唐墓进行了数据采集与处理，制作了数字正射影像图、三维曲面模型、二维平面图、墓室展开图、彩色点云截图。张毅（2013）采用 Trimble GX200 全站式地面三维激光扫描仪针对龟山汉墓的所有墓室和甬道进行扫描。利用地面三维激光扫描仪获取的点云数据进行建模，得到了龟山汉墓较为准确的表面模型和三维立体模型，从而实现了对龟山汉墓等古建筑的三维重建与数字化保存。

田继成等人（2014）以云冈石窟 13 窟为例，采用三维激光扫描的方法先获取海量的点云数据，然后利用 Cyclone 完成点云的拼接，再使用 Geomagic 生成三维模型和 3DS Max 实现模型的纹理映射。薛晓轩（2014）对基于三维激光扫描的文物保护管理系统的建立进行了研究。文物保护数据库综合系统主要由文物信息管理、文物保护工程信息管理、文物保护单位信息管理、三维浏览、GIS 功能、系统管理 6 部分组成。张巧英（2014）采用 Leica ScanStation C10 扫描仪，布设 9 个测站对造像进行高分辨率扫描，3 个测站对石佛院进行全景扫描。提出的基于闭合导线整体平差模型的三维激光扫描数据配准方法较好地实现了石佛院三维激光点云数据的全局配准。

王琳琳（2015）对整个古建筑测绘工作中存在的误差进行了分析和评价，得出一些消除和削弱误差的措施以及精度评价方法。采用 Riegl VZ-1000 三维激光扫描仪对北京某公园的某古建筑院落进行一系列的数据采集、数据处理、模型建立与纹理贴图，获得了带有纹理照片的古建筑三维模型，并通过相关误差分析与模型评价，能够达到古建筑测绘的要求。

8.3.2 文物保护项目简介

自地面三维激光扫描技术进入中国，作为一项实用高效的测量手段和技术，立刻得到了国内广大测绘科技人员和文物保护工作者的关注和青睐，他们利用扫描仪先后完成了多项大型的文物保护工程，主要项目见表 8-1。

表 8-1　　　　　　　　　　　　　　大型文物保护工程项目

序号	时间	项目名称	实施单位	仪器型号
1	2005 年	故宫数字化保护工程	北京建筑工程学院	HDS 3000, HDS 4500
2	2005 年	山西西溪二仙庙三维扫描工程	清华大学古文化保护研究所	HDS 3000
3	2006 年	西安兵马俑二号坑遗址数字化工程	西安四维航测遥感中心	HDS 2500, HDS 3000
4	2006 年	乐山大佛数字化记录保护工程	乐山大佛管理委员会	ScanStation
5	2006 年	承德普乐寺场景数字化工程	北京建设数码	HDS 3000
6	2007 年	麦积山洞窟保护性扫描研究	CAD Center	ScanStation2

续表

序号	时间	项目名称	实施单位	仪器型号
7	2008 年	敦煌数字化研究工程	敦煌研究院	HDS 6000，ScanStation2
8	2008 年	昆明市的金马碧鸡坊、筇竹寺清代罗汉雕塑、太和宫金殿和昆明市博物馆内的地藏寺经幢等文物数字化工程	昆明市测绘研究院	ScanStation2
9	2009 年	北京历代帝王庙数字化保护	北京则泰集团公司	HDS 6000
10	2009 年	花山岩画保护工程	中国文化遗产研究院	ScanStation2
11	2010 年	连云港将军崖岩画数字化保护	北京则泰集团公司	ScanStation2
12	2010 年	故宫古建筑数字化测绘	北京建筑工程学院与故宫博物院合作	Topcon GLS-1500
13	2011 年	洛阳孟津唐墓	洛阳市文物考古研究院	FARO 3D
14	2011 年	白马寺齐云塔三维激光扫描重建工作	河南理工大学与河南省遥感测绘院合作	ScanStation2
15	2012 年	山西省长治市黎城县金代砖石墓建模	山西省考古研究所	Trimble FX
16	2013 年	洛阳孟津唐墓数据采集与处理	洛阳市文物考古研究院	FARO Focus3D
17	2013 年	徐州龟山汉墓三维重建	长安大学	Trimble GX200
18	2014 年	四川省阿坝州松潘县松潘古城南门和西门的城楼及城墙三维数字模型	四川省自然资源科学研究院	Z+F IMAGER5010C
19	2014 年	山西省新绛县福胜寺塑像修复	中国文化遗产研究院	—

8.4　将军崖岩画保护应用实例

北京则泰集团公司与辽宁工程技术大学合作，孙德鸿等人（2011）采用徕卡 ScanStation 2 扫描仪对将军崖岩画保护进行了应用研究，主要内容如下：

1. 项目概述

将军崖岩画，位于江苏连云港市海州区锦屏镇桃花村锦屏山南麓的后小山西端，据考证属于汉人先民最早的石刻遗迹，由石器敲凿磨制而成，线条宽而浅，粗率劲直，作风原始，是唯一反映农业部落原始崇拜内容的岩画（图 8-1）。因为其雕刻的时间早于文字的发明，所以虽已被发现 30 余年，但将军崖岩画仍有许多谜团未被破解，著名考古学家苏秉琦先生称之为我国最早的一部天书。

然而，受天气环境与岩质条件等因素影响，近年来岩画画面发生粒状、片状脱落，空鼓，开裂及化学风化、生物风化、物理风化等现象，致使许多地方画面模糊、刻痕变浅。据称，出土以后岩画发生的变化比出土前几千年的变化都大。因此，如何将岩画的现状保

图 8-1　将军崖岩画

存下来是一个亟待解决的问题。

　　传统的岩画测绘全部依靠手工测量，所得的成果大多是以二维纸质图纸为表达形式。但是，对于类似岩画石刻这种结构复杂数据量大的人文景观，数据不仅不直观，也不翔实。三维激光扫描技术的出现为岩画的测量保存提供了全新的解决方案。

　　2. 数据获取与预处理

　　（1）现场勘察和规划

　　在进行扫描工作之前，先要对现场进行充分了解，可以利用现有的地形资料或照片，进行大致规划。然后亲临现场踏勘，根据所采用的三维激光扫描仪的硬件性能和特点确定扫描的整体规划，主要包括：①扫描站点设置。首先要分清测绘工作内容的主次，然后要有整体规划和重点地选定扫描仪设站位置。一方面要保证重点区域的扫描质量，另一方面要保证整体扫描的完整性及站点之间的拼接。②扫描标靶设置。标靶布设要尽可能地提高标靶在多个扫描站点的重复利用率，并考虑对整个测场控制的有效性，尽量做到站点之间通过标靶进行约束来提高整体拼接精度。③扫描分辨率设置。扫描分辨率的设置主要根据扫描对象的特点及后期数据处理的需要进行设定，对于将军崖岩画的主岩画区，为了更精细地表达，设置分辨率为1mm。

　　（2）数据获取

　　数据获取部分包括扫描仪对整体场景扫描、岩画区的扫描、标靶扫描和扫描仪内置相机的拍照。对于纹理质量有较高要求的重点岩画区，采用专业单反相机拍照。

　　（3）草图记录

　　每一站点数据获取完成，要详细绘制草图，并标注站点、标靶位置，记录扫描参数及数据文件对应关系。这是后续数据处理的重要依据。

　　（4）数据预处理

　　采用Leica公司开发的三维激光扫描软件系统Cyclone，该软件尤其在扫描数据管理、多站数据配准方面提供了非常完善的功能，可以帮助提高扫描数据后处理的精度。数据预处理主要包括以下两个环节：

①多站数据配准。岩画大多位于山上或者洞穴中，由于地形的限制，通常无法用单站点云数据覆盖整个被测物体，需要从不同的位置和角度对其进行扫描，最后得到多站独立的点云数据。点云数据的配准就是将所有独立坐标的数据转换到一个基准坐标系下的过程，这样也就得到了被测物体的完整点云数据，过程如下：在 Cyclone 数据库里建立一个配准站（registration），添加需要配准的站点；将自动拟合的同名集合约束添加到配准条件中，不同站间的配准需要 3 对以上的同名约束，同名约束越多，精度也就越高；配准后将结果中误差超限的约束按误差从大到小依次删除，直到约束条件满足精度的要求为止；达到精度要求后创建配准站，即可生成完整的点云模型。点云配准整体效果如附录彩图 8-2 所示。

②点云数据优化。点云数据优化一般分两种，即去除冗余和抽稀简化。冗余数据是指多站数据配准后虽然得到了完整的点云模型，但是也会生成大量重叠区域的数据。这种重叠区域的数据会占用大量的资源，降低操作和储存的效率，还会影响建模的效率和质量。某些非重要站的点云可能会出现点云过密的情况，则采用抽稀简化。对于冗余的点云数据，在实际操作中，可以把一个重点扫描区域设置为基准站，用其他站的数据与基准站作比较。为了避免不同站数据出现裂缝和分层，对点云重叠区域中基准站周围的点云进行重采样，之后用一个或少量的点云代替重叠区域的点云即可实现。抽稀简化的方法很多，简单的如设置点间距，复杂的如利用曲率和网格等。

3. 岩画的三维重构

采用 Geomagic Studio 进行岩画的三维重构，主要步骤如下：

①点云数据的导出和加载。用 Cyclone 软件将点云数据用 *.xyz 格式导出后即可使用 Geomagic 进行处理。

②滤除噪声点。为了获取岩画表面的细节部分，需要较大点云的密度，这样也会产生一些噪音。因为岩画表面并非均匀平滑，所以不能单纯地通过弧度来判别噪音，必须辅助以手动剔除噪音。

③数据精简。数据精简不仅可以去除冗余点云，还可以使数据均匀化，避免出现点云稀疏而造成模型表面破损。通过设置一个采样百分比就可以使点云数据均匀减少。

④数据补缺。由于被测物体可能出现破损、被遮挡等情况，会使部分数据缺失，因而需对数据进行补缺。使用补洞命令进行少量数据点的修补，也可以使用添加点云来增加点云数据。

⑤模型表面处理。由点云直接生成的三维模型表面往往会有大量的三角面片，使用网格医生命令对其进行光滑化处理。岩画模型如附录彩图 8-3 所示。

将军崖岩画属于石刻类型的岩画，由于环境等各方面的限制，最好的保护办法就是将岩画所在的区域制作成 DEM 模型，而三维激光扫描技术由于其具有高效和高精度的特点恰好解决了这个难题。

8.5 北京历代帝王庙保护应用实例

北京则泰集团公司采用徕卡 HDS6000 扫描仪对北京历代帝王庙保护进行了应用研究，主要内容如下：

1. 项目概述

北京历代帝王庙位于西城区阜成门内大街路北，是明清两代祭祀三皇五帝、历代帝王和功臣名将的场所，整座庙宇庄严肃穆，主体红墙黄瓦，显现出皇家的气派与尊贵，是我国统一多民族国家发展进程一脉相承、连绵不断的历史见证，具有重要的历史文化价值。为了在计算机中真实再现这一历史古迹，使它得到永久保存，也为日后的修缮工作提供翔实准确的数据，所以对它进行了三维激光扫描。为了精确表达北京历代帝王庙的每一个细节，获得精准尺寸，选用了徕卡 HDS6000 三维激光扫描仪，使用 Cyclone 5.8.1 软件进行数据处理。

2. 外业数据采集

徕卡 HDS6000 三维激光扫描仪 360°×310° 宽广的扫描视场角以及更远的扫描距离大大减少了扫描所需的设站数和标靶数。仅用了两个小时就完成了站数据的扫描，扫描现场如图 8-4 所示，附录彩图 8-5 为一个测站的扫描数据。

图 8-4 扫描现场

3. 数据处理和利用

使用 Cyclone 5.8.1 软件，可以将相邻测站间的点云进行严格拼接，本次测量外部使用标靶拼接，内部使用点云拼接，最后利用点云将内外整体拼接起来。

基于高精度的点云数据可方便地进行量测并在 CAD 中完成二维线划图，如附录彩图 8-6 和附录彩图 8-7 所示。

8.6　存在的主要问题与展望

虽然地面三维激光扫描仪在文物保护方面得到了广泛应用，但是还存在一些技术问题有待解决，主要问题如下：

①扫描中最大的问题是遮挡，获取完整点云数据难度较大。如果要对所有部位进行扫描，必须频繁地变换测站，这样会降低扫描效率，增加扫描工作量。

②扫描过程中由于系统本身和周围环境等干扰因素的影响，会产生一定的噪音数据。这些噪音影响了建模的精确性。

③现场扫描需要一定的空间和稳定的支撑平台，对于古建筑隐蔽、受遮挡、空间狭小、梁架上方无固定支撑物的部位等进行扫描，难度很大，甚至无法采集。

④受制于设备数量与测程影响。由于设备价格昂贵，同时可用仪器数量有限，即使是大量被测对象也只能依次扫描，而不能并行工作。另外，在测程范围较远且测量精度要求较高的被测对象的数据采集过程中，距离与精度的取舍存在一定的矛盾，不易兼得。

⑤激光扫描获得的数据量非常大，数据处理技术难度较高。高分辨率的扫描导致数据文件较大，达到近几百兆字节，甚至上 GB 字节，处理这些数据对计算机的要求较高，普通计算机运行困难。数据处理技术难度较高，一般大型文物专业人员不易掌握，而三维激光扫描技术专业人员又不懂文物的专业知识，致使数据处理的结果与古建筑专业要求存在难以逾越的鸿沟，如建筑平面图、立面图、剖面图等，往往需要根据三维数据进行手工跟踪描绘，效率和准确性很低。

随着地面三维激光扫描技术的快速发展，以及文物保护对技术的迫切需求，未来它的变化主要有以下 4 个方面：

①在扫描设备小型化和低值化、数据采集速度的高速化以及数据处理成果的专业化等方面不断发展。注重三维激光扫描技术与传统手工测绘的互补性，以更为科学、准确、翔实的基础测绘成果为古建筑保护、考古研究以及数字古建筑的技术发展等提供了可靠的支撑。

②应用技术的不断成熟，会加速相关国家技术规范的出台。

③目前主要应用于数字化存档和展示，其他应用方面未来会有巨大发展空间，还需要广大的文物保护人员进一步发现和挖掘。

④加快对文物更专业的建模软件国产化的进程。技术应用的限制性因素较多，但是建模软件与管理软件是重点，国家应加大投入，快速推进软件研发进程，为广泛应用奠定基础。

思考题

1. 地面三维激光扫描技术应用于文物保护领域的成果形式主要有哪几种类型？
2. 采用 Geomagic Studio 进行将军崖岩画的三维重构的主要步骤有哪些？
3. 利用点云数据在 CAD 软件中可以制作哪些类型的二维线划图？
4. 目前地面三维激光扫描仪应用于文物保护方面还存在哪些技术问题有待解决？

第9章　地面激光扫描技术在其他领域中的应用

随着地面三维激光扫描技术的不断发展，其应用领域也在不断扩大。本章简要介绍地面三维激光扫描技术在地质研究、地质滑坡与灾害治理、矿业、林业、海洋等领域中的应用研究成果。

9.1　地质研究

9.1.1　应用研究概述

在地质研究领域，三维激光扫描技术与传统测量手段相比，其优势主要有：测量简单，便捷；测量结果精确；采集信息全面；数据后处理简单；可直接基于三维结果信息进行计算和分析；非接触，大场景测量，效率更高，减小测量工作对环境的依赖和局限。地面三维激光扫描技术为地质研究提供了一种新的工具和手段。近年来，国内多家大学、科研单位、施工单位已经开始尝试将三维激光扫描技术与地质调查、滑坡监测、地质灾害研究等相结合，探讨该技术在相关领域的实际应用，并积累了丰富的经验。

一些学者取得的研究成果主要内容如下：

董秀军（2007）将三维激光扫描技术应用到岩土、地质工程领域，针对其在工程应用中的一些问题进行了分析。孙瑜等人（2008）通过实例介绍了徕卡 HDS4500 三维激光扫描系统在地质工程上的应用，认为此系统在岩土工程、地质工程领域的工程测量及变形监测等方面有着巨大的应用潜力。张新磊（2009）针对三维激光扫描技术在工程地质应用中的一些相关问题进行了分析，包括坐标转换、地质信息的识别与解译、结构面参数的计算方法等。结合拟建铁路边坡危岩体勘查实例，通过边坡三维模型上获取的危岩体的相关参数，评价了危岩体的稳定性。

邱俊玲（2012）利用真三维地质建模软件 Gocad 强大的地质建模功能，配合便携式 X 射线荧光光谱仪，对研究区进行了三维地质建模及可视化研究，并对元素数据进行分析与解译。杨天俊（2013）在拉西瓦水电站工程中利用三维激光扫描技术进行了高陡岸坡地形图绘制、拱肩槽开挖边坡地质编录、危岩体地质信息控制（三维信息、结构面信息等）、近坝库岸边坡变形宏观分析等，取得了良好的效果。黄江（2014）通过多个水电站高边坡危岩体三维数据的现场采集，总结出三维与二维技术相结合的危岩识别定位新方法；并对影响危岩稳定性因素分析，归类出获取困难的影响因子。

9.1.2 应用方向简介

1. 边坡安全监测

边坡破坏的预测以及边坡破坏后的状况把握及二次灾害的预防等都需要及时准确地掌握边坡体的三维信息。三维激光扫描仪可以用于边坡体灾害发生前后的地形变化测绘，二次破坏防止的预测以及边坡破坏前兆的把握和危险性评估。

通过三维激光扫描系统获取地形数据后，可以利用软件快速构建 DEM 以及 TIN 网数据。徕卡 Cyclone 数据后处理软件就提供了便捷的数字高程模型建立功能，并可实现坐标转换，将数据方便转换到 WGS84 坐标，或者地方坐标系。转换后的数据可以进行如下分析：①平面图的重合比较；②等高线的重合比较；③断面图的重合比较；④断面图的差分比较；⑤直接基于三维 DEM 进行数据分析变化部位及位移量。

三维激光扫描仪用于边坡三维形状获取、加固方案设计、边坡灾害对策及安全监测等都具有其独到的方便性及先进性。测量设站灵活方便，测量效率高，获取的数据直接可以进行处理以得到基础信息或分析结果。

2. 地质露头研究

三维激光扫描仪可以为地质露头层序地层相关的研究提供准确的数据，通过扫描可以获取露头的三维模型，为地质灾害预防、地震研究、矿藏探测等提供基础资料。

集成了内置相机的三维激光扫描仪可以同时获取高清晰的影像数据，为后期的分析和研究提供了更翔实的信息，通过软件快速构建彩色点云模型以及彩色的 Mesh 模型。并可以直接在三维空间实现点、线、面、体等信息的完整提取，数据可以通过 DXF 格式导出到其他后续绘图软件中。

在地质露头研究中，三维激光扫描仪发挥了非接触、高精度、高分辨率测量的特点。大大减少了野外数据采集的时间，并能够获取更完整的信息。

3. 地质裂缝研究

通过挖掘地质探槽，可以更准确地掌握地质裂缝的信息。地质探槽反映了地层状况以及地质裂缝的三维形状。通过三维激光扫描技术，可以记录和获取整个探槽的完整三维信息。

①通过三维激光扫描仪扫描和拍照获取高密度空间点云数据和高清晰的照片，扫描仪内置相机的照片可以直接映射到点云上，形成彩色点云数据。彩色点云数据可以直接进行量测，并可以通过虚拟测绘功能将特征数据导出到其他软件作进一步分析和计算。

②基于点云数据，通过 Geomagic 软件制作高精度三角网模型、映射纹理照片，可以得到彩色三角网模型，用于浏览和分析。

9.1.3 应用研究实例简介

1. 地震断裂带与地质裂缝研究

通过挖掘探槽对地震断裂带进行精细扫描，获取地震断裂带的精确走向、尺寸等相关信息，从而对断层进行分析。使用仪器为 Leica ScanStation 2 三维激光扫描仪，软件为 Leica Cyclone 5.8。

本次地震断裂带地质裂缝研究，通过三维激光扫描仪在地质探槽内设置两个站位进行扫描，在每个站位使用扫描仪内置相机进行拍照，两站的数据结果通过标靶进行拼接。从而获取完整的地质探槽相关数据。地质探槽扫描点云数据如附录彩图 9-1 所示，地质裂缝局部三维多段线图如图 9-2 所示。

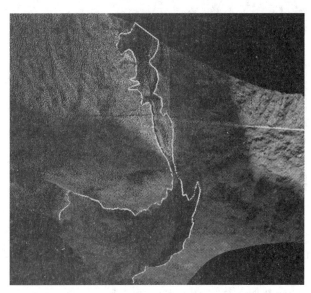

图 9-2　地质裂缝局部三维多段线图

2. 地质露头测绘

对于地质灾害多发的区域，掌握该地区的地形数据就显得尤为重要，这有助于相关部门在事故发生之前根据情况判断哪里是地质灾害多发的区域，可以事先预报该地区容易发生什么样的地质灾害，可以把损失降到最低。而在事故发生后又可以根据详细的数据进行抢险救灾。传统的数据采集模式得出的数据不够详细，例如，1∶500 的地形图的采样密度大概是 20m 一个点，而采用三维激光扫描技术可以设置它的采样密度，低密度可以达到 20cm 一个点，高密度可以达到 1mm，同时可以获得每个点位的彩色信息，以便对现场的情况做出更准确的判断。

本次研究使用仪器为 Leica HDS 4400 三维激光扫描仪，软件为 I-Site Studio 3.3。

该研究主要扫描的对象是地质露头，针对多个典型的地质露头进行扫描，再根据各个扫描站的坐标拼接到大地坐标系下，并通过后续数据处理获得地质露头的三维模型及提取岩石裂隙走向等信息。现场数据采集情况如图 9-3 所示，彩色点云数据如附录彩图 9-4 所示。

3. 汶川震后滑坡调查和监测

汶川地震发生后，为了快速恢复交通和基础设施，并避免次生灾害的发生，需要对山体滑坡进行排查和监测。工作量巨大，作业环境也异常艰苦，通过传统的测绘方式效率会比较低，在重点区域精度也比较差，因此通过三维激光扫描技术可以实现快速测绘，精细

图 9-3　现场数据采集

测量，高效率获取完整滑坡的三维信息。使用仪器为 Leica ScanStation 2，软件为 Leica Cy-clone 6.0。

　　扫描多站获取滑坡体数据，经过拼接得到完整点云。通过 Cyclone 软件直接生成 TIN 网数据。扫描仪获取的点云数据如图 9-5 所示，Cyclone 软件生成的 TIN 网数据如附录彩图 9-6 所示。

图 9-5　扫描仪获取的点云数据

　　4. 输油管线工程地质调查

　　三维激光扫描仪在输油管线工程地质调查中，可以快速完成基础地形测绘、滑坡体和危岩体的测绘、隧道测绘。

　　这些工作可以对山体构造、泥石流冲击沟、岩石裂隙走向、隧道等相关信息进行完整、准确地搜集，从而为输油管线施工区域中的地质灾害多发区的灾害预防提供更多的原始数据，帮助地质专家确定合适的地质灾害预防方案，保证施工的安全进行。使用仪器为 Leica ScanStation 2，软件为 Leica Cyclone 5.8。

在本次输油管线工程地质调查中，三维激光扫描仪对高海拔山体的某施工区域内的可能发生崩塌、不稳定斜坡、泥石流三类地质灾害隐患的部分进行了精细扫描，同时获取了施工隧道洞口及周边的三维数据。隧道洞口数据采集情况如图 9-7 所示，隧道口彩色点云数据如图 9-8 所示，隧道 Mesh 模型及断面线如附录彩图 9-9 所示，数字高程模型叠加等高线图如附录彩图 9-10 所示。

图 9-7　隧道洞口数据采集

图 9-8　隧道口彩色点云数据

9.2　地质滑坡与灾害治理

9.2.1　地质滑坡

滑坡监测的技术和方法正在从传统的单一监测模式向点、线、面立体交叉的空间模式发展。具体来讲，可以概括为两种：一种是滑坡监测的传统方法，主要指全站仪测量方法、摄影测量方法及 GPS 监测系统等；另一种是基于新技术和新仪器的滑坡监测新方法，如合成孔径雷达干涉测量（InSAR）技术、三维激光扫描技术。

1. 应用研究概述

地面三维激光扫描仪是一种集成多种高新技术的新型测绘仪器，已逐渐被应用于变形监测之中，为滑坡监测提供了可供选择的新方案。在滑坡发生后，如何在第一时间获得现场数据无疑是人们最关心的。传统的测量方式耗时耗力还不便于救援工作的展开。

地面三维激光扫描技术在地质灾害工程治理中的优势：①快速测量。在地质灾害发生后，能快速准确地记录下泥石流现场的数据以便开展后续工作。②非接触测量。滑坡发生地区，地形复杂，作业人员很难到达待测位置，但是如果不能到滑坡发生的位置去就不能获得准确的资料。而地面三维扫描仪具有非接触式测量的特点，可以最大限度地保护测量人员的人身安全及获取现场数据。③高度一体化。地质灾害发生后，如何能够让现场的救灾人员更高效地开展工作关系到受灾群众的人身财产安全，利用地面三维扫描仪操作简便的特点，可单人操作仪器，两个人就可以开展工作。最大限度地节省了人力，让其他工作人员可以开展更多的工作。④全景扫描。地面三维扫描仪具有超大视场角，保证了每个点位的全景扫描。本身自带的全景数码相机可以把现场的真实信息完整记录下来，最大限度地获取现场工作环境。

国内学者在这方面的研究比较早并且比较深入，取得的主要应用研究成果如下：

董秀军（2007）论述三维点云数据的获取、拼接、坐标校正、去噪及数字高程模型的生成方法，由此得出在一定的空间范围内利用三维激光扫描技术快速获取高精度高分辨率的数字地形模型具有可行性。董秀军等人（2008）通过三维激光扫描测量技术在都汶公路快速抢通中的应用，讨论其在抢险救灾快速反应中与传统地质调查方法相结合的适用性与可行性。

卢晓鹏（2010）2009 年 12 月采用徕卡 ScanStation 2 对黄河小浪底水利枢纽管理区 4# 公路边坡滑坡进行了数据采集。通过点云数据处理得到滑坡体表面变形监测观测墩中心的三维坐标，并将其与传统方法的监测结果进行了比较。

李智临（2012）以白鹿塬区新型墙体材料厂滑坡为例，采用 Leica 公司 HDS Scan Station 2 扫描仪获取点云数据并进行相关处理。运用滑坡预测学理论与综合应用因子分析法，对白鹿塬区新型墙体材料厂滑坡边坡稳定性及空间分布进行了分析研究。

谢谟文等人（2013）以云南省乌东德地区金坪子滑坡为例，运用三维激光扫描仪监测技术对处在库区的金坪子滑坡表面变形进行了监测与研究。姚艳丽等人（2014）应用点云数据差分比较、基于不规则三角网变形分析、基于规则矩形网格差分比较、等高线重合分析方法分析了两个时间段获得的滑坡点云数据集的表面整体变形，依据选择最优法，几种分析方法选择的软件不同。王炎城等人（2015）2013年5月至2014年8月，使用徕卡 ScanStion 2 三维激光扫描技术对广东省五华县崩岗滑坡进行了 6 次观测，分析结果表明：三维激光扫描技术能实时三维动态显示滑坡变化及滑坡量。

2. 万工滑坡应用实例

近年来，四川雅安地区发生了多起滑坡事件。2009年8月6日的猴子岩崩塌、2010年7月27日的万工滑坡、2011年2月的桂贤红岩子滑坡等，每一次的灾害不仅造成了人员的伤亡、财产的损失，还给人们的生活带来了不便。以下以万工滑坡（黄姗等，2012）为例说明技术方法：

（1）滑坡数据获取

采用徕卡 HDS 8800 三维激光扫描仪，这是一款非接触性测量，专门对矿山、地质、地形测量的一款仪器，由激光发射器发出激光打到物体表面，然后反射回来后，再根据角度，可以测得该点的 X、Y、Z、R、G、B 和反射率 7 个值。扫描仪的扫描范围为 2000m，能够方便快捷地完成项目的扫描工作。在采集数据的过程中，仪器内置的全景数码相机同步拍摄了彩色照片，在 Cyclone 软件中将彩色照片的信息赋予点云，点云数据就将真实的环境反映出来。万工滑坡现场如图 9-11 所示，万工滑坡点云数据如附录彩图 9-12 所示。

图 9-11　万工滑坡现场

（2）数据处理

要对滑坡地形进行研究，需将三维激光扫描仪获取的点云数据利用 Cyclone 软件进行数据拼接、坐标变换、去噪处理。去噪处理将树木、房屋等地物去除，显示出了滑坡的真实地形状态，用这个数据做后续分析研究。

1）Mesh 模型制作

在 Cyclone 软件中用去噪后的数据构建 TIN 生成 Mesh 模型（附录彩图 9-13），基于 Mesh 制作该滑坡的剖面图（图 9-14），通过设置间隔距离将滑坡各处的剖面图均制作出来，进而利用不同的剖面对滑坡的走向等进行分析研究。

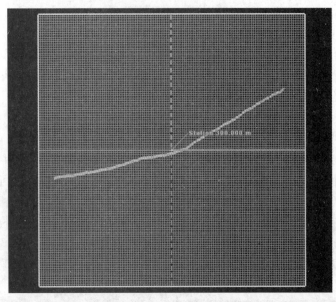

图 9-14　万工滑坡剖面图

2）二维地形图制作

将去噪处理后的点云数据导入南方 CASS 软件中制作二维地形图，通过构建三角网来绘制等高线。每个高程点、每条等高线的具体属性值在 CASS 中都能显示，这些属性值都是真实的地理坐标，根据这些值分析得出的结果完全反映了滑坡当前的状态。

利用 CASS 软件制作了万工滑坡的平面图（附录彩图 9-15）、截面图（附录彩图 9-16），每幅图都是从不同角度显示了滑坡的当前状态。这样在分析研究时不仅能够从整体把握滑坡的大致趋势，还能够从细节入手针对具体问题具体分析。深入的研究将为这类地质灾害积累宝贵的资料，为后续地质灾害的预防提供依据。

9.2.2　舟曲地质灾害治理应用实例

1. 项目概述

2010 年 8 月 7 日 22 时许，甘南藏族自治州舟曲县发生强降雨，县城北面的罗家峪、三眼峪泥石流下泄，由北向南冲向县城，造成沿河房屋被冲毁，泥石流阻断白龙江，形成堰塞湖。

在灾后重建中，为了快速、准确地获取地质灾害点的治理过程的详细信息，受甘肃省国土资源厅委托，甘肃省地矿局测绘勘查院与北京则泰集团公司共同合作（周学林等，2011），针对舟曲泥石流灾害现场的情况，考虑到速度、精度、安全等方面的因素，本次扫描采用了徕卡地面三维激光扫描仪 ScanStation C10，对重点地质灾害工程治理点进行实地三维激光扫描和数据采集，构建重点工程区域数字地形及工程模型，配合治理工程跟踪监测。

2. 地质灾害治理方案

①数据获取。对舟曲县曲瓦乡水泉村几处灾害点以及周边环境进行整体扫描测量，重点灾害点采用高等密度进行扫描，周边环境采用中等密度进行扫描。

②数据处理。利用徕卡扫描仪的配套软件 Cyclone 完成后期的点云数据拼接、数据处理与成果提取。

③点云拼接。多站数据高效率、高精度的拼接是点云数据处理中的重中之重，徕卡 Cyclone 软件提供了多种拼接方式。可以根据不同的现场情况轻松实现高精度的拼接，并可输出 QA/QC 质量报告。高精度高质量拼接后的点云使后期数据处理及成果提取的精度得以保证。

④快速构建 DEM 模型。通过点云数据，Cyclone 软件可以快速构建三维完整的 TIN 网模型，并可根据具体要求进行不同程度的采样。

⑤根据地形生成等高线与断面线。Cyclone 软件可以基于点云数据生成的 TIN 网自动快速生成等高线，并可根据不同需求生成横、纵断面图。

⑥滑坡体土石方计算。通过软件可以简便快速地计算出滑坡体的土石方量以及面积，并附有多种计算方式可以满足不同情况不同要求的计算，土石方量计算如附录彩图 9-17 所示。

⑦构建三维模型。通过完整的点云数据可以生成灾害点以及周边环境的真实三维模型，为地质灾害工程治理提供了良好的基础数据。

⑧快速发布。Cyclone 提供的 TrueView 模块可以基于网络实现快速发布（图 9-18）。在灾害发生后通过扫描仪的快速测量和软件快速发布方式可以让后方的专家、领导在第一时间得到灾害现场的第一手资料。

图 9-18　网页发布

9.3　矿业

9.3.1　应用研究概述

针对地面三维激光扫描仪在矿业领域的应用，近几年一些学者进行了相关应用研究，并取得了一定的研究成果，按照应用方向分类简述如下：

（1）露天矿三维模型重建与测量

利用三维激光扫描仪对整个露天煤矿进行扫描，建立的三维模型可应用于等高线、断面线、坡顶线、坡底线等的提取，产量核算，分析岩层、煤矿层高度等方面。丰富的点云数据不但为测量提供了有效的保证，更为矿山数字化、采矿设计、爆破提供了有效的三维实景。应用全数字三维激光扫描技术来开展露天矿山测量工作，明显优于传统的矿山测量技术，是目前露天矿山地质测量中最有效、最快捷、最经济、最安全的技术手段。

有学者做了相关研究，主要有：陈永剑（2009）设计了使用地面三维激光扫描系统对构筑物进行变形监测的两种方案，通过对在当地坐标系下的监测数据的处理和分析，得到监测点沉降、目标建筑倾斜和变形体体积的计算成果。段奇三（2011）以哈尔乌素露天煤矿为研究对象，介绍了徕卡三维激光扫描仪 HDS 8800 在露天矿业方面数据获取与处理流程，利用软件对数据进行快速建模，生成 DEM，并获得露天矿三维模型。

李健等人（2012）以先后发生过两次大规模滑坡的中煤平朔公司东露天矿边坡为研究背景，采用 Riegl VZ400 三维激光扫描仪获取露天矿边坡点云数据。基于综合改进 ICP 算法，将扫描得到的多站点云数据进行拼接处理，完成了长约 2 km 的露天矿边坡三维模型重建。

韩亚等人（2014）利用徕卡 ScanStation C10 三维激光扫描技术对边坡进行了如下参数测量：基于三角网格的土方量计算，基于点云的坡度计算，基于 Mesh 网格的等高线分布，提出了一种模糊综合评价方法，该方法是将土方量变化、坡度变化和等高线分布变化作为 3 个评价因子，然后每个评价因子的隶属度利用 3 个因子在全部因子中所占的比例来确定，最后利用提出的公式来评价边坡的状态。

（2）井架变形监测

三维激光扫描测量技术适合大面积或者表面复杂的物体测量及其物体局部细节测量，计算目标表面、体积、断面、截面、等值线等，为测绘人员突破传统测量技术提供了一种全新的数据获取手段。黄晓阳等人（2012A）应用 Trimble GX 200 地面三维激光扫描仪对山东某矿井架进行了多次井架点云数据采集。结果显示相对于传统测量方法，三维激光扫描仪获取大量点云数据能较好地分析井架整体的变形。黄晓阳等人（2012B）主要论述井架点云数据获取、坐标数据转换、冗余信息去噪等方法，将不同时期获取的点云数据分别建立三角网模型，通过模型整体对比获取井架的变形量。李文俊（2012）针对某煤矿主井井架的基本情况，采用免棱镜全站仪与三维激光扫描仪相配合的技术方法，对井架进行了点云处理及三维建模，并将之与免棱镜全站仪提取的特征数据进行对比分析。

（3）开采沉陷监测

对于矿山开采引起的地表沉陷研究，传统方法存在如下缺点：受地表条件限制，布站难；测点维护困难，观测过程中测点缺失严重；观测工作量大，获取数据量少。在这方面已经有学者进行研究，并取得了一些成果，主要有：张舒等人（2008）根据三维激光扫描技术的特点分析其在矿区沉陷监测中的应用的可行性。于启升等人（2010）研究三维激光扫描仪数据应用于地表沉陷参数求取问题，利用 VB 6.0 语言，采用模矢法编制了概率积分法求参程序，并将程序应用于实际求参。

戴华阳等人（2011）提出应用房屋特征点提取采动区房屋移动变形的方法，并通过误差分析理论，评价三维激光扫描直接获取数据与间接计算数据的精度。周大伟等人（2011A）通过试验分析点云分辨率对点位精度及测距精度的影响，对某矿沉陷观测的点云数据按照不同的分辨率进行重采样并进行求参，得到不同分辨率下参数的变化情况，经对比分析，得到最佳的点云分辨率设置标准为 300 mm/100 m。

陈冉丽等人（2012）研究三维激光扫描技术获取开采沉陷盆地的原理、数据处理步骤和方法，并选择了某矿工作面做一个实测案例研究。胡大贺等人（2013）将三维激光扫描技术用于开采沉陷监测，提出了获取下沉盆地的数据处理方法，并对其精度进行了讨论。通过实例应用，得到了沉陷区的下沉盆地 DEM。

施展宇（2014）采用徕卡 C10 三维激光扫描仪通过对象山矿 21306 工作面的地表进行观测，按照工作计划和象山矿地形特征制定适宜的扫描路线，尽可能以较少的站数扫描获取该区域地表的变形特征，使用 Cyclone 软件进行了点云数据处理。获取到所需的点云空间三维信息，同时采用了高精度的全站仪进行了观测和在地物点云中选择了目标特征明显的点进行分析，得到了变形监测点两期的数据。通过两期数据的对比分析，及其相应的下沉曲线。根据相关的理论和实验，得出三维激光扫描技术在开采沉陷领域的可行性。冯婷婷等人（2014）运用三维激光扫描技术对沉陷区进行监测，并将提取的下沉值与同期部分水准测量数据作比较分析。结果表明：三维激光监测所得到的沉陷情况与实地情况基本相符，能反映开采沉陷量及矿区沉陷趋势。

（4）土地复垦

三维激光扫描仪提供了土地测量的重要技术手段，与常规测量相比，它具有直观的影像数据、测量数据的不可更改性、审核方便的特点。黎增锋（2010）应用三维激光扫描仪对某地宅基地复垦和矿山复垦进行了实地扫描试验研究，结果表明：丰富的可视化数据分析模型形象直观，不用到实地踏勘就能使管理者对复垦地块一目了然，有身临其境的感觉，真正做到心中有数，能有效地防止和杜绝弄虚作假的情况发生，并且在图片上可以直接量算实际复垦面积，主要管理部门也无需再对复垦地块进行实地测量，节省了行政成本，加快了资料审查、复核验收的进度，提高了复核验收的工作质量，真正实现了对所有复垦项目的全面监管，达到了面积真实、质量保障、监管全面、不出纰漏、规范运作的目的。

狄帝等人（2014）利用三维激光扫描技术对煤矿矿区地表大片沉陷土地进行数据采集，再通过对海量点云数据的拼接、滤波等的处理，得出沉陷地的精细地形图，进而实现矿区土地复垦方案的设计。

（5）煤矸石山难及区域测绘

矸石山植被恢复工程中所涉及的工程量计算,大部分需要依靠前期地形图资料的准确提供,由于矸石山存在很多人工无法立杆设点的断裂面和坡度较大的陡峭地域(称之为难及区域),使得传统的施测方法难以展开。三维激光扫描技术的应用,就给矿区难以到达区域的施测带来了新的途径。梁爽(2011)针对废弃矿区煤矸石山的陡坡立面区域碰到的难以测量数据点的问题,以北京市某矿区废弃矸石山陡坡立面为实例,采用了三维激光扫描测量技术,对难及区域即陡坡立面进行了扫描测量,并在内业中很好地进行了三维模型重建以及按设计坡度统计了土方工程量,为矸石山的规划设计人员提供了科学有效的数据支持,大大加快了矸石山区域整体的测绘和规划的进度。

(6)滑坡体监测

在我国主要的滑坡体重灾区多采用 GPS 进行滑坡体的监测与监控。缺点是观测周期长,在地表需埋设固定点,只能观测地表有限个点的位移,而且人员必须到达观测点才能够取得观测数据,工作量大,有时甚至十分困难。而地面三维激光扫描仪是继 GPS 空间定位技术后的又一项测绘技术革新,为滑坡体监测提供了可供选择的新方案。赵国梁等人(2009)选择四川达竹矿务局柏林煤矿为研究对象,对西部矿区由于煤炭开采引起的滑坡灾害进行了长期的监测,通过常规测量方法所测得数据进行对比分析,认为三维激光扫描仪能够获取复杂地形三维表面的阵列式几何图形数据,较好地反映了滑坡区的地表移动特殊规律。邢正全等人(2011)将 Trimble GX 3D 激光扫描系统应用于露天矿坑边坡位移监测,并利用其配套的 realworks survey 数据处理软件对采集的数据进行处理,并得出结果。

(7)地下采空区变形监测

对于地下采空区变形,传统的岩体内部变形监测主要采用多点位移计、钻孔倾斜仪等手段,空区(含巷道)变形监测主要采用顶板沉降仪、收敛计、伸长仪以及水准仪、经纬仪等测量学方法和手段。传统的变形监测方法存在以点观测,观测数据量少,无法或难以监测无人空区,人工观测,效率低、劳动强度大而且时效性差,不能定量观测空区垮落等缺点。

孙树芳(2009)根据三维激光扫描仪获取的点云数据特性,在 VC 环境下编写了一个点云数据压缩程序,结合 Optech CMS 洞穴测量系统在大红山铜矿采空区中的应用工程实例,阐述了三维激光扫描技术工程应用流程。介绍了在工程应用中能获取的测量信息,包括点的三维坐标查询、数字模型的三维距离及角度测量、面积及体积测量、采空区断面的生成。

陈凯等人(2012A)开发了地下采空区三维激光扫描变形监测系统,包括三维激光扫描测量仪、测量探头的采空区伸入装置、井下激光扫描控制器、将井下采空区监测数据实时传输至地表的通信系统和地表监控系统。该系统可以实现在井上远程监控,通过发送指令可以实时控制三维激光扫描仪进行扫描,扫描的空区点云数据可以通过通信系统上传给远程的监控系统。陈凯等人(2012B)选择中矿金业阜山矿 1661 采空区作为工业试验场地进行试验。试验结果表明:该系统的测距量程达到 83 m,测量精度达到±2 cm,对采空区变形监测效果良好。余乐文等人(2012)研制出具有自主知识产权的矿用三维激光扫描测量系统,分析了激光测距的工作原理,设计了系统结构与镜头防护方法。研究了系统综合通信方法,开发了系统控制软件,实现了运动控制、数据通信、上位机显示、三维重建等功能。

（8）数字矿山

近年来，我国数字矿山的建设已经起步，三维激光扫描仪在矿井三维数据获取方面有一定的应用价值。个别学者进行了相关试验，例如，王健等人（2012）针对金矿井下环境差、光线暗、不利于传统测量技术作业等问题，采用 Trimble FX 扫描仪在新城金矿井下进行扫描测量试验。探讨井下数据采集方案及数据处理方法、巷道三维模型重建等环节的主要问题。该技术采用无接触的测量方式，不但可以快速真实地获取巷道的三维模型，而且还能大大提高井下数据采集的安全性和效率，为数字矿山提供了精确、详细的基础空间数据，从而为矿山安全生产的信息化管理提供技术支持。

9.3.2　露天矿应用实例

1. 数据采集及数据处理

采用徕卡 HDS 8800 扫描仪采集数据（段奇三，2011），三维激光扫描数据采集及数据处理流程如下：

（1）外业采集数据

徕卡 HDS 8800 可以结合 GPS 作业，GPS 获取测站及后视点坐标之后，HDS 8800 控制器及时地将大地坐标系纳入扫描数据，这样可以提高工作效率，避免控制点的重复测量。同时，徕卡 HDS 8800 具有 2000m 测程，以及全景扫描视场角度，可以在测站的位置上获取最大的数据。

（2）点云数据拼接

徕卡 HDS 8800 标配软件 I-Site Studio，软件可以提供坐标拼接、点云拼接等工作方式。如果在扫描数据的同时，结合 GPS 测量点位，那么扫描的数据直接在大地坐标系中。哈尔乌素露天煤矿原始点云数据如附录彩图 9-19 所示。

（3）点云数据建模，生成 DEM

在拼接好的点云数据的基础上，利用软件进行噪音数据取出。软件提供了多种噪音过滤器，包括有距离过滤、角度过滤、面过滤、离散点过滤、边缘过滤等。剔出噪音数据经过抽稀处理后，利用软件对数据进行快速建模，生成 DEM，并获得露天矿三维模型（附录彩图 9-20）。

2. 三维模型在矿业中的应用

（1）等高线、断面线、坡顶线、坡底线等的提取

在三维模型生成之后，可以提取断面线（附录彩图 9-21）、等高线（附录彩图 9-22）以及露天矿中开采台阶的边帮坡顶线、坡底线（附录彩图 9-23），同时可以在三维模型中任意获取台阶坡面角、台阶高度、台阶宽度，方便采矿专业的设计。在三维模型中可以任意计算开采量，用于设计产量和核算产量。

（2）产量核算

在霍林河露天矿中，采用 HDS 8800 对电铲的工作量的核算，方法如下：将 HDS 8800 架设在电铲工作台阶之上的台阶，当电铲开采之后装入运煤车的前后对运煤车进行扫描，即对空车进行扫描（图 9-24），然后电铲装车之后再次扫描（图 9-25），每次扫描时间为

不到半分钟。然后利用点云数据迅速建模，两次不规则曲面的差值为装载数（附录彩图9-26）。

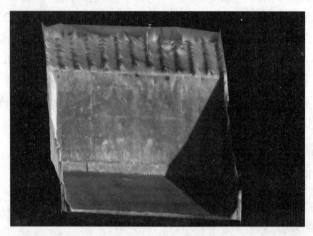

图 9-24　空车模型

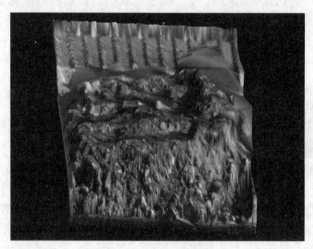

图 9-25　装载后模型

软件在计算方量的同时也提供了比重值的设置，如果能够将矿石的比重值输入软件，可以计算出开采矿石的重量。

（3）分析岩层与煤矿层高度

在黑岱沟煤矿中，利用 HDS 8800 对开采面精细扫描，采样密度为 10mm/100m。在点云数据的基础上，将 HDS 8800 内置 7000 万像素相机拍的照片附加在点云数据或者三维模型上面，可以清晰地分辨岩层，同时基于数据获取各层的标高及差值，方便采矿人员的设计（图 9-27）。

在附加彩色信息的点云数据或模型的基础上，利用软件获取各层面的走势图（附录彩图 9-28）。

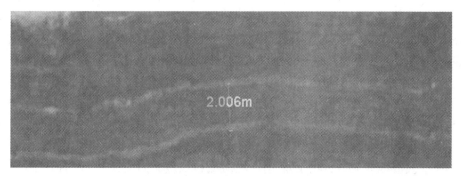
图 9-27　利用软件直接获取装载量

利用徕卡 HDS 8800 针对露天矿的外业数据采集，360 度获取空间点云数据，能够提高外业数据采集效率，提升内业数据处理精度。同时，丰富的数据不仅为测量提供了有效的保证，还为矿山数字化、采矿设计、爆破提供了有效的三维实景。在如此精确的三维模型上，可以让不同专业的人士得到不同的需求。

9.4　林业

9.4.1　应用研究概述

目前，国外许多林业科研工作者就三维激光扫描技术在林业中的应用进行了深入探讨。研究内容主要集中在测树因子获取、林分结构研究以及单木三维重建等方面，并获得了不同程度的成功。

与国外相比，地面三维激光扫描仪技术在我国林业领域的应用相对较少，目前仅局限于基本测树因子获取和单木三维重建两个方面。主要原因：一是三维激光扫描系统属于高精密仪器，成本高昂，目前仅在少数研究项目中试用，并未在林业调查部门普及；二是该技术在数字林业建设中的应用前景还没有引起足够重视，缺少必要的尝试。国内学者主要应用研究成果如下：

邓向瑞等人（2005）通过三维激光扫描仪获取单株立木空间点云数据，利用软件建立了立木三维模型。从三维模型上可直接量测立木树高、胸径、冠幅和计算立木材积，利用获取的材积可进一步建立立木材积方程和编制立木材积表。通过与伐倒木实测数据对比，采用该系统获取的测树因子和立木材积均满足林业调查的精度要求。范海英（2005）利用 Cyclone 软件实现冠下高、冠下径、冠长、胸径、任一处直径等参数的量测，特别是采用三次样条插值函数的构造理论，利用面向对象的高级编程语言实现了树冠体积和表面积、树干材积的计算。

罗旭（2006）以三维激光扫描仪为采集信息手段，运用工业测量技术，通过计算机进行三维图像拼接处理，提取胸径、树高、材积及树冠体积表面积等因子，形成基于三维激光测绘系统的测树技术体系。

　　邓向瑞等人（2007）提出了一种测定疏林立木材积的新方法，利用三维激光扫描系统测量立木材积并建立材积表。对比扫描数据和实测数据，扫描获取的基本测树因子和扫描材积均满足精度要求。冯仲科等人（2007）将三维激光扫描成像系统运用于立木测量，建立立木三维模型，通过对模型进行量测获取包括树冠体积、表面积等各种测树因子。以此为基础，运用非线性回归方法建立树冠体积、表面积回归方程，相关系数都在 0.95 左右。利用树冠体积、表面积回归模型，可以用传统林业调查数据推算出树冠的体积、表面积，可以使与树冠相关的估测、研究得到较好的结果。将树冠因子引入生物量模型，建立包含树冠体积、表面积的生物量模型，获得了较传统 CAR 模型更好的效果，可作为生物量估测的基本模型。吴春峰等人（2009）采用三维激光扫描技术对立木进行扫描，测量立木材积。与伐倒木实测数据进行对比，扫描数据完全能满足林业测量的精度要求，范海英等人（2010）提出利用 Cyra 三维激光扫描仪，采用控制靶标与贴片相组合的方法对林业树种进行野外数据采集。基于三次样条插值函数的构造理论，利用面向对象的高级编程语言实现了对树冠体积和表面积、树干材积的计算，实现了对冠下高、冠下径、冠长、胸径、任意处直径等参数的量测。

　　唐艺（2012）应用 FARO Photon 80 地面三维激光扫描仪获取立木的点云数据，改进了 Crust 建模方法，并运用法向量的变化来提取 Crust 三角曲面图，提出了一种改进的投影算法来求树干网格模型的体积，用建立包围盒的方法来判断空间相交三角形，缩小了检测范围，借三角面片的法向量方向来解决了投影体体积的正负符号，经与林业调查国家标准（GB 4814—84）测量方法的数据比较，桑树模型的材积计算偏差为 4.1%。

　　郑君（2013）使用格网法对得到的树叶点云数据进行三维绿量模型研建，得到树木的三维绿量值。研究并建立枝干点云数据的材积模型，提出新型材积计算方法。高士增（2013）利用凸包算法提取树木不同高度的点云等值线，构建树木枝干的等值线模型。采用 C#语言，使用面向对象的方法，基于 DirectX 平台开发了树木枝干模型构建和参数提取系统。

　　刘伟乐等人（2014）利用 FARO Photon LS120 三维激光扫描技术提取立木的 3D 点云数据，提出一种自动、高效提取单木胸径的算法。运用 ArcEngine 控件调用 ArcGIS 中测算多边形长度的方法计算闭合平面周长，换算出立木胸径值，并结合同步实测数据与传统算法、拟合圆算法进行对比试验。

　　目前，地面三维激光扫描技术在林业中的应用还处于探索阶段，现存的许多问题还有待进一步的解决，相信不久的将来三维激光扫描仪会被大众接受，同时也希望三维激光扫描仪的运用能为林业工作者在以后的林业调查中提供一些新的思路。

9.4.2　林木测量应用实例

　　传统方法获取林分因子是通过皮尺或者钢尺量测树干的周长，利用林分速测镜量取树木的高度及任意位置处的直径，这样的方法不仅外业测量速度慢，增加了工作人员的劳动强度，而且在进行树木高度测量时受外界环境影响很大。最重要的是测量数据获取的精度并不高，影响了整体林业蓄积量调查的精度。地面三维激光扫描技术作为一种高新科技，在森林资源调查、林分结构研究、单木三维建模等方面有着巨大的应用潜力。一方面，其作为一种能快速、有效获取测树因子的新方法，在丰富现有林业资源调查手段的同时，拓展了测树空间；另一方面，该技术能对反映林分实时、动态变化的树冠特征以及林分结构等信息进行有效捕捉，并能提供高分辨率的三维点云影像图，进而有助于构建精准的单木三维模型。

徕卡测量系统贸易公司与南京林业大学研究人员共同合作，李超等人（2011）利用徕卡 C10 扫描仪对南京林业大学试验林进行扫描，利用徕卡 Cyclone 软件对数据进行提取、整理、计算。主要技术过程如下：

（1）扫描前的准备工作

对要进行扫描试验林进行踏勘，确定进行扫描的测站位置、所需的测站数、扫描的路线以及标靶安放的位置。

（2）扫描过程

利用徕卡 C10 进行机载控制，直接对试验林的点云数据进行获取。操作过程中采用中等扫描密度（100m 处点间距为 1cm×1cm）进行扫描，并利用扫描仪内置数码相机进行拍照，为室内研究提供更多可能用到的数据。

（3）数据预处理

采用徕卡提供的 Cyclone 软件进行内业数据的拼接及信息的提取。将 4 站数据合为一体将会得到试验林的一个完整数据。此次研究，要求精度较高，而且要求速度要快，所以选择了标靶拼接这种模式。

（4）研究数据的提取

对拼接完成的数据进行去噪处理，提取需要进行研究的区域。

①胸径、树高提取方法。从树林扫描数据中任意分割提取有限株单独树木，首先进行人工去噪处理，然后就可以利用 Cyclone 中的 Survey 模块对单株树木进行胸径、树高以及树冠投影到地面面积等进行计算提取。提取过程如下：

a. 分割出一部分点云，保证点云里必须包含至少一株完整的树木。

b. 进行人工去噪处理。因为点云显示是空间的，所以在 Cyclone 中可以进行任意角度的旋转查看，通过不断的变换视角，进行点云的去噪，可以方便准确地得到所需要的单株树木的点云数据。

c. 胸径的提取。胸径是指在树木（林业上称之为样木）的 1.3m 处量其直径，称之为胸径。根据定义，可以通过点云，查看树干与地面接触的位置，从而确定一个最为合适的基准点来确定胸径的位置。以基准点所在水平面为基准建立水平参考面（图 9-29）。

在 Z 轴正方向按照 1.3m 的间距对水平参考面进行偏移，就得到了胸径的位置所在。以水平参考面为基准做厚度为 0.1cm 的切片，根据点云做最佳拟合，得到胸径的值 = $0.180×2 = 0.36m$。

d. 树高的提取。在 Modelspace 窗口中的视图模式选择正射视图，在主视图中找到树木的最高点，以最高点为基准建立参考平面。利用 Cyclone 提供的量测功能就可以得到基准点到最高点所在参考面的高度（图 9-30）。

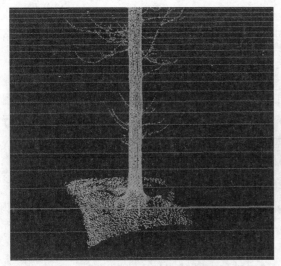

图 9-29　水平参考面的建立

图 9-30　树高量测结果

　　②树林中单株树木位置信息地提取。此次测量没有将坐标系统引入到已知大地坐标系统中去，所以此次得出单株树木的位置坐标也只是在测量时使用的假定坐标系统中，但这都不会对计算过程产生影响。

　　先确定进行单株树木位置信息提取的区域，对所选取区域点云进行去噪处理，得到一个比较完整的点云。再根据点云确定一个最接近地面的水平参考面，如果要求的误差范围较大，我们可以对整个区域的树木确定一个水平参考，如果要求的精度高，就需要对单株树木确定参考面的位置。以前种情况为例，根据点云可以找到一个最切合四株树木的参考面位置（附录彩图 9-31）。

　　以水平参考面为基准做厚度为 0.1cm 的切片，得到了 4 株树木参考面处的切片点云，根据点云做最佳拟合，得到 4 个圆，找到每个圆圈的圆心位置并创建圆心点，并标记每个圆心的平面坐标（图 9-32）。

　　综上所述，利用三维激光扫描仪进行林业的调查，在外业扫描工作中节省了大量的人力、物力，减少了外业作业时间，减轻了劳动强度。在内业工作中，可以根据真实的三维坐标对单株树木进行胸径、树高以及位置信息的提取，大量点云数据保证了数据的全面性，以及成果的准确性。

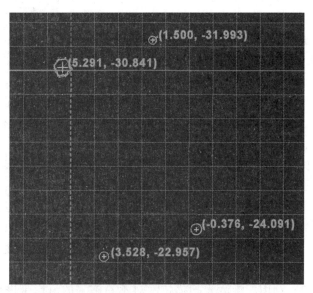

图 9-32 每株树木的平面位置信息图

9.5 海洋工程

海洋工程是指以开发、利用、保护、恢复海洋资源为目的,并且工程主体位于海岸线向海一侧的新建、改建、扩建工程。具体包括:围填海、海上堤坝工程,人工岛、海上和海底物资储藏设施、跨海桥梁、海底隧道工程,海底管道、海底电(光)缆工程,海洋矿产资源勘探开发及其附属工程,海上潮汐电站、波浪电站、温差电站等海洋能源开发利用工程,大型海水养殖场、人工鱼礁工程,盐田、海水淡化等海水综合利用工程,海上娱乐及运动、景观开发工程,以及国家海洋主管部门会同国务院环境保护主管部门规定的其他海洋工程。

海上钻井平台就是为了实施海上油气勘探或开发而建造的海上钻井作业平台状的结构物。在海上进行油气钻井施工时,重达几百吨的钻机需要有足够的支撑和放置的空间,同时还要有钻井工作人员生活居住的地方,海上石油钻井平台就担负起了这一重大任务。钻井平台上装有钻井、动力、通信、导航等设备,以及人员生活和安全救生设施。海上钻井平台主要分为自升式和半潜式两种。

油气开采和石油化学工业生产属于高危险性的行业。一旦发生事故,不仅给生态环境带来灾难,而且也会给经济发展带来重大损失。由于多数事故是毁灭性的,尤其爆炸事故。事故发生后就很难再对事故发生前的设施设备运行情况进行还原,因此,给事故发生原因追查、经济损失评估等工作带来很大的困难。

随着信息技术的高速发展,GIS 由二维发展到三维,三维 GIS 是 GIS 的一个重要发展趋向。三维 GIS 能在当地对空间对象进行三维空间分析和操作。采用三维 GIS 可提供精确方位，三维 GIS 系统能够展现出钻井平台的所有外部及内部结构，并能真实地展示内部构件，同时可以实现在平台中漫游，给人以身临其境的感觉。各种信息通过不同的展现方式表现出来，为海上石油的生产和管理提供了直观表现的平台。

地面三维激光扫描技术在海洋工程领域中的应用研究还刚刚开始，应用研究成果较少，一些学者的应用研究成果如下：

罗建等人（2011）对三维激光扫描技术在海油工程中的应用进行了系统阐述，可应用于老旧设施改造的工程数据恢复，变形检测数据服务，为大型装备整修提供了准确可靠的依据，为工程监理提供数据参考，并结合实例进行了详细说明。吴少华（2011）采用徕卡 C10 扫描仪获取海上钻井平台数据，利用 Cyclone 软件实现了点云的拼接，以及坐标转换和建模，完成了三维 GIS 中海上钻井平台模型的搭建。运用三维渲染引擎 OpenSceneGragh，利用细节层次模型技术和动态调度技术将建好的三维模型加载到其课题开发的钻井平台管理系统中，实现了钻井平台在 GIS 软件中的三维可视化展示、漫游、查询编辑属性、三维量测、图层管理、空间分析、突发事件处理等功能，满足了海上钻井平台的信息化管理，提高了钻井平台的安全性水平。

李杰等人（2012）利用三维激光扫描技术对不易施测的海岸带进行激光扫描，解决了传统海岸线测绘中常出现的岸线难以分辨或者难以到达的问题，从而提高海岸线测绘的精确度和完整度。通过三维激光扫描技术采集激光点云数据构建高精度的数字高程模型来提取海岸线，并对数据结果进行精度分析比对，可获得符合要求的高精度海岸线和海岸带的三维模型，作业效率与测量精度也得到提高。该项技术完全可以应用于海岸线测绘，具有广阔的前景。徐柏松（2012）采用 Riegl LMS-Z420 型三维激光扫描仪对山东某海港的近岸礁石区进行测量试验研究。为对测量成果进行比较，在测区内设置 20 个标靶控制点，分别采用一级导线测量和四等水准测量获得标靶控制点的坐标与高程。在对礁石区进行扫描测量的同时也对 20 个标靶进行扫描观测。通过数据分析可知，采用三维激光扫描测量获得的地形数据精度远高于相关规范的要求。

谢卫明等人（2015）2012 年 5 月利用 Riegl VZ1000 地面三维激光扫描仪（TLS），获取长江口崇明东滩的地貌植被等数据。研究表明：该系统能大面积高精度获取潮滩植被、潮沟、光滩及沙纹等微地貌数据；支持在同一区域进行长时间重复的高精度观测，支持对不同时空尺度的潮滩整体地貌开展对比分析；在潮滩上测量的平面和垂向均方根误差分别为 7.7cm 和 2.4cm。TLS 将为河口海岸潮滩地貌观测及相关工程研究提供一个大面积、高效、高精度的新技术手段。

思考题

1. 在地质研究领域中三维激光扫描技术的优势主要有哪些？
2. 在地质研究领域中三维激光扫描技术主要有哪些应用方向？
3. 三维模型在矿业中的应用主要有哪些内容？
4. 基于点云数据提取树高和胸径的一般过程是什么？

第10章 车载激光测量系统与应用

近年来，车载移动测量系统在国内外均有较大的发展，很多测绘科研和生产部门都对这种测绘技术进行了广泛的研究和试验，并取得了一定的研究成果。本章简要介绍车载移动测量技术出现的背景、概念与特点，国内外研究现状、系统构成与工作原理，系统介绍国内外多种品牌的车载激光测量系统，阐述点云数据的获取与特点、点云处理与三维建模，最后介绍工程应用、存在的问题与展望。

10.1 技术出现的背景

空间信息获取的传统技术手段主要是实地测量、数字化纸质地图和摄影测量。面对传统的空间信息获取手段的缺陷，近 20 年来，随着微电子技术、光电技术、自动控制技术、导航定位技术、遥感技术和计算机技术等学科的迅速发展，大大促进了空间信息获取技术的发展，并相互交叉融合，形成许多全新的三维空间数据获取技术。

随着现代城市数字化、信息化进程的加快及地理空间信息服务产业的快速发展，地理空间数据的要求越来越高。地理空间数据必须快速更新，才能使其具备实时性、完整性、准确性等实用特征。对地理空间数据的要求正朝着大信息量、高精度、可视化和可挖掘方向发展。为了满足日益增长的空间信息的需要，必须寻求新的高效廉价和更新速度快的空间数据获取技术和方式。

在这种情况下，各种采集目标地物三维信息的系统相继问世，移动测绘系统就是其中重要的一种三维数据采集和处理系统。移动测绘系统（Mobile Mapping System，MMS；也称为移动测量系统，移动测量车），是指在移动载体平台上集成多种传感器，通过多种传感器自动采集各种三维连续地理空间数据，并对采集的这些数据进行处理、加工，以满足各种系统的需要。

MMS 在车辆的高速行进之中快速采集道路及道路两旁地物的空间位置数据和属性数据，数据同步存储在车载计算机系统中经事后编辑处理，形成各种有用的专题数据成果。MMS 的主要优点有独立测成图系统、成果全面准确、有效融合其他来源数据，高效率、低成本、安全舒适。MMS 既是汽车导航、调度监控以及各种基于道路的 GIS 应用的基本数据支撑平台，又是高精度的车载监控工具。它在军事、勘测、电信、交通管理、道路管理、城市规划、堤坝监测、电力设施管理、海事等各个方面都有着广泛的应用。

Google 公司通过带有摄像器材的测量车在世界各地采集街道图像数据，不断更新其数据库。这种基于运动载体（车、船等）的多传感器数据采集系统是当前三维数据快速获取的一种重要手段，也是当今测绘界最为前沿的科技之一，代表着未来道路电子地图测制领域的发展主流。

随着激光技术、激光测距技术的不断发展，产生了激光扫描测量技术，出现了激光扫描仪。与传统的激光测距技术点对点的距离测量方式不同，它通过调整激光扫描测量的方法，大面积高分辨率地快速获取被测对象表面的三维坐标数据，为快速建立物体的三维模型提供了一种全新的技术手段，将它和移动载体相结合就演变出车载三维激光移动测量与建模系统。

按照激光扫描仪搭载平台，通常将激光扫描测量系统分为机载激光扫描测量系统和地面激光扫描测量系统。其中地面系统又可以细分为地面固定系统和移动系统，车载激光扫描测量系统即为一个地面移动系统。

21 世纪初，为了提高机载激光雷达（light detection and ranging，LiDAR）的测量精度和灵活性，根据机载 LiDAR 的测量原理，将测量平台换成汽车，研制了车载 LiDAR 系统。现在车载 LiDAR 还处于起步阶段，是测量领域中最具有发展潜力的技术之一，也是目前研究热点之一。

10.2 概念与特点

10.2.1 概念

对于此项技术的准确定义，在公开发表的相关各类文献中，均未提到相关技术规范中的定义。在文献中用到的词语也不太一致，主要有车载三维激光移动测量与建模系统、车载三维（3D）激光扫描系统、车载激光扫描三维数字城市建模系统、车载激光扫描与全景成像城市测量系统、车载激光建模测量系统、车载激光雷达扫描系统、车载 LiDAR 系统、三维激光测量车、GPS/北斗双星制导高维实景采集系统、车载移动激光扫描测绘系统，等等。

不同学者在文献中，对于概念的解释也不尽相同，有代表性的解释有以下三种：

第一种解释：车载激光扫描系统是在机动车上装配 GPS（全球定位系统）、CCD（视频系统）、INS（惯性导航系统）或航位推算系统等先进的传感器和设备，在车辆的高速行进之中，快速采集道路及道路两旁地物的空间位置数据和属性数据及实景图片。

第二种解释：车载激光扫描系统即为一个地面移动系统，以汽车为平台，用三维激光扫描仪和 CCD 相机获取物体表面三维坐标和影像信息，POS 测定系统的姿态参数。

第三种解释：车载 LiDAR 系统是由若干子系统组成的集成系统，主要由激光扫描仪、组合导航系统、CCD 相机、计算机控制系统以及承载平台等组成。其中，组合导航系统由全球导航卫星 GPS 系统、惯性测量单元（IMU）、距离测量指示器（DMI）组成。

综合以上三种解释，总体表达的思想是大致相同的，考虑到文献中此技术系统的原理与应用，可以从两个方面作进一步的理解：一是多设备的系统集成。不同品牌和不同的时间段，在具体的设备上有个别差异，总体上大概相同。另外，也包括与设备配套的数据处理软件的集成。二是车载的含义广泛，不仅是汽车，还包括在陆地、水上可移动的物体，主要有轮船、火车、小型电动车、三轮车、便捷式背包等。

综上所述，为统一表达方式，本书中使用"车载激光测量系统"（简称 VLMS）。

10.2.2　特点

车载三维激光扫描技术不断发展并日益成熟，是测绘领域继 GPS 技术之后的一次技术革命。20 世纪 90 年代末，车载激光测量系统在国外研制成功。2008 年 7 月在北京召开的"第 21 届国际摄影测量与遥感大会"上，出现了 Riegl、Optech 等公司的成熟车载激光测量产品。国内研制的产品也逐渐面试，并投入市场。

VLMS 作为测绘科学的领先产品，已经成为当前研究热点之一。广大的科研工作者逐渐将此技术应用于工程实践，并做了相关的试验研究，取得了一定的研究成果。在设备可到达的区域内，精度上可以满足工程需要的领域，都有一定的应用潜力。在多领域有着广泛的应用，主要有测量地形可视化、城市市政管理、道路状况、道路设施、电力设施、海事、军事、勘测等。从目前应用研究的形势来看，VLMS 基本上涵盖了测绘的各个领域。

从目前应用研究成果情况来看，已经体现出 VLMS 的特点（或者优势），总结研究经验，VLMS 与传统测量方法进行对比，特点归纳如下：

①数据采集自动化程度高，劳动强度低。系统基本实现数据采集自动化，外业采集的数据均由计算机控制，数据采集过程只需要 2 人左右的人工干预操作。系统大大减少了测量人员的工作量，降低了测量人员劳动强度，改善了工作环境。

②数据采集速度快。目前，现有的车载系统正常数据采集一般都能达到 60km/h，并且一般系统都配置两台扫描仪，保证系统一次采集道路两旁的数据；而且采集数据时不影响道路正常使用，无需封锁交通，数据采集非常方便。对于城市等大规模建筑物集结区，也可在很短时间内完成作业任务。只要是移动载体通过的地方，数据采集工作就可以完成。

③数据采集精度高。VLMS 采集的数据量大，数据密度高，完全能够反映城市道路两侧目标地物的立面特征。采集数据的精度可以控制在厘米级，测量精度远大于机载 LiDAR 和摄影测量采集数据的精度。相对精度和绝对精度都比较高，适合高精度模型的构建。

④数据采集全面。VLMS 不仅能够获取计划需要的数据，而且高密度的采样频率（一般在道路测量中点密度可以达到 $300Pt/m^2$ 以上）保证了获取数据的完整性和丰富性。如在道路维护测量中，不仅可以获取道路路面的点云，还可以获取路边设施数据、道路边坡数据等。

⑤主动性强，能全天候工作。由于 VLMS 主要传感器为激光扫描仪，它是通过发射激光脉冲来测定目标地物上的某点到脉冲发射器的相对距离，从而不需要考虑光线的影响，而整个系统是以测量车作为平台，从而不用考虑外界各种天气等的变化。工作时抗干扰能力强，提高了数据采集的工作效率。

⑥全数字特征，信息传输、加工、表达容易。由于各种原始数据以及处理得到的结果数据都是采用数字表示的，它的各方面处理很容易。在配套软件的支持下，从采集完成至输出点云格式数据时间较短。

⑦应用范围广。VLMS 克服了机载 LiDAR 获取数据点云精度低、点云密度小和地面

激光扫描仪扫描范围小、数据拼接麻烦的缺点，目前在公路维护测量、道路改扩建测量、海岸线测量、电力线测量、铁路测量、数字城管测量、数字城市构建等方面都有应用。

　　VLMS 在大规模城市场景的三维重建、建设与应用支撑中具有越来越明显的优势，提升城市信息化建设及管理的水平。同时，获取的数据具有海量特性，且带有噪声并存在遮挡，这给点云数据的存储、传输、管理、处理等也带来了巨大的挑战。

10.3　国内外研究现状

10.3.1　国外研究现状

　　国外在这一领域的研究开发进展比较快，特别是机载空间信息采集系统正逐步走向成熟，自 20 世纪 80 年代出现以来，现已有商业化的机载激光雷达扫描系统。国外一些大学和研究机构也开展了车载激光雷达扫描系统的研制，也有相应的对车载系统推向市场，但相对来说要落后于机载系统。

　　移动道路测量系统源于美国、加拿大等发达国家。车载 LiDAR 采集系统源于 1997年，加拿大的 El-Hakim 等人将激光传感器和图像采集设备集成到了一个小车上，形成了车载 LiDAR 采集系统的雏形。

　　第一个现代意义上的移动测图系统产生于 20 世纪 90 年代，美国俄亥俄州立大学制图中心开发了自动和快速采集直接数字影像的陆地测量系统 GPSVan，它是一个可以自动和快速采集直接数字影像的陆地测量系统。之后加拿大卡尔加里大学和 GEOFIT 公司为高速公路测量而设计开发了 VISAT 系统；德国慕尼黑国防大学研制了基于车辆的动态测量系统 KISS，它主要应用于交通道路及其相关设施的测量；1999 年，日本东京大学空间信息科学中心 Zhao 和 Shibasaki 等人开发的车载激光扫描测量系统 VLMS，能够快速有效地获取街区、城市等大面积的点云信息，主要应用于城市场景模型的快速重建。其他还有西班牙凯特罗那制图协会（ICC）开发的 GEOMOBIL 系统、美国田纳西州立大学推出的车载LiDAR 系统等。

　　很多基于相似概念的商业系统也在开发之中。2008 年 7 月在北京召开的"第 21 届国际摄影测量与遥感大会"上，出现了 Optech、Riegl 等公司的成熟车载激光测量产品。之后国外的 VLMS 产品逐渐进入中国市场，目前有加拿大 Optech 公司的三维激光测量车Lynx Mobile Mapper（山猫移动测图系统），奥地利 Riegl 公司的 VMX 系列移动激光扫描系统与 MLS_ VMY-250-MARINE 船载系统，瑞士徕卡公司的移动激光扫描系统 Leica Pega-sus：Two，美国天宝公司的 Trimble MX 系列空间移动测绘系统，日本拓普康公司的 IP-S系列移动测量系统，澳大利亚 Maptek 公司的 Maptek I-Site 系列车载扫描系统，英国 MDL公司的 Dynascan 车载与船载式三维激光扫描系统。

　　其他类似的商业系统还包括 Lambda 公司的 GPSVision、NAVSYS 公司的 GI-Eye、Transmap 公司的 ON-SIGHT、Applanix 公司的 LANDMark、3D Laser Mapping 和 IGI 公司合资开发的 streetMapper 360、诺基亚所属公司 NAVTEQ 的激光采集车、德国 SITECO 公司所生产的 Road Scanner 以及 Google 使用的街景采集车等，基本上这些系统的硬件集成方式比较类似。

由于车载激光扫描系统尚处于初期发展阶段，国外商业系统和数据处理软件一般是捆绑销售。车载系统的数据格式都是自定义未公开的，使得相应的数据处理软件不具有通用性。而国外商用数据处理软件价格昂贵，技术环节保密，公开的参考文献也相对较少，严重制约了车载 LiDAR 系统的应用和发展。另外，国内学者利用点云数据处理软件进行了相关的应用研究。

10.3.2　国内研究现状

我国紧密跟踪国际上 LiDAR 系统的发展，并结合国内不断增长的应用需求，于 20 世纪 90 年代中后期着手发展自己的车载 LiDAR 系统。一些高校、研究机构、企业启动研究计划，经过 10 多年的努力，已经取得了一定的研究成果，一些商业系统已经投入市场销售使用。

武汉大学测绘遥感信息工程国家重点实验室的李德仁院士在国家自然科学基金重点项目《3S 集成的理论与关键技术》的资助下，2005 年研制成功具有自主知识产权的高新科技产品 LD2000 系列移动道路测量系统，荣获 2005 年国家测绘科技进步一等奖，2007 年国家科技进步二等奖。产品由立得空间信息技术股份有限公司负责销售，在国防、交通、铁路、公安、市政城管和数字城市建设等领域得到广泛的应用，并出口到韩国、意大利、伊朗、阿联酋等国际市场。由于它具备精确、快速、信息丰富、使用方便等诸多优点，如今，车载 MMS 已被公认为是最佳的导航电子地图测制、地图修测及道路实景三维 GIS 数据采集工具。基于 MMS 采集的可量测影像数据已被广泛应用于政府和企业信息化以及公众位置服务领域。之后，相继研制了激光全系列产品，主要有全景激光移动测量系统、便携式立体测量系统、简易 MMS 设备、铁路 MMS 测量系统、P-MMS 测量系统、360 视频采集车。

武汉大学李清泉教授研制开发了主要用于堆积测量的地面激光扫描测量系统（2005）。山东科技大学基于国家信息领域 863 项目"近景目标三维测量技术"（2003AAA133040），与武汉大学、同济大学、中国测绘科学研究院联合研制了车载式近景目标三维数据采集系统（Vehicle borne 3D surveying system，简称 3Dsurs 系统）。2012 年 9 月，由武汉大学和宁波市测绘设计研究院联合研发定制的车载三维激光采集系统（地理信息采集车）正式投入使用。"车载激光扫描与全景成像城市测量系统"获 2013 年中国测绘学会测绘科技进步一等奖。

我国起步比较早的车载激光 LiDAR 是由首都师范大学三维信息获取与应用重点实验室、中国测绘科学研究院（刘先林院士）、青岛市光电工程技术研究院等依托 863 课题"车载多传感器集成关键技术研究"，联合研制的 SSW 车载激光建模测量系统。该系统关键传感器实现了国产化，打破了国外对高精度移动测量的垄断，且完全用于自主知识产权，是我国自主研发的第一套基于 LiDAR 技术的移动测量系统，2011 年通过国家测绘局技术鉴定，2012 年获得国家测绘科技进步一等奖。产品委托武汉滨湖电子有限责任公司（研发产品有 C3D-MMS 三维激光移动测量系统、MMTS 移动测量与检测系统）批量生产，由北京四维远见信息技术有限公司负责销售，已经有浙江省测绘与地理信息局（2014）、四川测绘地理信息局（2015）、北京市测绘设计研究院（2014）、国家测绘地理信息局重庆测绘院（2015）等单位购置并投入生产，系统可多平台搭载，主要应用于道路测量、部件测量、地籍测量、三维城市建模、水上测量、高清街景、地下车库测量、地理国情监测，目前已经完成生产任务 10 多万公里。

由华东师范大学地理信息科学教育部重点实验室牵头，2008 年完成了"双星制导车载高维实景数据移动采集平台"（RSDAS）的建设。南京师范大学虚拟地理环境教育部重点实验室与武汉恒利科技有限公司合作研制开发了车载三维数据采集系统 3DRMS。广州中海达卫星导航技术股份有限公司研制了 iScan 一体化移动三维测量系统。北京数字政通科技股份有限公司自主研发了激光全景移动测量系统（数字政通-Ⅲ型）。北京北科天绘科技有限公司研制了 R-Angle 系列车载激光雷达。北京农业智能装备工程技术研究中心（2009 年）构建了一种面向土地精细平整的全地形车（All Terrain Vehicle，ATV）车辆农田三维地形快速采集系统。

其他相关研究还有：中科院深圳先进研究院在国家 863 计划的支持下也做了一系列相关的研究，研制生产了车载三维激光扫描系统。天津大学叶声华教授所在的精密测试技术及仪器国家重点实验室也对激光雷达做了深入研究并取得了显著成果。西北工业大学设计完成了一套用于城市三维空间信息采集建模的车载移动激光扫描测绘系统原理样机。南京大学、北京建筑大学测绘与城市空间信息学院、吉林省公路勘测设计院等科研单位也相继研发了车载激光三维数据或全景影像采集系统等。

国内学者针对系统组成部分的检校、数据预处理与简化、数据建模及可视化处理、系统应用领域拓展等方面开展了研究，并取得了一定的研究成果。

可以预见，国内外将会有越来越多的地图服务、导航产品、数字城市等业务供应商加入到车载 LiDAR 技术行业领域中。

10.4　系统构成与工作原理

10.4.1　系统构成

车载激光测量系统的构成，由于不同时期和设备品牌的差异，不同学者的描述不太一致，但是总体上是分硬件与软件两个组成部分。

1. 硬件组成部分

车载激光测量系统（图 10-1）主要包括差分 GPS 系统（包括 GPS 基站和动态 GPS 接收机）、惯性导航装置（IMU）、激光扫描仪、CCD 相机、控制装置、测速仪、移动测量平台等。另外一种描述是系统主要由定位定姿模块和数据采集模块组成，其中定位定姿（POS）模块主要由 GPS、惯性导航装置 IMU（惯性测量单元）及 DMI（人机界面）组成，主要为行驶中的车辆提供高精度的位置和姿态。数据采集模块主要由激光扫描仪和面阵CCD 全景相机。

各部分的主要功能如下：

①DGPS 系统：后处理差分出每时刻动态 GPS 接收机相位中心的坐标，为数码相机拍

图 10-1　车载激光测量系统的硬件构成

照提供时间信息。

②惯性导航装置（IMU）：实时获取 IMU 的空间姿态参数。

③激光扫描仪：用于测量地面点在扫描仪内置坐标系中的坐标，一般采用二维激光扫描仪，可安置多台扫描仪。

④CCD 相机：用于获取对应的彩色影像，为数据处理提供影像数据，可以用来给点云着色或者制作视频，也可以根据相片的内外方位元素和相对关系来解算物点坐标；数码相机可以是面阵 CCD 也可以是线阵 CCD。

⑤控制装置：主要包括控制设备、存储设备和显示设备。控制设备主要用来对各传感器进行启动、参数设置和关闭等操作。存储设备用来记录相机、激光扫描仪、DGPS、IMU 采集到的数据。显示设备显示系统各部件工作情况。

⑥测速仪：实时测得系统速度。

⑦移动测量平台：搭载设备和人员，所有数据获取设备安置在车辆顶部的装备架上。

2. 软件组成部分

软件是车载激光测量系统的重要组成部分，也是系统应用的基础。一般分为数据采集处理软件和点云处理软件，数据采集处理软件一般与硬件捆绑销售，目前国外各车载系统的数据格式都是自定义未公开的，使得相应的数据处理软件不具有通用性。点云处理软件相对比较成熟，多以国外的软件产品为主，可独立销售。

车载 LiDAR 数据后处理技术的研究则较为滞后，尤其是车载 LiDAR 数据的滤波、分类及建筑物立面特征提取等工作仍然是依靠人工或人机交互进行，作业效率低下。国外商用数据处理软件价格昂贵，技术环节保密，公开的参考文献也相对较少，严重制约了车载 LiDAR 系统的应用和发展。目前国际上较为成熟的 LiDAR 数据处理商业软件如芬兰 TerraSolid 等在处理大数据量的车载激光数据时也存在相当大的困难和局限性。

北京四维远见信息技术有限公司销售的 SSW 车载激光建模测量系统软件配置包括组合导航软件 IE（含 GPS 差分及单点定位）；绝对坐标点云生成软件（激光与 POS 融合）；

图像的畸变差改正、定位定姿、为点云赋 RGB 软件；点云的自动分类、提取，矢量化，构件化（一级模型自动建立）等软件；二级模型的建立；SWDY 点云工作站软件。其中，SWDY 点云工作站软件是一款综合性的应用软件，提取技术世界领先，摆脱第三方软件，完全底层开发，可提供定制化服务。主要功能有点云的自动分类及提取、点云浏览、三维建模、矢量测图（及部件测量）、地面滤波、数据交换。

10.4.2　系统工作原理

数据采集车在行车过程中，配备的计算机可以同时将传感器获取的数据进行存储，定姿、定位系统可以利用 GPS 动态插值得到以测定传感器系统中心点为测量原点的大地坐标，IMU 提供精确测量的传感器系统的实时姿态，同时三维激光扫描仪可以对道路路面以及道路两边的建筑物、树木、路灯等地物进行逐点扫描，同时全景相机采集道路两边的全景影像，以上所有的传感器都是通过时间同步控制器触发脉冲实现数据的同步采集，车载上方的平台将所有传感器固定在一起，这样就保证了传感器与平台之间的姿态是同步的，各传感器之间的坐标关系就可以确定。系统中主要设备的工作原理如下：

1. DGPS

测量车在行进过程中，差分 GPS 系统按照一定的采样频率接收信号，实时获取测量车移动瞬间的 GPS 天线中心的大地坐标，以为 LS 和 CCD 提供定位和定向数据。主要是提供载体的高精度位置和速度，但是在高楼林立的城市环境中，GPS 信号容易受建筑物、树木的遮挡，影响测量精度，需要辅之以导航系统，常用的是惯性导航系统。INS 不需任何外来信息，也不向外辐射任何信息，可在任何介质、任何环境下实现，系统频带宽，可跟踪任何机动运动，能输出位置、速度、方位和姿态等多种导航参数，输出数据平稳，短期稳定性好，但导航精度随时间发散，即长期稳定性差。而 GPS 导航精度高不随时间发散，即长期稳定性好，但频带窄，高机动运动时，接收机码环和载波环极易失锁而丢失信号，完全丧失导航能力，且受制他人，易受人为干扰和电子欺骗。惯性导航和 GPS 在性能上正好互补组合使用可取长补短，充分发挥其各自的长处。

2. IMU

IMU 惯性测量单元会记录测量车移动瞬间的姿态角，包括测量车的航向角、翻滚角及俯仰角。

3. 激光扫描仪

由于大部分的 3 维激光扫描仪都是固定式的定点扫描，无法装载到该平台上在动态的过程中采集地物 3 维数据，所以该系统应用的一般是 2 维扫描仪，LS 在垂直于行驶方向作二维扫描，以汽车行驶方向作为运动维，与汽车行驶方向构成 3 维扫描系统，实时动态地采集 3 维信息。2 维激光扫描仪是车载激光 3 维数据采集系统中的核心模块，系统能实现的测量距离和测量的相对精度主要取决于它。

激光扫描仪在移动瞬间通过线扫描的方式发射并接收返回的激光束，且记录扫描点距离扫描仪中心的扫描角度及距离值。根据激光扫描仪的扫描频率和扫描仪的视场角等信息，结合测量车在行进过程中获取的扫描点扫描角度及与扫描仪中心的距离值，即可得出扫描点在扫描仪中心坐标下的坐标，然后根据 GPS、IMU、激光扫描仪之间安装的位置关系信息，通过坐标转换就可以得到扫描点在 WGS84 坐标系下的三维坐标，实现道路及两侧建筑物的三维信息的实时获取。

4. CCD 相机

CCD 相机或全景相机则以一定的频率直接获取测量车在行进过程中的地物景观纹理信息。目前常见的车载 3 维数据采集系统中，使用的都是面阵相机进行纹理信息采集。

10.5 车载激光测量系统简介

10.5.1 国外商业系统简介

1. Riegl 公司的移动激光扫描系统

奥地利 Riegl 公司于 1998 年向市场成功推出首台三维激光扫描仪，北京富斯德科技有限公司是奥地利 Riegl 地面、移动、工业激光扫描仪及激光测距仪在中国的唯一合法授权代理。

目前 Riegl 公司的移动测量系统已经形成多产品系列，2010 年推出 Riegl VMX-250，2012 年推出 Riegl VMX-450 与 VMY-250-MARINE 船载三维激光扫描系统，2015 年 5 月推出 VMQ-450，简要介绍如下：

北京富斯德科技有限公司与 Riegl 携手举办的第三届国际前沿激光雷达交流大会在广州召开，在会议上发布了最新移动激光扫描仪 VMQ-450（图 10-2），具有极高的扫描点密度和优秀的线扫描速度，比以往产品更轻便，更高效。VMQ-450 是一款高度集成的，具有超高性价比的单激光扫描仪测图系统，广泛适用于各种移动测图项目。系统集成了 RIEGL VQ-450 激光扫描仪和 IMU/GNSS 单元，以及配套操控系统。用户可选配最多 4 个数码相机，获取同步影像数据。

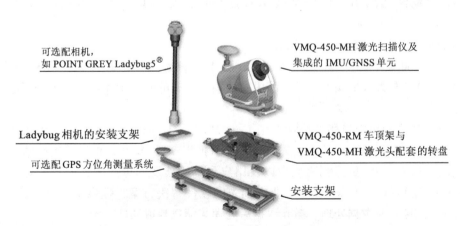

图 10-2　VMQ-450 硬件配置

系统主要特性包括单程扫描便可获取 360°垂直视场角的数据；能识别多重目标；相机接口可以搭载 4 台相机；支持多角度安装；工作流程无缝对接。

Riegl VMX-450 特别适用于铁道测图任务。移动激光测图系统的安装支架便于使用吊车安装，通过配备的各种接口实现快捷安装，可形成 Riegl VMX-450-RAIL 移动激光测量系统（图 10-3）。与三维铁道数据处理软件无缝对接，对铁道走廊进行监控，实现专业的限界分析、碰撞探测等。对采集整个铁道走廊的三维数据，包括轨道上方的线缆、轨头和整个铁道运行环境都能完整获取。

通过软件接口与德国三维铁道数据处理软件 TECHNET-RAIL SiRailScan 对接，实现数据快速处理，自动提取铁道几何信息。软件 SiRailManager 提供各种工具实现铁道数据的浏览与管理。可应用于铁道三维存档与数据管理。

图 10-3　VMX-450-RAIL 移动激光测量系统

Riegl 移动激光测图系统详细技术参数与资料见北京富斯德科技有限公司网站（http：//www. fs3s. com/）。

2. Optech 公司的山猫移动测量系统

总部位于加拿大多伦多市的 Optech 公司提供机载激光 ALTM 和 SHOALS、地面激光 ILRIS-3D、CMS 和大气探测设备。产品由中翰集团下属的北京中翰仪器有限公司作为中国的总代理商。

在 2007 年底推出山猫移动测量系统 Lynx Mobile Mapper，2008 年 7 月在北京召开的"第 21 届国际摄影测量与遥感大会"展出。之后推出 V200 型号，提供了更高的激光测量速度，更高的解析力，更强测距能力以及用户测量所涉及的可选配置方案。配套软件有 Lynx-Survey 与 Lynx-Process，是一套业内领先的软件解决方案，提供了完整的路线规划、项目执行、惯性导航数据处理、激光数据后处理与信息提取功能。

2013 年，Optech 公司推出 Lynx SG1 移动激光雷达系统，是用于勘测和工程项目的最佳解决方案，它具有最高的准确度、精度和总体成本效益。凭借每秒 120 万次/秒测距速度、360°无阻视场、500 线/秒业界领先的扫描速度和有保证的勘测级精度，Lynx SG1 提高了移动勘测的行业标准。其同时集成多个数字相机，包括 Point Grey Ladybug。Lynx SG1

捆绑了 Optech LMS Pro 综合软件作业流程。同时，推出 Lynx MG1 移动激光雷达系统（图 10-4），主要应用于移动测图方面。系统主要参数指标见表 10-1，详细技术参数与资料见北京中翰仪器有限公司网站（www.zhinc.com.cn/，http：//www.teledyneoptech.com/）。

图 10-4　Lynx MG1 移动激光雷达系统

表 10-1　　　　　　　　　　**Lynx SG1 与 MG1 系统主要技术参数**

设备型号	SG1	MG1
激光头数量	2 个	1 个
相机	1 个 Ladybug 相机 4 个 500 万像素相机	1 个 Ladybug 相机 4 个 500 万像素相机
最大测距范围（20%反射率）	200m	250m
绝对精度	±5cm	±20cm
扫描频率	最大 500 线/秒（可调）	80~220Hz（可调）
视场角	360°	360°
安装平台	适用所有车辆	适用所有车辆

3. 拓普康公司的移动测量系统

自 2009 年至今，日本 TOPCON 公司陆续推出 5 款移动测量系统。2009 年推出 IP-S2 高速移动测量系统，2010 年推出 IP-S2 Lite 移动 GIS 测图系统，2012 年推出 IP-S2 Compact+ 3D 移动测绘系统，2013 年推出 IP-S2 HD 高清移动制图系统，IP-S2 HD 产品目前由上海华测导航技术股份有限公司在中国代理销售，相关资料见公司网站（http：//www.huace.cn/）。

主要技术参数见表 10-2，拓普康移动测量系统详细技术参数与资料见北京拓普康商贸有限公司网站（http：//positioning. topcon. com. cn/）。

表 10-2　　　　　　　　　　　拓普康移动测量系统主要技术参数

仪器类型	IP-S2	IP-S2 Lite	IP-S2 Compact+	IP-S2 HD
GNSS 跟踪信号	GPS+GLONASS L1/L2	GPS+GLONASS L1/L2	GPS+GLONASS L1/L2	GPS+GLONASS L1/L2，SBAS
GNSS 采样率	10Hz	10Hz	10Hz	10Hz
陀螺仪误差	25°/h	25°/h	20°/h	20°/h
加速度计误差	8mg	8mg	典型 7.5mg	典型 7.5mg
数据更新/输出率	100Hz	100Hz	100Hz	—
主机重量	3.64kg	3.64kg	39kg	典型 78kg
典型扫描精度	±35mm	—	—	—
典型扫描范围	30m	—	最大到 190°	—
全景相机分辨率	1600×1200 像素	1600×1200 像素	5400×2700 像素	—

　　拓普康在 2015 年 3 月 30 日至 4 月 2 日在美国休斯敦召开的 SPAR 会议上发布了最新 3D 移动测量系统 IP-S3（图 10-5）。

图 10-5　IP-S3 3D 移动测量系统主机

　　IP-S3 产品的技术特点：配备一台含 32 个激光头的旋转式扫描仪，每秒可获取 70 万个测量点，实时获取 360°全方位的点云数据；同时，其配备的六镜头 3000 万像素高清全景相机可自动拼合成为高质量全景相片。IP-S3 非常轻便，只有 18kg，使用者可以独立把它装到车上。

4. 天宝公司的车载移动测绘系统

目前天宝公司的产品由北京麦格天宝科技发展集团有限公司（简称麦格集团）销售，移动测绘系统主要有机载移动测绘系统 Harrier、Trimble 车载移动测绘系统 MX、Trimble 定位定姿系统 POS 等。

2011 年 9 月 27 日，Trimble 在德国纽伦堡举办的"第 17 届国际大地测量学和地球信息技术 INTERGEO 展览会"发布了内业数据处理软件 Trident Analyst 4.7 版本。产品覆盖了整个项目流程环节，包括从数据获取、数据处理到最终的信息提取，Trimble 的产品使项目的完成不依赖任何第三方软件。与 Trimble MX1，MX3 和 MX8 移动测量系统配套提供。2013 年 12 月 16 日天宝公司公布了 Trident Software 6.0 的新功能。Trimble Trident 软件的主要功能特点：为移动测图采集的海量激光点云和影像数据集的可视化、漫游与处理而设计；专门用于进行信息的人工和自动提取；提供 eCognition 分析服务器，进行基于目标的特征提取。软件特色主要有自定义 GIS 数据库构建和维护、高自动化路标数据库构建和维护、高密度点云的智能信息提取、三维视图点云分类、与 GIS/CAD 的无缝集成。

2012 年 8 月 15 日至 17 日，Trimble MX8 车载移动激光扫描系统全国巡演开始。系统（图 10-6 与图 10-7）集成了高精度激光雷达扫描与可定制化的数字成像系统，能够快速高效地采集高精度、高质量、完整的三维空间数据。系统专为测量工程、地理空间制图和数字城市等项目而定制，用于道路、铁路、桥梁、市政公用设施以及其他基础设施的资产清查与管理、智能交通基础 GIS 数据建库、竣工建模、监测与滑坡分析等。Trimble MX8 车载移动测绘系统配备有两个高性能 360° 的激光雷达扫描仪，可采集道路沿线的精确三维空间地理点云信息，坚固的集成外罩内有多台高分辨率数码相机，用以获取高分辨率地理定位影像，无缝集成了高性能 POS LV 系统，可获得可靠、精准的定位、定姿信息。

详细资料见天拓集团等网站（http：//www.titgroup.cn/）。

图 10-6　MX8 移动测绘系统外观

5. 徕卡公司的移动激光扫描系统

2015 年徕卡公司推出了 Leica Pegasus：Two 移动激光扫描系统（图 10-8），是真正意义上的移动测量引领者。它完美地将激光扫描仪和高清晰可量测相机融合在一起，并通过

图 10-7　MX8 移动测绘系统内部

强大的后处理软件平台进行数据融合、数据信息提取、线化特征提取等一系列地理信息采集。系统可独立于运载工具，具有一套完整的硬件和软件的解决方案，同时具有各种可扩展的应用。

图 10-8　Leica Pegasus：Two 移动激光扫描系统

　　该系统的亮点主要体现在独立于车辆、全球顶级的相机和 GNSS 接收机、可选的激光扫描仪、快捷的实时监测相机和激光扫描仪的工作状态、最专业的软件平台、行业最优的测量精度。典型应用包括道路勘察、三维城市、海岸线巡检、应急救援、铁路行业。系统的特点还包括通过将半自动数据提取集成到标准 GIS 界面中，可以轻松捕获用于预算规划和维护进度安排的资产，测量用于生成预算报表的道路质量并维持户外广告的合规性。通过适当的控制点，可以在车辆速度下为道路施工进行设计和测量。坐标转换到本地基准面是标准功能，即使是大数据集也可轻松完成。此外，能够对铁路进行快速精确的地理坐标参考制图，免打扰而且安全；可以进行预防性维护，同时缩短测量时间并平衡人员需求。

　　Leica Pegasus：Two 移动激光扫描系统的详细技术参数（表 10-3）与资料见徕卡测量系统网站（http：//leica-geosystems.com.cn/leica_ geosystems/index.aspx）。

表 10-3　　　　　　　　　**Leica Pegasus：Two 产品主要参数**

设备类型	技术指标	指标数值
相机传感器	相机数量	8
	CCD 尺寸	2000×2000
	像素尺寸	5.5μm×5.5μm
	覆盖范围	360°×270°
GNSS/IMU/SPAN 传感器 包括用于 GPS、GLONASS、Galileo 和北斗星座的三个带宽—— L-Band、SBAS 和 QZSS	频率	200Hz
	陀螺偏差偏移（deg/hr）	0.75
	陀螺范围（±deg/s）	450
	加速度计范围（±g）	5
传感器平台	重量	51kg（不包括箱子）
	包括箱子的尺寸	68cm×68cm×65cm
典型精度	水平精度	0.020m RMS
	垂直精度	0.015m RMS
精度测试条件	扫描仪频率	1000000 点/秒
	行驶速度	40km/h
	激光扫描仪	ZF 9012

另外，还有英国 MDL 公司 Dynascan 系列产品，主要有三个型号 M150/M500、S250、HD100。M150/M500 主要应用领域是采矿、河道及海岸线测量，DTM 建模，基础设施建设等。S250 主要应用领域是城市特征目标提取、地形扫描、管线扫描、铁轨及轨道周边地貌扫描、高速公路扫描，HD100 主要应用领域是数字城市、文物保护、隧道扫描、建筑物建模及其他高清扫描，前由北京咏归科技有限公司（http：//www. yongguitech. com/）代理。

10.5.2　国内商业系统简介

1. SSW 车载激光建模测量系统

SSW 车载激光建模测量系统由中国测绘科学研究院北京四维远见信息技术有限公司、首师大三维信息获取与应用教育部重点实验室，经过 6 年的开发、研制，获得多项专利，于 2011 年 11 月通过国家测绘地理信息局组织的鉴定。目前已实现批量生产并推广应用，是国内外水平较高的测量型面向建模的移动测量系统（SSW-Ⅳ）。

SSW 系统以各种工具车为载体，集成国产 360°激光扫描仪、IMU 和 GPS、CCD 相机以及转台、里程计（DMI）等多种传感器。系统由控制单元、数据采集单元和数据处理软件构成，系统硬件整体构成如图 10-9 所示。

SSW-IV 车载激光建模测量系统的优势如下：

图 10-9　SSW-Ⅳ车载激光建模测量系统硬件整体

①多平台搭载。包括商务车、越野车、皮卡车、船、三轮车等（需要转换平台时，系统无需重新检校）。

②作业方式多样。支持大车移动式扫描（常规作业模式）、子车移动式扫描和定点式转动扫描（用于测绘成果质量检查和无道路地区点云采集），适应大路、小路、室内、地下、无路等多种环境作业。用户根据需求选配高、中、低三种硬件配置（SSW-Ⅳ型、SSW-P 型、SSW-J 型）。

③街景与测量兼顾。自制全景相机扫描街景（分辨率近亿万像素），高精度传感器可完成高精度测量（精度可达 2cm）。系统以城市全息三维精细建模为主要目的设计，同时兼顾街景采集。

④安全灵活。采集系统作业时自动升出车外，作业完毕收回车内，操作简单，便于存放运输。

另外，系统硬件优势还有关键器件全国产，便于维修；系统高度集成，可根据用户的需要订制硬件；无基站作业；软件自产部分可以按模块挑选。

系统配套有自主知识产权的交互软件，可以完成全过程的数据处理，无需购买第三方软件。点云工作站 SWDY 具有极其强大的交互功能，是系统应用的关键，也是系统最大的特点之一，也是开发人员不可或缺的助手，主要特点如下：

①采用 JX-4G 全数字摄影测量工作站完全相同的硬件；

②基于金字塔四叉树点云数据结构和 LOD 支持下的海量点云的导入和快速漫游：单眼、双眼立体，鼠标测图和手轮测图，背景移动与测标移动可选；

③丰富的 2D/3D GIS 数据导入和导出；

④有强大的人机交互工具对点云、第三方数据、系统提取的一级/二级模型进行浏览、检查、编辑、应用。

数据格式已形成企业标准。建立起分类码表，每一类实体的结构线数据格式，和对实体进行管理的实体属性表的数据结构，形成标准将 SSW 系统的成果交给后端专业 3D GIS 的生产商进行发布和应用。

系统主要传感器的主要技术指标见表 10-4，详细技术参数与资料见公司网站（http：//www.jx4.com/）。

表 10-4　　　　　　　　　　系统主要传感器的主要技术指标

传感器	技术指标	指标数值
激光扫描仪	点频	200kHz
	线频	50~100Hz
	距离	2~300m（反射率80%）
	相对测量精度	≤1cm
	视场角	360°无盲区
IMU	陀螺漂移	Roll：0.01°/h；Pitch：0.01°/h；Yaw：0.01°/h/cos 纬度
	GPS 信号良好，经 POS 解算后	Roll：2‰；Pitch：2‰；Yaw：5‰ 定位精度：平面<10cm，高程<5cm
面阵（6台，测量型配置）相机（可选）	CCD	2200 万像元，RGB
	曝光间隔	1 秒
	像元	6.4μ
全景（LadyBug5）相机（可选）	CMOS	500 万像元
	像元	3.45μ
微单全景（可选）	相机个数	5+1
	像幅	3/4 画幅，2000 万像元
	像元	4.2μm
	曝光间隔	2 秒

2. LD-2011 型全景激光移动测量系统

立得空间信息技术股份有限公司（以下简称：立得空间）在研制生产第一代（2007年）车载 CCD 实景三维采集车系统（LD2000-RM 基本型移动道路测量系统）的基础上，2010 年研发了全景激光移动测量系统（LD-2011，图 10-10），系统将定位定姿系统 PPOI（含 GPS 和高精度惯导）、立体相机、全景相机、高端激光扫描仪等多种传感器集成在车载平台上，并沿道路采集实景影像、全景影像及激光点云数据，在内业环境中对采集得到的地理信息数据进行进一步加工，生成专题成果图，使其可以进行快速城市建模。

系统有配套的软件，主要包括外业软件和内业软件两个部分。外业软件安装在数据采集车上，具体包括全景影像采集软件、多源数据采集软件、视频数据采集软件、激光数据采集软件、空间数据采集软件、精度测试软件。内业软件用于数据处理和发布，按照数据生产处理过程，包括组合定位定姿处理软件、直接地理参考处理软件、多源数据测图处理软件和成果数据展示接口 API 等几个部分。系统最终提供的成果主要包括可测量实景影

图 10-10　LD-2011 型全景激光移动测量系统外观

像、激光点云等，可以使用配备的数据处理软件 COMAPPER 进行测图与建库，输出各个行业的专题数据。

公司还研制了在各种交通工具上使用的设备，主要有便携式立体测量系统、简易 MMS 设备（图 10-11）、铁路 MMS 测量系统（图 10-12）、P-MMS 测量系统、360 视频采集车。系统可应用于 LBS 项目、城市三维建模项目、中低精度的普查类项目，可以在城市管理、公共安全、数字城市、应急、智能交通、智慧旅游等方面发挥重要作用。

2015 年 6 月在北京国家会议中心举办的全球地理信息开发者大会（WGDC）上，公司展出了新一代移动测量系统——My Flash "闪电侠" 系列 MMS，"闪电侠" 系统可安装在汽车、火车、飞机、轮船等任何移动载体上，能够广泛应用于海陆空三栖条件下的各类测量场景。

LD2011 系统的主要技术指标见表 10-5，详细资料见公司网站（http：//www. lead-or. com. cn/index. aspx）。

表 10-5　　　　　　　　　　　　　　LD-2011 系统标称的主要指标

指标类型	技术指标	指标数值
整体指标	系统绝对测量精度	0. 5m
	系统相对测量精度	5~10cm
	作业车速	≤80km/h
全景相机	整体解析度	最高 5120×2560
	有效视场角	360°×145°（地面方向缺失）
定位定姿（POS）系统	航向姿态精度	0. 05°
CCD 立体测量系统	相机解析度	200 万像素
激光扫描仪	整体视场角	300°（开口向上）
	扫描距离	≤80m

图 10-11 简易 MMS 设备

图 10-12 铁路 MMS 测量系统

3. iScan 一体化移动三维测量系统系列产品

2012 年 4 月，武汉海达数云技术有限公司正式成立，是广州中海达卫星导航技术股份有限公司（以下简称"中海达"）控股子公司。移动测量系统产品涉及机载、车载、水上、便捷式等，以下对地面移动类型的产品做简要介绍：

（1）iScan 一体化移动三维测量系统

2013 年公司推出 iScan 产品，该系统（图 10-13）将三维激光扫描设备（SCANNER）、卫星定位模块（GNSS）、惯性测量装置（IMU）、里程计（DMI）、360°全景相机、总成控制模块和高性能板卡计算机高度集成、封装在刚性平台之中，可方便安装于汽车、船舶或其他移动载体上。在载体移动的过程中，快速获取高精度定位定姿数据、高密度三维点云和高清连续全景影像数据。系统性能优势主要体现在一体化、免标定、高精度、高可靠、高智能、易运输、易安装。主要技术参数包括测程：500m；扫描仪频率：36～108 kHz；扫描角分辨率：0.01°；全景分辨率：大于 5000 万像素；测量精度：±10cm，可以根据客户的具体需求选用其他合适的传感器。

图 10-13　iScan 一体化移动三维测量系统

系统有自主研发的配套软件，包括一体化三维移动测量系统操控软件、点云融合处理软件、三维点云建模软件、全景激光 GIS 建库软件、全景激光街景处理软件、街景应用服务平台。可为用户提供集快速数据采集、高效数据处理、高效海量点云管理、三维全景影像应用于一体的完整解决方案。

iScan 系统可轻松完成矢量地图数据建库、三维地理数据制作和街景数据生产，广泛应用于三维数字城市、街景地图服务、城管部件普查、交通基础设施测量、矿山三维测量、航道堤岸测量、海岛礁岸线三维测量等领域。

2015 年，公司推出 iScan-STM 升级型一体化移动三维测量系统，是在地面激光扫描仪（Riegl VZ1000 等）的基础上，增加 iScan 集成模块升级改造，能以汽车、船舶等移动载体为平台，快速获取高密度三维点云。

（2）iView 激光高清全景系统

2013 年，公司推出 iView 激光高清全景系统（图 10-14），将高清全景相机和各种移动激光测量系统集成，以汽车、船舶等移动载体为平台，快速获取高清连续全景影像和高密度三维激光点云，配套专业的生产和发布软件，广泛应用于互联网街景地图、数字景区、数字城管、数字公路、数字航道等领域。系统性能优势主要体现在提供立体及平面的探面体验，街景中鼠标点击快速跳转定位，利用面片定位标注，基于全景及点云的精准量测。主要技术参数包括有效像素：7200 万；有效视场角：360°×170°；数据接口：USB 3.0；采样间隔：按时间或距离触发。

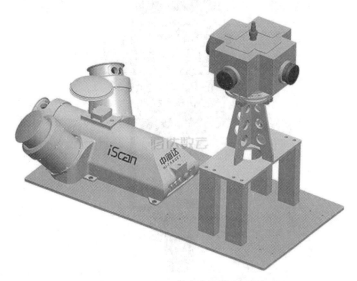

图 10-14   iView 激光高清全景系统

（3）iScan-P 便携式移动三维激光测量系统

iScan-P（图 10-15）是 2013 年中海达自主研制的便携式移动三维激光测量系统。该系统可单兵背负，也可自行车、三轮车等载体搭载。在载体移动过程中，快速获取高精度定位定姿数据、高密度三维点云和高清连续全景影像数据，通过系统配套的数据加工和应用软件，为用户提供快速、灵活的移动测量解决方案，广泛应用于三维数字城市、街景地图服务、城管部件普查、矿山三维测量等领域。

系统的性能优势主要体现在高集成、高精度、高可靠、高智能、易携带、高效率、易操作。主要技术参数包括测程：30m；扫描频率：40Hz；激光发射频率：40000 点/秒；角分辨率：15′；扫描角度：270°；测量精度：±10cm；设备重量：15kg；工业相机>1200 万像素，高清相机>5000 万；连续工作时间：5 小时。

（4）iAqua 水上水下一体化三维移动测量系统

iAqua（图 10-16）是中海达 2014 年自主研制的船载水上水下一体化三维移动测量系统。iAqua 创造性地将三维激光扫描设备、卫星定位模块（GNSS）、惯性导航装置（IMU）、360°全景相机、总成控制模块和高性能板卡计算机高度集成并封装在刚性平台之中。同时可集成多波束测深模块，在移动过程中，快速获取高精度定位定姿数据、高密度水上三维点云、高清连续全景影像及水下多波束数据，通过系统配备的数据加工处理、海量数据管理和应用服务软件，为用户提供快速、机动、灵活的水上水下一体化三维移动测量解决方案。iAqua 可轻松完成水上水下地形测绘、河道港口设施普查、三维地理数据制作、实景数据生产，广泛应用于河道、湖泊、水库、海岸带及岛礁测绘、航道规划、数字

图 10-15　iScan-P 便携式移动三维激光测量系统

水利、数字航道、数字海洋管理、开发规划、工程建设、应急指挥等领域。

系统性能优势主要体现在一体化、高精度、高可靠、高智能、高效率、免标定、易安装、同基准。主要技术参数见表 10-6。

表 10-6　　　　　　　　　　　**iAqua 主要技术参数**

指标名称	指 标 数 值
系统测量精度	水上：平面优于 5cm，高程 5cm（@100m） 水下：0.5m（100m）
系统有效测程	水上：600m/1000m/2000m/4000m（90%反射率）（可选配） 水下：0.5~500m（兼容各品牌、多型号多波束测深仪）
激光发射频率	300000 点/秒
扫描视场范围	100°×360°（垂直×水平）
角分辨率	0.0005°
影像分辨率	大于 5000 万像素
作业船速	10~25km

以上四种设备的详细技术参数与资料见广州中海达卫星导航技术股份有限公司（http：// www.zhdgps.com/）与武汉海达数云技术有限公司（http：//www.hi-

图 10-16　iAqua 水上水下一体化三维移动测量系统

cloud. com. cn/index. html）网站。

4. 其他公司产品

（1）北京北科天绘科技有限公司

公司研制 R-Angle 系列车载激光雷达适用于车载测量系统，它外形轻巧，扫描频率高、扫描距离远，结合惯性导航及全球定位系统，应用激光及摄影测量等技术。

系统主要技术指标见表 10-7，详细技术参数与资料见公司网站（http：// www. isurestar. com/）。

表 10-7　　　　　　　　　　　　**R-Angle 主要技术指标**

设备型号	RA-0100	RA-0300	RA-0600	RA-1000
扫描距离（m，ρ≥60%）	0. 5～200	1. 5～500	2～1000	3～1800
最大脉冲频率（kHz）	500～1000	500	500	300
激光波长（nm）	红外	1550	1550	1550
扫描频率（线/秒）	10～60	10～100	10～100	10～100
测距精度（mm）	5/50m	8/100m	10/100m	20～30/500m
测角精度（°）	优于 0. 01	0. 005	0. 005	优于 0. 01
扫描仪重量（kg）	<8	<9	<9	<15

（2）武汉滨湖电子有限责任公司

公司主要产品有车载激光建模系统、移动测量检测系统、排水管网移动测量与检测系统、湖光牌房车。研制和推出了集成化程度高的具有自主控制和移动地理坐标框架特点的车载式三维移动测量数据采集系统（C3D-MMS 三维激光移动测量系统）和相应的数据处理软件包。

2011 年我国首台完全拥有自主知识产权的车载激光建模测量系统（SSW-MMTS）在福州正式亮相揭幕。该系统在中国工程院刘先林院士的带领下，由中国测绘科学研究院、首都师范大学、北京四维远见信息技术有限公司、中国兵器装备集团公司武汉滨湖电子有限责任公司共同研制完成。详细资料见公司网站（http：//www.binhuelec.com/index.php）。

（3）北京数字政通科技股份有限公司

公司在原有（数字政通-Ⅱ 型）的车载移动测量系统的基础上，2014 年研究了更为先进的新型道路采集车。采集车上配备最新一代激光全景移动测量系统（数字政通-Ⅲ 型），是具备国内领先水平的专业移动道路测量系统，集成高清晰度全景相机、高精度惯导系统及激光扫描仪，核心硬件的配置参数远高于市场同类产品水平，数据采集效率更高、输出产品更丰富、数据成果更精确，可真实展现环境细节，适用于行业精细化的实景应用。

详细资料见公司网站（http：//www.egova.com.cn/）。

（4）北京数字绿土科技有限公司

目前公司已成功自主开发了激光点云数据管理、分析和建模的平台软件（LiDAR360 系统）以及基于激光雷达数据的林业应用等专业软件，并研发了激光雷达扫描系统的车载信息平台和无人机平台。

Li-Mobile 车载激光雷达系统以非接触方式快速获得海量空间信息，以其合理的外观设计和高度的集成，快速安装于不同的搭载平台上（地面交通工具、航空飞行器和室内小车等）。详细资料见公司网站（http：//www.lidar360.com/）。

（5）重庆市勘测院与重庆数字城市科技有限公司合作产品

两家公司合作自主研发了吉信移动测量系统。系统集成 GNSS、INS、LiDAR、全景相机、里程计等传感器。移动测量系统（DCQ-MMS-X1）特点是点云绝对精度优于 0.5m，相对精度达到厘米级别；每小时采集 30~60km；点云不仅展现宏观信息，同时记录微地形与微现状。详细资料见重庆数字城市科技有限公司网站（http：//www.dcqtech.com/）。

（6）北京金景科技有限公司

公司 2014 年成功研发 ScanLook Ⅴ 第一代便携式激光雷达系统，2015 年推出 Scanlook Ⅴ 系列第二代和第三代产品。ScanLook 有 Ⅴ、F、R 系列等多种型号配置的超轻便携式 LiDAR 系统，可以集成多款三维激光雷达扫描仪、POS（GPS&IMU）、全景相机及其他组件。

ScanLook Ⅴ 系列系统优势：Ⅷ 系统重量为 4kg；可背包携带工作，平台切换仅需数分钟安装时间；80 万点/秒的扫描速度（Scanlook Ⅶ）；绝对定位精度可达 2cm，相对定位 2mm；有人机、无人直升机、无人旋翼机、冲锋艇、汽车、电动车、肩背等多种平台使用。

设备配套有 Pointshape 三维激光雷达建模软件，软件拥有自动化程度高超的工厂管道建模、电力线提取、道路平整度与马路边缘设施提供等强大功能，适用于地面扫描、车载、机载数据处理。

ScanLook 在获取空间地理信息时无需精确标瞄，外业团队可大大缩减，可以全天作业，可在城市峡谷、隧道、林荫道等 GNSS 信号较差或没有信号的地方获取高精准的空间地理信息，轻松解决传统方法无法测量到达区域的险滩泥沼、交通流量极大的道路，可全方位获取城镇、乡村、农田、森林、湖泊、库区、景区、公路、铁路、电力等行业所需三维空间地理信息，高效便捷精准，极大地拓展客户的业务领域。详细资料见公司网站（http：//www. brisight. com/）。

（7）青岛秀山移动测量有限公司

公司推出 V-Surs I 型车载式三维空间移动测量系统，详细资料见公司网站（http：//www. qdydcl. com/）。

（8）广州南方测绘仪器有限公司

公司 2015 年 10 月推出的移动测量系统"征图"。

10.6 点云数据获取与特点

10.6.1 点云数据获取

点云数据就后续应用的第一步，也是非常重要的基础环节。对于点云数据获取的方法，相关文献阐述较少，说明比较简单。总体上可以分成以下三个环节，简要说明如下：

①外业技术方案设计。依据作业任务要求，经过现场勘查，设计最佳的行车路线和行车速度。为了全面获取数据，还可以选择合适的时间。根据实际精度的要求，对车载扫描中存在的盲区或是需要强化的细节部分进行基于定点旋转平台的三维扫描设计。另外，做好全套设备的各项准备工作。

②测区现场作业。按照技术设计，将车开到要获取数据的地方，开启所有传感器设备（包括 GPS、IMU、扫描仪、CCD 相机等），完成各项准备工作。开始作业后车辆尽量保持匀速行驶，各个传感器开始工作，计算机系统开始记录激光原始数据、CCD 相机数据、IMU 数据、GPS 数据以及里程计数据。在作业完毕时，各传感器按照仪器操作规程进行关闭。获取的原始数据保存在计算机内。

③点云数据生成。数据采集完成后，对传感器数据进行融合处理，对 GPS/IMU 以及里程计进行组合计算得到车辆行驶的轨迹和姿态，激光扫描仪测量的二维点与组合导航的车行位置和姿态进行融合，统一到 WGS-84 坐标系下的点云绝对坐标，将点云数据与同步的影像数据进行配准，并生成彩色点云。点云中的一个数据点包含一个测点的三维坐标和 RGB 颜色值。一般是由设备配套的数据处理软件完成，一般情况下各品牌之间不通用。

10.6.2 点云数据的特点

一般利用设备配套的解算软件进行解算，处理的结果是作业区的点云数据。了解激光点云数据的特点，对后续的点云特征提取与建模等研究有非常重要的意义。综合不同学者的成果，简要归纳如下：

①点云数据范围多是大型带状场景。车载移动激光扫描系统利用车辆在街道（公路等）上正常行进的过程中采集数据，由于激光扫描仪的扫描范围和高度的限制，决定了数据范围是大型带状场景。同时车载激光点云数据垂直于车行方向以扫描线为单位。

②点云数据密度不均匀、空隙多。由于车行速度的影响以及扫面距离的变化，车载激光扫描数据的密度有着较大的变化。当车行进速度较大，则点云数据密度降低，而当其行进速度低时，点云数据密度增加。而在相同的数据扫描频率下，离车较远的点云数据密度小而离车较近的数据密度高。点云在空间分布上是离散的，系统在数据采集过程中对可探测范围内数据无选择性采集。

③数据量大且不完整。相对机载 LiDAR 点云数据，车载 LiDAR 系统在采集数据时一般都是近距离扫描，且测量车行进速度相对较慢，因此系统获取的点云数据量庞大，这也直接造成了数据处理的耗时。系统由于扫描角度和建筑物前端遮挡物的存在，也只能获取可见的建筑物立面及少量顶面信息。CCD 相机在获取纹理景观图像是也会由于拍摄角度及以上原因引起遮挡。

④数据噪声。车载 LiDAR 系统在行进过程中，由于加速、减速、改变行驶方向以及道路起伏等因素影响，系统获取的点云数据中不可避免会包含噪声。主要体现在孤立点、局外点以及局部区域扫描点的位置突变等。

⑤具有反射强度信息。目前绝大部分的车载 LiDAR 系统都能提供反射脉冲的强度信息，它反映了从目标表面反射回的能量，是不同物体属性的反映。激光点云反射的强度信息同多种因素有关，并不是一个定值，即使对于同一介质表面，当激光系统、天气状况等具体情况不同时，激光点云反射的强度信息也会有很大差异。由于一些技术上的原因，如缺乏有效的定标手段等，目前还没有得到有效的应用。

⑥呈扫描线排列方式。目前，车载 LiDAR 系统的主要扫描方式为线扫描，获得的扫描点在目标上按扫描线排列，在真实环境中这些扫描点的对象各异，结构的差异导致扫描点在不同物体上具有不同的分布，如建筑物点在扫描线上呈光滑分段连续的近似垂直线性分布，行树点则呈离散分布。

⑦具有盲目性。车载 LiDAR 点云数据是一种"盲目"的数据，每个激光脚点的采样都是随机的，点云数据为物体表面的空间坐标信息，没有关于物体所属的类别信息，使得点云数据中建筑物等目标的自动识别和特征提取面临很大的困难。

车载激光扫描仪采集的数据是大量的原始点云，主要包括点的三维坐标及回波强度等信息。常用的点云格式有两种，一种是 ASCII 格式，另一种是二进制的 LAS 格式。ASCII 格式是车载激光扫描仪普遍采用的一种数据格式，它包括 PTX、XYZ、PTS、TXT 等文件格式。该文件类型包括两部分，第一部分为文件头，用于说明文件的辅助信息，第二部分记录点的三维坐标和其他如回波强度值。ASCII 格式优点是结构简单、读写容易，可以被大多数仪器和软件接受，但是数据没有压缩，占用内存较大；LAS 由 ASPRS 制定，为 LiDAR 数据的标准格式，该格式数据存储更加简洁，点云数据的导入、显示和处理也更高效，其缺点是解码和编码比较复杂，需要专业软件进行处理，使得在应用上具有一定的局限性。

10.7　点云数据处理与三维建模

　　采用与设备配套的软件经过解算后得到的图像，称为"距离图像"或者"深度图像"。由于采集系统是不断工作的，因此点云数据中不可避免地含有噪声点，这些噪声点占据了大量的数据存储并对后期数据处理产生负面影响，所以在建模之前必须采用必要的技术手段对点云数据进行处理。点云数据是对现实世界物体形状最自然的表示方法之一，但是它只能表示物体的几何信息，不能表示物体的拓扑和纹理等信息。要想将原始有限的三维点云转换为完整的三维几何形体，必须要经过三维重建。

　　基于点云数据的三维重建需要经过一系列的处理过程，国内外许多学者进行了相关研究，从表达的术语与过程上都存在一定的差异，但是总体上技术处理的过程与方法基本一致，综合多方观点，简单归纳总结如下：

　　1. 点云滤波

　　滤波是以去除测量噪声为目的，而不包含去除地面点或地物点的概念。机载 LiDAR 的滤波方法已经很成熟，还形成了很多成熟的商用软件。但是，车载 LiDAR 的点云数据跟机载 LiDAR 的点云数据有很大的差别，无论是从点云的密度还是精度，车载 LiDAR 的点云都要高于机载 LiDAR 的点云数据。故机载 LiDAR 的点云滤波方法不再适用于车载 LiDAR，车载 LiDAR 点云的滤波方法只具有借鉴意义。然而，车载 LiDAR 点云数据的处理方法也在不断地发展和进步，国内外的一些学者都取得了很多很好的成果。

　　常用的点云数据去噪方法有基于高程的点云去噪和基于扫面线去除噪声的方法。根据车载激光点云局部分布特点，能够将不符合分布特性的点剔出。目前对点云数据的滤波基本上都是在设备配套软件中实现的。

　　2. 点云抽稀

　　由于车载激光点云数据具有数据量大、数据密度大的特点。过大的数据会造成不必要的资源耗费，因此有必要依据项目研究需要进行抽稀。

　　车载激光点云的抽稀要满足的条件主要有两个：第一是点云的数量要有所保证，使得点云在统计上能够反映出所采集的数据所在区域的几何形态；第二是点云数据抽稀后的数量要得到一定的控制，否则过大的数据量会对数据之后的处理带来不便。

　　在进行点云抽稀的时候可以根据载具的行进速度来决定抽稀率。以此来控制点云数据的数量和稀疏程度。在实际生产中，对车载激光点云进行抽稀的常用方法包括：系统抽稀、基于格网的抽稀、基于 TIN 的抽稀。

　　3. 点云分割与特征提取

　　对于激光点云来说，矢量化的基础是点云的分割，即从点云中分割出各个几何体，并提取各个几何体的几何参数，这些参数包括平面方程、边界曲线等。

　　点云分割是对象建模的基础环节，也是一项具有挑战性的工作，也是关键环节。Hoover 等人提出了点云分割的含义：点云数据分割就是将在同一对象表面上采集到的数据点赋予相同标志的过程。Hoover 等人的文献中将点云分割结果分为五大类：正确分割、过度分割、分割不足、分割确失和噪声。过度分割是将本属于同一表面的点云被错误划分为多个分割子集，这种情况会造成分割结果中的错误的拓扑连接关系；分割不足是应当进一步细分的多个子集被合并到同一个子集中，这种情况下虽然拓扑连接正常，但是构成的表面形态却与实际不符；分割缺失是点云分割器无法找到正确的构型子集，无法反映对象的真实形态；而噪声则是点云分割器划分出来的非对象表面数据子集。点云分割的目标是尽量减少后四种错误分割的发生。

当前，针对点云分割取得了一系列的研究成果，例如，喻亮（2011）构建了基于多维空间相似度的点云分割算法。但是，全自动的高精度分割依然是当前点云建模的难点。当前主流的点云分割算法主要有基于边检测的算法、基于区域增长的算法、基于聚类的算法和其他混合算法。

特征提取主要利用点云内在的几何、拓扑关系等信息对某一类相似的特征进行提取。例如，对曲线、线段、平面、球体、圆柱体等几何特征的提取，主要用于目标的识别与自动提取，如电线杆提取、建筑物立面提取、道路标线提取，等等。

4. 点云分类和识别

车载激光点云的分类是矢量化的前提，对于街景激光点云来说，点云中包含的物体主要为建筑物，街道两侧的交通标识、电线杆、树木等，点云分类的任务是将代表这些物体的激光点进行正确的归类。

点云数据的分类和识别是点云数据处理的重点和难点。近年来，在对象识别方面国内外许多学者采用先验知识以加快地物识别的速度和提高地物识别的准确率。基于知识的分类识别方法是未来的重要研究方向。一些学者针对车载 LiDAR 点云数据的特点提出了相应的分类算法，主要有：高程阈值分类法、扫描线信息分类法、法向量估计法、投影点密度法、特征空间聚类方法。另外，杨长强（2010）提出并实现了基于多分辨率的渐进式车载激光点云分类算法。喻亮（2011）提出了基于地物特征模糊度量和可信度判断的分类识别方法。韦江霞（2014）利用车载激光点云对分类对象（城市典型地物包括行道树、建筑物、路面以及路灯）中不同目标的特征搜索策略、形状特征的提取方式以及分类目标的判定条件进行了系统研究。

计算机自动分类和识别点云数据，是人脑的思维过程在计算机系统中的模拟反映，对于激光扫描点云数据的识别，受到获取的场景数据内容和点云数据本身精度的制约。

激光点云获取后，分类是对激光点云进行进一步处理首先应该完成的一项工作。由于车载激光点云采集技术目前还未完全成熟，激光点云的处理和应用尚处于起步阶段，国内外相关文献比较少。目前点云分类的方法主要可以归纳成两种方式，微观方式和宏观方式。微观方式直接对激光点的属性进行判明。宏观方式根据激光点不同聚类所体现出的特性判明该点集的属性，从宏观的角度将不同的点云划分为不同的物体。可见，这两种方法有各自的优势和缺点，但都不适用于复杂场景中点云的分类。

5. 三维建模

车载激光数据的三维重建可分为地面层重建、建筑物补洞、建筑物重建、其他地物重建和纹理映射五部分。在实际应用中，应根据激光数据的特点及建模需求，选用相应的策略和方法。

在三维城市建模环境中，对象数据需要含有 X、Y、Z 三个坐标数据来表达真实的地物对象，将二维的面空间拓展到三维的体空间，数据结构相应的发生了变化。李德仁和李清泉较早研究了三维模型的空间数据组织方式，并将数据结构分为基于表面的数据结构和基于体表示的数据结构。基于表面的数据结构主要分为：格网结构、形状结构、面片结构、边界表示以及 BURBS 函数表达；基于体表示的数据结构主要分为：3D 栅格结构、针状结构、八叉树结构、几何实体模型（CSG）和不规则四面体结构。

目前基于激光扫描点云数据的建筑物信息提取与重建研究从数据角度分主要有两类：一类是只利用 LiDAR 数据直接提取和重建建筑物模型，通常是基于离散的激光点云的空间结构分析，采用基于 LiDAR 不规则的点云构成 TIN 网提取屋顶平面，进而实现建筑物的重建。另一类方法是融合 LiDAR 数据与其他图像数据（遥感影像或 CCD 相片）来重建建筑物。采用与其他图像数据结合的方法可以降低处理的难度，但是对数据的获取提出了更高的要求。

针对车载 LiDAR 点云数据，一些学者也对建筑物立面细节特征的识别及立面几何重建进行了相关研究，具体方法有栅格化图像法、立面三角网法、语义知识法、形式文法。还有杨长强（2010）提出并实现了基于点线面模式的车载激光点云矢量化算法。魏征（2012）提出了立面几何位置边界的自动提取方法。

10.8 工程应用简介

车载激光扫描测量依托于我国稠密的公路网，能够覆盖绝大多数区域，作业灵活，并可以精确、快速、大面积地获取城市建筑物、道路等交通设施等目标的表面信息。目前在测绘的多个领域已经得到了试验性应用，以下对重要应用领域作简要介绍。

10.8.1 城市管理工程

在城市市政管理中的各项设施，如公用设施类、道路交通类、市容环境类、园林绿化类、房屋土地类等设施的信息采集均可利用车载激光扫描系统来获得。实现了城市数据采集的连续性、完整性，并且有准确的位置信息，结合后期处理软件，可直接生成各类地图，对以后的查询和分析工作有很大帮助。以下结合近几年应用研究案例进行简要介绍：

1. 城管部件普查

立得空间信息技术股份有限公司参与了安徽省芜湖市数字城管项目一期工程，数据普查与建库。2008 年 11 月开始，利用移动测量系统和 TrueMap Engine（真图引擎）软件，2009 年 5 月完成了全部主城区 71.7km^2 的数字化城管部件普查与内业建库工作。

江苏省测绘工程院的徐建新等人（2013）利用中国测绘科学研究院自主研发的 SSW 车载激光建模测量系统，对南京市仙林地区的城市部件数据采集进行了研究，测区总长约 11 km，该测区地形空旷、阻挡少、GPS 信号好，车辆行人较少。采集的城市部件主要包括井盖、路灯、行道树、立杆、交通指示牌等设施。在获取到激光数据并预处理得到彩色点云后，对照点云及面片式三维模型数据采集城市部件信息。采用野外 CORS 实测验证方法，结果表明：平面 x 方向中误差为 0.056m，平面 y 方向中误差为 0.06m，z 方向的中误差为 0.053m。城市部件采集的精度要求中，一般点状部件要求为平面误差在 50 cm 以内，使用车载扫描方法获取的城市部件数据精度完全符合要求。另外，将采集的部件数据导入到 SuperMap Objects 的 SDB 格式进行管理。

2. 城市路面高程测量

河南理工大学的张传帅等人（2013）针对高效、快速、安全获取海量、高精度的路面高程数据的技术难题，以周围环境复杂的北京西三环一繁华路段作为测试路段，提出了基于车载 LiDAR 系统的高精度路面高程测量应用方案。通过实地采集数据，对精度进行了检测，验证了该方案的可行性。

10.8.2 地籍测量

车载激光扫描测量系统的出现，为城镇地籍测量找到了一个全新的技术方法，应用研究案例如下：

董锦辉等人（2014）选取了一个区域进行车载激光扫描方式获取地籍测量所需数据。结合基准站数据通过 Pospac 软件对扫描形成的轨迹文件进行结算，再利用 RiProcess 软件对点云数据进行配准、纠正、压缩、去噪、抽稀后提取地籍信息，将提取的地籍数据导入 Cass9.1 测量软件，编辑成初级地籍图，再编辑成地籍图。采用全站仪设站的方法测量界址点、房角点，共检测点位 300 个，将全站仪测量数据与激光扫描仪测量数据进行比较，计算测量点位中误差为±2.3 cm，符合《地籍调查规程》解析界址点的精度要求。

吉林大学的房延伟（2013）利用 SSW 车载移动测量系统进行了农村地籍测绘的实验研究。选择河北省武安市冶陶建制镇城区作为研究区，在近半个月的时间里，共扫描面积 1.2 平方公里，转扫共设站 27 站，推扫 3 次。从实验结果来看，车载移动测量系统在有效扫描距离范围内，点云数据获取较为完整，提取地籍界址点精度较高。同时，可降低外业劳动强度，提高工作效率。

中国测绘科学研究院的郝铭辉（2011）设计并实现了以车载激光扫描数据获取的房屋信息结合地籍图、地籍记录进行房屋单元提取的技术流程和方案，评估了基于车载激光扫描系统的房屋模型在三维地籍系统中的适用性。

10.8.3 公路测量

目前，公路勘察设计与改扩建的测量方法主要有传统的 GPS 或全站仪野外测量方法、航空摄影测量方法、机载 LiDAR 扫描技术、车载 LiDAR 移动测量技术。

将车载 LiDAR 技术应用于公路相关工程的测量任务，可免去大量的人工野外实测工作，直接获取公路沿线的地形三维信息，具有周期短、劳动强度低、工序少、测量数据精度高、受天气影响小等优点。点云数据具有连续性和完整性，通过点云数据构建的公路三维模型，可以实现各种空间信息准确查询与精确量测任务，如计算距离、面积、土方量，生成横、纵切面等，使数字地面模型真正应用于公路勘察设计的初步设计和施工图设计阶段以及公路改扩建工程量计算过程中。综合考虑安全性、测量精度、勘测效率等需求，车载 LiDAR 扫描技术无疑是公路相关工程最理想的测量方法。近几年的应用研究案例介绍如下：

1. 高速公路带状地形图测绘

首都师范大学与中交公路第二勘察设计院合作，采用 SSW 移动测量系统在京珠高速公路石家庄段进行了小范围的道路改扩建生产试验，并对部分测量成果精度进行了外业检测。试验数据的精度检测结果表明：在 GPS 信号良好和人工因素干扰较少的情况下，系统成果完全可以满足 1：1000 比例尺成图要求，也符合公路改扩建工程的精度需求。

2. 地形图数据采集

北京市测绘设计研究院的薛效斌等人（2014）利用车载三维激光扫描系统进行了测绘地形图数据采集实验。线路长 2km，宽度为 30~50m，测区沿线拥有线状道路一条，最宽处区 6~7m，最窄处 4~5m。工程特点是：测区范围线路穿越山区，途经多处拐弯与坡道，地形起伏变化大，并且范围内有山洞、悬崖等。测区线路不宽，道路两侧基本没有建筑物遮掩，植被也比较稀疏。通过传统的全站仪测极坐标以及附合水准线路采集了部分地物点的平面坐标和高程作为检测点。平面中误差为±0.019m，高程中误差为±0.011m，检测点精度均在两倍中误差的限差以内，在一倍中误差的检测点占总检测点的 80%~85%，符合工程的精度要求。对误差较大的原因进行了分析。

3. DEM 及路面特征矢量线提取

2013 年 8 月，星际空间（天津）科技发展有限公司承担了杭州（红垦）至金华段 60 多千米车载移动激光扫描测量及高速公路改扩建工程勘测工作。采用国际领先的车载移动激光扫描测量技术，在不影响高速公路正常通行的前提下安全测绘，先后投入 25 余人，仅用时四十余天就完成了该项目测量工作。测绘成果是 1：2000 测区 DEM 及路面特征矢量线提取。

4. 高速公路竣工测绘

2013 年，浙江省测绘大队的李建刚（2014）对高速公路竣工测绘进行了实验研究。实验路段是嘉绍高速公路嘉兴段，北接乍嘉苏高速互通，南到嘉绍大桥，全长约 40km。时速 25km/小时，共花费两天的时间利用 SSW 车载激光建模测量系统完成所有外业数据扫描工作。点云总量达到了 146G。首先使用激光扫描仪配套后处理进行点云解算，在 SWDY 软件中，根据点云数据结合影像，对地形、地貌进行判别，输出相关矢量数据（DXF 文件）。最后在 CASS 9.0 软件中对整个图形进行修饰，编制 1：1000 CAD 地形图。成果图与全站仪实测的现状地形数据进行核查，共采集了靠近公路两侧具有代表性的 160 个地物点（包括房角、围墙角、铁丝网、涵洞等）。通过核查结果计算求得，平面中误差为 18cm，高程中误差为 13 cm。所有数据均未超规定中误差限值±30cm，说明将激光扫描测绘技术应用于带状道路的竣工测绘中是完全可行的，采集的数据也是精确可靠的。

5. 道路断面测量

张攀科等人（2014）利用新型国产车载激光扫描系统 SSW 对道路断面采集进行了研究。车载激光扫描技术以其密集地达到 5cm 间距的高精度点云，能真实地再现出树木、车辆、建筑物等道路周边详细信息，且可进行室内量测。通过对在昌平某地进行的扫描测量的精度分析，平面和高程的精度都在 5cm 以内，能够满足道路测量规范中对断面线的要求。这是用车载测量系统在道路测量方面的有力尝试，通过探讨得出了一种有效的断面测量方法。

6. 道路养护信息管理系统

张凤等人（2012）利用 MMS 系统进行道路病害检测，实现了养护数据的定期更新，建立了道路养护信息管理系统，提高了管理效率。针对当前道路养护管理的需要，道路养护信息管理系统主要是对道路基础信息和道路养护信息进行存储、管理，并将道路养护信息的图片数据拟合到基础地理地图上，以实现养护信息可视化管理，从而为管理人员制定养护管理方案提供全面的参考。

另外，谭敏（2011）利用 Lynx 车载激光扫描系统进行试验区数据采集，利用 C++语言开发路面检测与重建系统——RoaderDeteetor，详细描述了系统中路面检测与重建功能的实现方法。可输出路面三维模型为 OBJ 格式，可满足相关领域对精确路面的需求。

随着激光雷达技术的不断发展，车载扫描系统会不断扩大新的应用领域，例如，河道、海岸线、铁路、电力等。

10.9　存在的问题与展望

10.9.1　存在的问题

车载激光测量系统在国内的应用还不到 10 年的时间，虽然已经取得了一定的研究与应用成果，但是总体上还处于应用起步阶段。从研究与应用的成果分析，目前还存在的主要问题归纳如下：

①整套设备价格昂贵。目前中国市场国外产品占主流，价格一般在 500 万~1500 万元，国内产品也在 300 万~800 万元，相对目前常规或者比较高档的测绘仪器（地面激光扫描仪在 100 万元左右），设备价格非常昂贵。目前企业拥有的数量还非常少，价格因素在一定程度上限制了系统的普及应用。

②点云数据不完整。在数据采集时，由于目标之间的相互遮挡，产生点云数据缺失现象。另外，由于载体的限制，无法获取建筑物等目标的顶部点云数据。

③内业数据处理时间较长。由于激光扫描仪的采样点密集，所以造成了海量数据占用大量的空间，且调用速度慢，大大降低了系统的处理速度。车载 LiDAR 数据后处理技术的研究则较为滞后，许多点云数据处理过程还是依靠人工或人机交互进行，作业效率低下。一般情况下，内业数据处理时间是外业的十倍左右。目前各品牌的数据处理软件不具有通用性。

④三维建模自动化程度低。由于数据处理耗时、计算量大、场景复杂、目标丰富等原因，不同目标的自动分类与识别智能化程度低。建筑物面片结构复杂，立面细节特征丰富，造成建筑物立面几何三维重构的自动化程度低。城市其他主要地物的三维建模又要依靠人机交互完成，总体上三维建模自动化程度低。

⑤多源数据融合应用研究较少。由于车载 LiDAR 点云的缺点，将车载 LiDAR 点云与航空影像与机载 LiDAR 等结合，充分发挥各数据源自身的特点，以及影像与点云之间的互补优势，将是利用车载 LiDAR 点云数据进行城市大范围场景三维重建的大趋势。目前

这方面的应用研究较少，在一定程度上限制了车载 LiDAR 点云的应用效率。

⑥室内车载 LiDAR 采集技术方法研究不足。目前的车载 LiDAR 采集系统中，绝大多数都是基于室外的车载 LiDAR 采集系统，没有深入地进行基于室内车载 LiDAR 采集系统的研究，室内环境的重建跟室外环境一样重要，对于一些古建的内部，文物摆放的收藏室进行有效的室内三维模型的建立具有非常重要的意义。

⑦缺少一套通用的作业规范和流程。目前车载 LiDAR 技术的应用多数属于试验性研究，目前国内还没有制定应用的技术规范，严重限制了车载 LiDAR 系统应用的普及程度。目前还没有成为主流的测绘手段而被广泛应用。

10.9.2 展望

目前国内车载 LiDAR 技术的应用还处于初级阶段，相信随着车载 LiDAR 技术应用研究的不断深入，未来 5~10 年将会有飞跃式的发展，结合目前的情况，简要归纳如下：

①整套设备价格逐渐下降，普及程度会逐渐提高。目前国内已经有几家公司的产品上市销售，相信随着技术的进步与竞争加剧，整套设备价格有希望逐渐下降，未来国产设备占主体的市场格局一定会出现。同时设备应用的普及程度也会大幅度提高。

②点云数据处理软件逐渐国产化，自动化程度逐步提高。国内急需商业化、通用性强、自动化程度高、符合中国特点的点云数据处理软件，所以加大力度研发，将会大大推动车载 LiDAR 技术的应用。逐渐打破各品牌设备制造商的垄断、软件不通用的格局。开发针对自动化数据处理和数据挖掘的软件成为一个重要的研究方向。

③制定作业规范和流程的国家标准。地面三维激光扫描技术在国内应用不到 20 年，目前国家已经制定《地面三维激光扫描作业技术规程》（CH/Z 3017—2015），2015 年 8 月 1 日开始执行。为了推动车载 LiDAR 技术的应用，国家有关部门抓紧制定作业规范和流程的标准，相信会大大促进测绘技术的进步。

④应用技术难点会逐渐解决。目前在应用方面还存在一些技术难点的问题，如软件处理自动化程度较低、多源数据融合、室内车载 LiDAR 采集等问题，相信中国相关的科研工作者在不久的将来会解决这些问题，使得车载 LiDAR 技术越来越成熟，立足中国，走向世界的时刻一定会到来。

⑤集成化应用。未来可以实现机载车载一体化、地面和车载一体化，目前这个方面已经取得了一定的研究成果。

车载 LiDAR 技术具有极好的发展前景和很强的竞争力，代表了测绘领域新的发展方向。国家测绘地理信息局于 2014 年 7 月 1 日发布《测绘资质分级标准》，已经将地面移动测量系统纳入甲级（2 套）和乙级（1 套）测绘资质（地理信息系统工程专业）的标准要求，相信未来应用领域和范围会不断扩大。

思考题

1. 车载激光测量系统的特点体现在哪些方面？

2. 车载激光测量系统的硬件是如何构成的？各部分的主要功能是什么？

3. SSW 车载激光建模测量系统软件配置包括哪些内容？

4. SSW-IV 车载激光建模测量系统的优势主要体现在哪些方面？

5. 中海达公司的船载水上水下一体化三维移动测量系统 iAqua 的硬件如何构成？可应用于哪些领域？系统性能优势主要体现在哪些方面？

6. 车载激光测量系统获取的点云数据特点有哪些？

7. 车载激光测量系统在公路测量领域主要应用方向有哪些？

第 11 章　机载激光雷达测量系统与应用

三维物体表面表征方法一直是描述物体表面特征以及从微尺度到宏观尺度方便理解系统动力学的信息来源。数据收集过去常常通过野外制图技术和遥感技术来实现。机载激光雷达测量系统是近年来逐步广泛应用的一种新型传感器。本章简要介绍机载激光雷达测量技术，机载激光雷达系统结构与数据产品，机载激光雷达测量的流程与应用领域，目前存在的主要问题与展望。

11.1　机载激光雷达测量技术简介

11.1.1　国外研究现状

20 世纪 80 年代，德国斯图加特大学遥感学院进行了首次机载 LiDAR 的实验，成功研制机载激光扫描地形断面测量系统，结果显示其在地形图测量及制图方面有巨大的潜力。在此期间德国的另外一所高校汉诺威大学制图与地理信息学院也在对建筑物自动提取及建筑物重建等方向作出了相关研究；在 20 世纪 80 年代末，荷兰代尔夫特技术大学通过研究植被及房屋等土木结构的分析、识别、编码等方向取得了较好成果。1993 年，全球第一个机载 LiDAR 样机由 TopScan 和 Optech 公司合作完成，标志着 LiDAR 硬件技术的成熟。1998 年，加拿大卡尔加里大学通过将多种测量设备、数据分析设备、通信设备进行集成，并且将这个较为完备的系统进行了相当规模的试验，取得了令人满意的结果，真正的实现了三维数据获取系统；在 20 世纪末，日本东京大学也在亚洲率先进行了基于地面的较为固定的 LiDAR 系统试验。随后欧美各国投入大量的人力、财力进行了相关技术的研究，目前投入商业生产 LiDAR 的有德国的 IGI 和 TopScan 公司、奥地利的 Riegl 公司、加拿大的 Optech 公司等，全球知名的瑞士 Leica 公司也推出了机载激光扫描测高仪。如 Riegl 公司于 2014 年 2 月 17 日正式推出了全球第一款全波形数字化无人机载激光扫描仪 VUX-1LR（图 11-1），该扫描仪测距可达 1350m，激光频率高达 820kHz，330°大视场角，测距精度高达 15mm，内置 240GB 固态硬盘。VUX-1LR 专为无人机应用量身打造，重 3.85kg，体积 227×180×125mm（不带风扇）。

11.1.2　国内研究现状

相比之下，国内不管是关于机载激光雷达技术的研究，还是硬件系统的研究制造都起步较晚，20 世纪 90 年代中期，中科院遥感应用所李树楷教授等人研究完成了基于机载 LiDAR 扫描测距系统的初期原理样机，但此系统还是有一定的缺陷，不能直接进行实际

图 11-1　VUX-1 LR 轻型机载激光雷达

应用；李清泉通过研究开发了自己的系统，但由于定位与定向系统没有集成，主要是用于堆积测量。目前北京北科天绘科技有限公司研制了 A-Pilot 机载激光雷达（图 11-2），北京绿土科技有限公司研制了 Li-Air 无人机激光雷达扫描系统。

图 11-2　A-Pilot 机载激光雷达

　　国内大部分研究机构和生产单位都采用了引进国外成熟商业系统的做法。武汉大学、中国测绘科学研究院和中国科学院对地观测与数字地球科学中心等单位均引进了机载 LiDAR 系统，在基础地理信息快速采集、海岛礁地形测绘以及流域生态水文遥感监测等领域发挥了重大作用。北京星天地信息科技有限公司、广西桂能信息工程有限公司以及广州建通测绘有限公司也购置了高性能的机载 LiDAR 系统，用于高速公路路线勘测、输电线路优化以及智能城市三维重建等领域的工程。在算法研究方面，国内的诸多专家和学者也开展了大量、大范围的研究。在数据滤波方面，张小红（2007）提出了移动曲面拟合预测滤波算法。赖旭东（2013）提出了一种迭代的小光斑 LiDAR 波形分解方法。国内的部分高校及研究单位也进行了相关研究，但是大多都只是对特定问题的算法的研究。

11.1.3 机载激光雷达技术特点

①精度高。机载激光雷达系统数据采集的平面精度可达 0.15m，高程精度可达厘米级。激光点云数据密度很高，每平方米可达 100 个激光点以上。

②效率高。飞行方案的设计以及后期的产品制作大多由软件自动完成。从前期数据的获取到后期数据成果的生成快速高效。

③机载激光雷达数据产品丰富。包含激光点云数据、波形文件、数码航空影像、数字地表模型、数字高程模型、数字正射影像等。

④激光穿透能力强。雷达发射的激光有较强的穿透能力，对于高密度植被覆盖地区，激光良好的单向性使之能从狭小的缝隙穿过，到达地表能够获取到更高精度的地形表面数据。

⑤主动测量方式。不受阴影和太阳高度角影响，雷达技术以主动测量方式采用激光测距方法，不依赖自然光。而因受太阳高度角、植被、山岭等传统航测方式无能为力的阴影地区，雷达获取数据的精度完全不受影响。

⑥便捷、人工野外作业量很少。与传统航测相比，地面控制工作量大大减少，只需在测区附近地面已知点上安置一台或几台 GPS 基准站即可，可以大大提高作业效率。

⑦机载雷达系统可以对危险及困难地区实施远距离和高精度三维测量，减少测量人员的人身危险。

11.2 机载激光雷达系统结构

11.2.1 机载激光雷达系统的组成

一套完整的机载激光雷达测量系统由空中测量平台、激光扫描仪、姿态测量和导航系统、计算机及软件等组成。为了保证获取的数据更加全面，该系统通常还搭配一个数码相机。图 11-3 为机载激光雷达系统工作示意图。

机载 LiDAR 系统以中低空飞行器作为观测平台，以激光扫描测距系统作为传感器，从反射棱镜测距仪到无合作目标激光测距系统均利用激光作为稳定可靠的测距手段；GPS差分定位技术的出现，则解决了飞行载体绝对空间坐标高精度测定；姿态测量和导航系统的集成使得激光发射时的定位定姿成为可能。从数据获取方式来看，机载 LiDAR 系统与传统的大地测量更为接近，即通过测边、测角计算点位坐标；从数据后处理的方式来看，它却与摄影测量系统更加类似，即通过对激光点云数据的处理（如滤波、分类等）进行地形提取。

11.2.2 机载激光雷达系统各部分的功能

1. 动态差分 GPS 系统的功能

全球定位系统（GPS）能为遥感和 GIS 的动态空间应用提供很好的服务主要得益于它

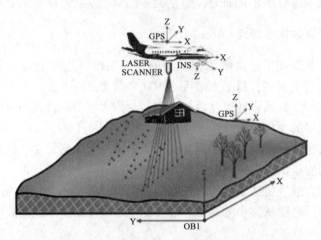

图 11-3　机载激光雷达系统工作示意图

能全天候地提供地球上任意一点的精确三维坐标。机载 LiDAR 系统采用动态差分 GPS 系统，该系统定位的精度很高，其主要功能如下：

①当机载激光雷达扫描中心像元成像时，动态差分 GPS 系统会给出光学系统投影中心的坐标值。

②为了辅助提高姿态测量装置测定姿态角的精度，动态差分 GPS 提供姿态测量装置数据从而生成 INS/GPS 复合姿态测量装置。

③动态差分 GPS 系统提供导航控制数据，使得飞机可以高精度沿着飞行航线进行飞行。

2. 激光测距系统的功能

激光测距技术在传统的常规测量时期就起到非常重要的作用，最早的激光脉冲系统是美国在 20 世纪 60 年代发展起来用于跟踪卫星轨道位置的，当时的测距精度只有几米。依据不同用途和设计思想，激光测距的光学参数也有所不同，主要表现为波长、功率、脉冲频率等参数的区别。目前主流商用机载 LiDAR 系统采用的工作原理主要包括激光相位差测距、脉冲测时测距以及变频激光测距，其中前两种较为普遍。相位式测量是利用无线电波段的频率，对激光束进行幅度调制并测定调制光往返测线一次所产生的相位延迟，再根据调制光的波长，换算为此相位延迟所代表的距离。连续波相位式的优势是测距精度高，但工作距离受到激光发射频率限制，且被测目标必须是合作目标（例如，反射棱镜、反射标靶等）。而脉冲式测量的优势在于测试距离远，信号处理简单，被测目标可以是非合作的。但其测量精度会受到多种因素（如气溶胶、大气折射率等）影响，作用距离可到数百米至数十公里。目前，大多数系统采用脉冲式测量原理，即通过量测激光从发射器到目标再返回接收设备所经历的时间，来计算目标与激光发射器之间的距离。激光雷达测距系统的接收装置可记录一个单发射脉冲返回的首回波、中间多个回波与最后回波（有的设备可以接收全波形回波），通过对每个回波时刻记录，可同时获得多个距离（高程）测量值。

3. 惯性导航系统的功能

惯性导航系统是机载 LiDAR 的重要组成部分，负责提供飞行载体的瞬时姿态参数，包括俯仰角、侧滚角和航向角三个重要姿态角参数，以及飞行平台的加速度。姿态角参数的精度，对于能否获得高精度的激光脚点位置坐标起着关键作用。但惯性导航系统在获取参数数据时，会随着时间的推移导致收集的数据精度降低。相反，动态差分 GPS 系统定位采集的数据精度较高，且误差不会随着工作时间的推移而加大。所以，为了使两种数据采集系统的优势互补，将两个系统采集的数据进行信息综合处理。

4. 飞行搭载平台的功能

搭载机载激光雷达设备的飞行平台主要是固定翼飞机、直升飞机，近年来也开展了一些以无人机为飞行平台的研究。选取固定翼飞机作为飞行搭载平台时，要求飞机的爬升性能好、转弯半径小、操纵灵活、低空和超低空飞行性能好，具有较高的稳定性和较长时间续航能力。国内在中低空（数公里）飞行中使用较多的固定翼飞机是运五 B 飞机，中高空（5 km 以上）多为运十二、双水獭和空中国王 B200 型飞机。

国内目前使用的直升机平台主要有 Bell 206 型系列（图 11-4），如 B3、L4，欧洲的小松鼠，以及国产直 11 等机型。国产直 11 型直升机由昌河飞机工业集团公司和中国直升机设计研究所共同研制，属于 2 t 级 6 座轻型多用途直升机，最大起飞重量 2.2 t，巡航速度 240 km/h，最大航程 600 km，续航时间 4 h，适合于小范围的机载 LiDAR 数据快速采集。

图 11-4　Bell 206 飞机外观

11.2.3　机载激光雷达技术与数字摄影测量技术比较

由于野外工作条件限制或者视野局限，在采用地面勘测方法困难的地区，尤其是在地形、地貌、地质、水文、气候等复杂的地区，利用数字摄影测量技术所独有的宏观性、一定的穿透性、全面性、真实性，能高效率、高精度地获取定量化地貌参数。进入数字摄影测量时代后，数字摄影测量系统研究的重点是借助图像处理分析算法从数字影像中自动提取地物和三维建模，目前已经有较为成熟的商业公司可以提供矢量数据采集、影像定向及空中三角网加密，遥感大气校正、数字地模生成及正射影像镶嵌等功能的软件产品。

　　机载 LiDAR 和数字摄影测量在某些方面具有一定的相似性，例如两者都需要配备 GPS/IMS 和数字摄影测量传感器；处理原始数据的方法也比较类似，如粗差过滤、非地形特征地物剔除、数据压缩、断裂线探测等。两种技术不同的地方如下：

　　①机载 LiDAR 存在系统功率大、操作较复杂、可靠性较差、系统造价高昂等问题。而摄影测量系统经过近一个世纪的发展，操作更加简单，可靠性更好，系统造价便宜。机载 LiDAR 的激光器使用寿命较短（主要取决于工作温度的高低），一般的 Nd：YAG 激光器的使用寿命约为 10000 h，而且随着使用时间的增加，各项技术指标性能会随之下降。相反，质量可靠的摄影相机的使用寿命能达到数十年。目前，机载 LiDAR 在同时提供多光谱信息数据方面还不能同传统的光学传感器相媲美。

　　②采集数据方面，数字摄影测量和机载激光雷达测量对天气要求都是一般级别，而数字摄影测量是被动式获取数据，即在激光雷达测量是主动式获取数据。

　　③在相同的飞行高度和飞行速度，在航带间的重叠度一样的情况下，摄影测量（视场角为 75°）拍摄的区域面积是机载 LiDAR 扫描面积的数倍。

11.3　机载激光雷达数据产品

　　机载激光雷达数据产品主要有激光点云、全波形文件、数码航空影像、数字地表模型、数字高程模型、数字正射影像等。

11.3.1　激光点云

　　机载激光雷达扫描仪经激光发射仪发射的激光束到达地面后，与地面或地物撞击并有部分能量反射到达激光扫描仪中的接收仪，准确记录发射时刻和接收时刻，便可以将激光束的飞行时间利用公式转换为激光扫描仪和地面点之间的距离，进而通过地学编码，形成地面点的三维坐标值。将地面点的三维坐标值离散地显示于计算机屏幕上，便形成了激光点云。这其中包括地面点、建筑物点、植被点、水域点以及噪声点等。激光扫描数据点云是利用激光以非常小的步长逐行扫过被扫对象表面，然后测量激光点的三维坐标，从而得到扫描对象的三维点云。由于激光点云中相邻点的距离非常小，所以可将激光扫描图像看成是被扫描对象的一种离散微分拟合。附录彩图 11-5 为立交桥激光点云图。

　　激光点云是机载 LiDAR 生产的原始数据产品，它能够完整地呈现目标形态，激光点云的标准格式为 LAS，目前的文件格式有 1.0 版、1.1 版和 1.2 版，使用最多的是 1.0 版，该版本是最早的激光点云格式，支持它的软件也最多，但是包含的信息量也都是最基本的。除了 LAS 格式之外，还有一些其他的文件格式，如 TerraSolid 软件的 Bin 格式，以及一些其他的纯文本格式等。

11.3.2　全波形文件

　　雷达测量系统以脉冲激光作为技术手段，以激光波速扫描的工作方式测量传感器到地面上激光照射点的距离，即通过测量地面采样点激光回波脉冲相对于发射激光主波之间的时间延迟得到传感器到地面采样点之间的距离。根据回波记录方式的不同，机载 LiDAR

可分为离散激光雷达系统和全波形激光雷达系统。前者记录有限个离散的返回信号，而后者以很小的采样间隔来自目标的激光反射进行采样记录，形成一个随时间变化的回波。相对于离散激光雷达而言，全波形激光雷达能够提供更多的目标信息，但同时也给数据处理和信息提取提出了更高的要求。Riegl 公司是首家推出拥有全波形技术的激光雷达设备的公司，全波形技术也被称为数字化波矢量。该技术不仅能够避免损失掉大量的数据，还能给出远比其他多次回波技术所能够得到的物体表面形貌信息多得多的信息。如图 11-6 所示为树冠层波形文件。

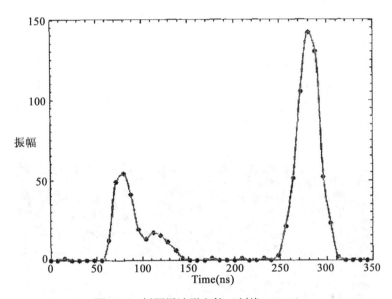

图 11-6　树冠层波形文件（刘峰，2012）

11.3.3　数码航空影像

雷达测量系统通常还集成了高分辨率 CCD 数码相机，在采集激光点云数据的同时获取了数码影像。航空照片具有连续、直观、容易判读的特点，与离散的激光点云数据互为补充，可以提供更为详细的地表形态信息。系统中集成的相机通常是中、小像幅的非量测数码相机，如 Leica ALS 50 集成的 DSS301，CCD 参数为 36.8 mm×36.7 mm，像素为 4092×4077，LiteMapper 5600 配备的数码相机 CCD 参数为 49 mm×36.7 mm，像素有 5440×4080 和 7216×5412 两种。一般机载 LiDAR 的原始影像都是从 CCD 上直接得到或者经过初步处理的原始数据，其目的是为了尽可能的更加真实地记录观测数据，在进一步应用之前还需要经过深加工处理，得到 DOM 数据。

11.3.4　数字地表模型

数字地表模型（Digital Surface Model，DSM）是对地球表面，包括各类地物的数字化描述，关注重点是地球表面土地利用的情况，即地物分布形态，以便于制作 3D 立体模型、飞行模型以及建筑网模拟等，相当于在电脑中建立一个接近真实世界的模型。DSM 也是环境保护或者城市规划的重要依据，通过 DSM 的分析，可以及时获取森林的生长情况或者城市的发展现状，在精细林业管理、虚拟城市管理、城市环境监控以及重大灾害应急等方面都可以发挥巨大作用。附录彩图 11-7 为数字地表模型。

11.3.5　数字高程模型

数字高程模型（Digital Elevation Model，DEM），是一定区域范围内规则格网点的平面坐标（X，Y）及其高程（Z）的数据。高精度的 DEM 不仅可以非常直观地展示一个地区的地形、地貌，而且也为各种地形特征的定量分析和不同类型专题图的自动绘制提供了基本数据，因此高精度 DEM 获取意义重大。机载 LiDAR 所测得的原始点云数据，直接进行插值处理，即可得到 DSM 格网，是对真实世界地表的离散采样，含有空间三维信息和激光强度信息。经过滤（Filter）和分类（Classification）之后，从原始的 DSM 中移除建筑物、人造物、覆盖植物等激光反射脚点，即可分别获得真实地表和地面覆盖物。如图 11-8 所示为数字高程模型。

图 11-8　数字高程模型

11.3.6　数字正射影像

数字正射影像（Digital Orthophoto Map，DOM）是利用数字高程模型对数码航空影像像元进行纠正，再做影像镶嵌，根据图幅范围裁剪生成的影像数据。数字正射影像的信息丰富直观，具有良好的可判读性和可量测性，从中可以直接提取所需信息。机载激光雷达测量制作生成 DOM 的精度和效率相比传统的立体摄影测量方式都有了大大的提高。

11.4　机载激光雷达测量作业流程

机载激光雷达测量的作业流程主要包含飞行计划制订、外业数据采集和内业数据处理三个步骤。

　　飞行计划制订主要需要制订的是模式、海拔高度、扫描频率、扫描角、飞行速度、飞行航线、飞行高度、镜头焦距、快门速度、曝光频率。

　　数据的采集则要进一步分为地面操作与机上的操作。地面的操作主要是记录 DGPS 基站的数据，机上的操作则包括记录位置与姿态数据、GPS 数据、IMU 数据、事件标识数据、记录激光数据、距离、扫描角、强度、时间码信息、记录相机数据、Photo ID 文件、原始 RAW 文件。

　　激光雷达数据的处理在常规的处理流程中可以划分为"预处理"与"后处理"。预处理一般是指数据采集完之后到 LAS 数据生成之间的处理过程，后面的处理统称为后处理。

　　机载激光雷达测量的内外业流程图如图 11-9 所示。

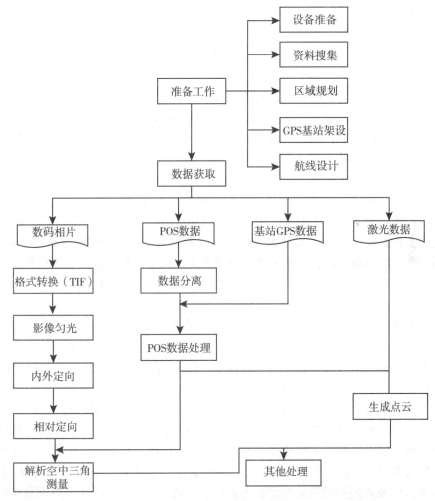

图 11-9　机载激光雷达测量的内外业流程图

11.5　机载激光雷达的应用领域

机载激光雷达与现有的测量方法比较，一方面可以作为摄影测量的一种补充，另一方面也是传统测量技术的一种竞争技术。我国自 2004 年开始，多家单位先后购买了国外厂商生产的机载 LiDAR 设备，生产了大量的原始点云数据，在电力选线、城市三维建模、公路选线、工程建设、文物古迹保护、林业资源勘查、海岸工程以及油气勘探、三维地形测量等行业领域做出了大量有益的探索。针对国内机载 LiDAR 应用现状，2011 年 11 月，国家测绘地理信息局相继制定了《机载激光雷达数据处理技术规范》（CH/T 8023—2011）和《机载激光雷达数据获取技术规范》（CH/T 8024—2011），规定了机载 LiDAR 数据获取阶段的基本要求以及技术准备、飞行计划与实施、数据预处理、数据质量检查和成果提交等技术要求，以及获取的数据生产基础地理信息数字成果的数据处理技术要求，为机载 LiDAR 在国内的应用提供了技术保障条件。机载激光雷达技术的应用领域主要如下：

11.5.1　电力选线工程

电网是一个跨越大区域的工程，从电网的规划、勘测、设计、施工到运营、管理、维护、营销、决策分析等，都对区域空间信息有着强烈的需求。输电线路是电网的重要组成部分，而线路走廊的地形、地貌、地物都对线路的建设和安全运行产生重大的影响，是线路设计和管理最为关注的区域。

传统电力选线一般包括图上选线和野外选线两个过程，图上选线一般在比例尺为 1∶5000，1∶10000 或更大比例的地形图上进行，先将线路的起始端标出，然后将一切可能选线方案的转角点用不同颜色的线连接起来，即构成若干个路径的初步方案。根据收集到的有关资料，舍去明显不合理的方案，对剩下的方案进行比较和计算，锁定 2~3 个较优方案，待野外踏勘后决定取舍，确定线路最佳方案。图上选线完成之后进行野外选，将图上选定的路径进行现场落实，确定最终线路并埋设标石，用于后期勘测。

进行传统的图上选线时，设计人员使用的地形图资料由测量专业组提供或从测绘局购买。传统地形图是二维的，三维信息只能通过等高线和高程注记获取，产品单一且不直观；而测量专业组进行实地地形图测绘时，速度慢、工期长，而且受到视野局限。

一方面，在进行电力线路设计时，通过 LiDAR 数据可以了解整个线路设计区域内的地形和地物要素的情况。尤其是在树木密集处，可以估算出需要砍伐树木的面积和木材量。另一方面在进行电力抢修和维护时，根据电力线路上的 LiDAR 数据点和相应的地面裸露点的高程可以测算出任意一处线路距离地面的高度，这样就可以便于抢修和维护，因此在电力选线工程中机载激光雷达技术有着越来越广泛的应用趋势。另外，通过对机载激光雷达数据及其同时拍摄的影像数据进行一系列处理，还可以得到高精度的 DEM、DSM、DOM，等高线以及植被分类图等丰富的地表信息，结合 DSM 和 DOM 可得到真实的三维场景图，参考三维场景图进行电力选线，可从不同视角观看线路周围的地物、地貌信息，使设计人员在室内即可高效地完成图上选线及线路优化工作。如图 11-10 所示为电力选线示意图。

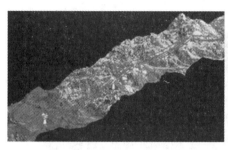

图 11-10　电力选线示意图

安徽省电力设计院（2010）在承担的铜陵至黄山的电力线设计工程中采用了机载激光雷达技术获取地形数据。在这次工程应用中，首先根据原始的激光测距数据、POS 数据及地面基准站 GPS 接收的数据解算原始 LAS 格式激光点云，利用 TerraSolid 系列软件的 TerraScan 模块对点云进行地面点的滤波和植被分类，利用 TerraModeler 模块提取 0.5 m 采样间隔的 DEM 和 DSM，通过 Inpho 公司的摄影测量系统 ApplicationsMaster 对同时拍摄的影像进行正射纠正及镶嵌，得到 0.2 m 分辨率的 DOM。考虑到工程应用中要估算影响电力线建设的植被，编程实现了不同高度植被的分布图，结合高度测量可以很方便地估算待砍伐植被的区域及面积；另外，也用算法提取出地面点的密度分布图，根据实际应用的精度要求可从密度分布图中判断哪些区域需要进行人工补测。最后开发出电力选线系统，大大提高了工作效率。

中国南方电网有限责任公司（2009）在 500kV 久隆—防城输电线路（约 225km）工程中进行了机载激光雷达优化选线设计试点，随后分别在罗平—百色（约 260km）、大新—南宁等 500kV 输电线路工程以及马山—雷村、雷村—林村等 220kV 输电线路（约 100km）中加以推广应用，取得了良好的社会效益和经济效益。

11.5.2　城市三维建模

自"数字城市"概念提出后，我国城市地理信息系统有了全面的发展，在城市建设与应用阶段有了较为突出的进展，而在数字城市的构建中，城市三维建模是组成三维数字城市的重要数据源，同时也是投入人力和物力最多、生产周期最长、质量好坏直接影响后期应用的一项生产工作。

基于三维视角的城市空间信息管理、查询和分析，突破了传统二维平面地理信息单一表述模式，不仅能为用户提供视觉上的感受，让用户对城市建设具有直观的感性认识，更有助于城市建设和管理的科学化和高效化，这对城市可持续发展研究具有重要意义。利用机载激光雷达扫描技术获取高精度、高密度的点云数据作为三维城市的基础数据，快速地提取城市建筑物的空间信息，为建设高精度的城市三维数据提供了保障。

目前基于 LiDAR 数据的建筑物提取主要有两种方法：一是数据驱动方法，认为建筑是一个多面体模型，用建筑表面的各个相连接的平面来描述实际建筑；二是模型驱动，通过将提取出的建筑参数与模型库中的模型进行比较匹配，来判断该建筑是哪种类型建筑，用固定的模型来表达，如图 11-11 所示为城市三维建模。

图 11-11　城市三维建模

在实际工程应用中，昆明市测绘研究院和广西桂能公司紧密合作，采用 LiteMapper-5600 机载 LiDAR 系统对昆明市城区进行了全三维高精度扫描。该项目目标是对昆明市主城区 100 平方公里范围，获取高精度激光数据和数码影像，为构建城市三维空间基础数据平台提供高精度 DEM、0.1m 高分辨率 DOM、建筑物真实纹理的三维模型数据以及独特的可量测斜片成果。

另外，上海市测绘院利用机载 LiDAR 技术，采集 20 km 市中心城区数据，通过对数据处理、提取和三维城市模型重建的研究，积累了 LiDAR 数据处理的经验，充分证明了 LiDAR 技术是一种方便、快捷、高效的三维数据获取方法。

在技术研究方面，曾齐红（2009）提出了一种激光雷达点云中建筑物的提取和三维重建方法。通过聚类屋顶平面点，拟合屋顶平面，确定屋顶外边界和各平面的边界，从而获得屋顶各角点的三维坐标来重构建筑物的三维模型。该方法不但能重建简单规则的建筑物，也能重建屋顶平面比较复杂、结构不规则的建筑物。

孙亚峰（2011）提出了条带划分思想在 LiDAR 数据处理中的应用。条带划分思想综合了分治思想和降维思想的优点，不仅使计算机处理庞大 LiDAR 数据变得可能，更在很大程度上降低了算法的复杂度，缩短了算法运行的时间。

曹地（2014）提出了基于多级模式建模的技术路线，围绕两组机载激光雷达数据展开了实验研究。首先以机载激光雷达数据为基础，以 DEM 为辅助进行了几何重建。重建过程中对基于点云数据空间信息的地形提取算法以及建筑物滤波算法进行了总结；并讨论了基于点云数据属性信息的分类方法。之后，以多源纹理数据为基础，讨论了基于定向与非定向的纹理重建方案，并以后者对部分实验数据进行了纹理重建。最后，以机载激光雷达数据为基础，应用自动建模解决方案进行了三维城市模型的快速重建，并对两组重建结果进行了对比分析。总结得到了基于多级模式的三维城市重建方案。

黄明（2014）集成 LiDAR 数据和高分辨率影像数据提取了城市建筑物三维模型，应用此方法提取建筑物三维模型，具有立体直观性、建筑物底面轮廓准确和高度值精度高的特点，可应用于城市建筑物三维模型的快速建模。

基于构建的城市三维模型数据，结合其他种类的空间地理数据和属性数据，可以在任何与之相关，如规划、交通、市政、消防、反恐等城市各个行业开展应用。

11.5.3 公路选线

从 20 世纪 80 年代开始，中国公路建设进入快速发展时期，与此同时公路的勘察设计工作也逐年增加。在我国高速路不断提高覆盖率的同时，平原、植被等地形较为简单的地区高速路网较为完善，线路勘测难度较小，而在山区、植被覆盖比较密集的区域，这就自然增加了公路勘测的难度，减缓了勘测速度。传统的公路勘测主要采用常规测量仪器如全站仪、水准仪、GPS RTK 等方法得到，但是这些方法作业效率低下，受地形、天气的影响较大，另外，测量精度在地形复杂地区并不能满足公路设计的要求。在公路勘测的速度和精度的要求越来越高的形势之下只能改进测量方法，机载激光雷达测量就是其中之一。

机载激光雷达设备可以快速获取高精度三维空间数据和高清晰数码影像数据的优势，从数据源角度着手，采用三维可视化技术对公路建设过程进行全流程数字化管理，可以尽可能地缩短建设周期、提高效率和节省工程造价，并且为公路建成后的数字化管理奠定坚实的基础。如图 11-12 所示为采用机载激光雷达技术进行公路勘测选线图。

图 11-12　公路勘测选线

在工程应用方面，如文莱高速的勘测。文莱高速公路西起山东省莱阳市，东至山东省文登市，东接荣文高速公路，向西经文登、乳山、海阳和莱阳等 4 县市，横贯胶东半岛中部腹地，在莱阳与潍莱高速公路对接，主线长 133.9 km，比较线长约 70 km。沿线地形以山地和丘陵为主，地形复杂，植被较为茂密，此段高速公路勘测采用了机载激光雷达技术。项目使用加拿大 Optech 公司生产的 ALTM Orion H300 型机载激光雷达设备。考虑到 IMU 的误差累计，为了保证点云的精度，在进行航线设计时，将测区划分为 3 个飞行区，每个区均架设地面基站，用于解算机载 GPS/IMU 数据。项目共飞行 3 个架次，飞行相对高度 1700 m，扫描开为全角 50°，激光点旁向重叠度不低于 50%，激光发射频率 150 kHz，激光发射头扫描频率 40Hz，点云密度 1.3 点/米，每个架次设计一条构架航线，航高保持一致。航摄飞机采用塞斯纳 208-B 飞机。最终结果表明，机载 LiDAR 激光点云数据是可靠的，能够满足高速公路勘测的精度要求。

在技术研究方面，高勇涛（2014）基于点云数据生成 DEM（数字高程模型），生成等高线，然后模拟道路选线的情况，标出道路中线。最后自动生成了道路纵、横断面图。

11.5.4　文物古迹保护

文物古迹象征着灿烂的历史成就，表现了古代中华民族的伟大创造，同时也是一种文明的载体，是人们思想和精神的寄托。通过对文物古迹的研究，可以理解内容丰富的文化历史，在一定程度上，它们象征着某个地区的独特文化，反映了这个地区几千年朝代的变更和文化的传承，这些文物古迹一旦被破坏，就很难恢复。随着计算机技术的飞速发展，对文物古迹进行数字化成为可能。文物古迹数字化是指采用诸如扫描、摄影、数字化编辑、三维动画、虚拟现实以及网络等数字化手段对文物进行加工处理，实现文物古迹的保存、再现和传播。与具体实物的唯一性、不可共享性和不可再生性相比较，数字化的文物信息是无限的、可共享的和可再生的。

在现代考古工作中，通常采用人工描述、皮尺丈量或相机拍摄等手段来记录考古信息，不仅严重依赖于测绘人员的个人经验和临场判断，而且往往会受地表附着物、地表地质体等影响，很难直接通过这些数据提取出文物古迹的内在信息和真实几何特征。而采用机载激光雷达测量系统，可以以非接触模式直接进行快速、高精度的数字化扫描测绘，最大限度减少对文物古迹的不必要人为破坏，高精度、高分辨率的数字化成果可以作为真实文物的副本保存，为文物保护研究建立完整、准确、永久的数字化档案。

在 2009 年 4 月飞行于古玛雅城邦卡拉考遗址上空的过程中，科学家利用机载 LiDAR 设备绘制了这个位于伯利兹西部的遗址 3D 地图。一座崭新的古玛雅城呈现在世人面前，其规模远远超过此前任何人的预计，如图 11-13 所示为古玛雅庙宇 3D 图。

2009 年由湖北省文物局主持，武汉大学承担的"机载激光遥感与三维可视化技术在荆州大遗址保护中的应用研究"课题正式启动。具体研究内容包括：遗迹特性表征与多因素作用下激光雷达测量机理研究、基于机载激光雷达扫描的遗址区域航摄遥感方法、机载激光雷达扫描遗址定位与遥感测绘流程、基于机载激光雷达扫描点云滤波的遗址遥感识别等方面。

自 2011 年起，通过在湖北、湖南、河南等地区的大遗址调查与保护工作中的试点推广，完成了荆州大遗址（八岭山墓群）、湖南澧阳平原史前遗址群、洛阳邙山陵墓群等遗址的考古调查测绘工程，实现了对遗址群大小、规模、形状、朝向、分布及周边地形环境的调查、测绘与可视化表达，如图 11-14 所示为澧阳平原史前遗址群。

11.5.5　林业资源勘查

激光雷达具有与被动光学遥感不同的成像机理，对植被空间结构和地形的探测能力很强，特别是对森林高度的探测能力，具有其他遥感数据无法比拟的优势。激光雷达技术用

图 11-13　古玛雅庙宇 3D 图

图 11-14　澧阳平原史前遗址群

于估测森林参数的研究始于 20 世纪 80 年代中期，它通过主动获取三维坐标信息来定量估测森林参数，尤其在估测森林高度及林木空间结构方面具有独特的优势。国外许多研究已经证明了机载小光斑 LiDAR 数据在森林资源调查中的重要性，通过激光扫描数据可以准确地估测林分特征，如树高、胸高断面积以及林分蓄积量。另外，LiDAR 数据正着手用于生态研究，而 LiDAR 数据和其他多光谱影像的融合以获取高精度的森林参数成为当前研究的重点，也有研究将 LiDAR 数据的三维信息和摄影测量技术相结合进行森林参数提取（图 11-15）。

11.5.6　海岸工程

传统的摄影测量技术有时不能用于反差小或无明显特征的地区，如海岸及海岸地区。另外海岸地区的动态环境也需要经常更新基准测量数据。机载 LiDAR 是一种主动传感技术，能以低成本做高动态环境下常规基础海岸线测量，且具有一定的水下探测能力，可测

图 11-15　森林勘测

量近海水深 70m 内水下地形，可用于海岸带、海边沙丘、海边堤防和海岸森林的三维测量和动态监测。

机载激光海洋测深是利用机载激光发射和接收设备，通过发射大功率脉冲激光，进行海洋水底探测的先进技术，该技术基于海水中存在一个类似于大气的透光窗，（即海水对 0.47~0.58μm 波长范围内的蓝绿光的衰减系数最小），通过从飞机上由激光雷达向下发射高功率、窄脉冲激光，同时测量水面反射光（主要是红外激光）与海底反射光的走时差，并结合蓝绿光的入射角度与海水的折射率等因素进行综合计算，获得被测点的水深值，再与定位信号、飞行姿态信息、潮汐数据等综合，确定出特定坐标点的水深。

在海洋工程中，海岸线对于海岸带保护与管理具有重要意义。传统的海岸线测绘方法主要依赖现场测绘，然而，海岸线现场测绘施测周期长，而且基岩海岸和淤泥质海岸由于地形复杂，海岸线现场测绘比较困难。卫星遥感与航空遥感由于不受现场地形限制，被广泛用于海岸带制图与海岸线遥感提取。但是对于海岸较为平缓或十分陡峭的影像上因海岸线解译标志不明显，容易引入较大的解译误差，而自动提取方法中提取的岸线多为瞬时水边线，对于严格意义的海岸线的提取目前仍较为困难。机载 LiDAR 可生成海岸 DEM，具有空间分辨率高和定位精确等优点，且数据获取受时间窗口制约小，理论上只要在海岸线被大潮淹没的时间段之外获取的数据均可用于海岸线的提取。因此，机载 LiDAR 在海岸线测绘方面具有独特的优势，近年来已被国外学者用于海岸线的遥感提取。

11.5.7　油气勘探

石油及天然气工业的勘测程序常常需要在短时间内快速传送与地形数据 XYZ 为准相关的数据。虽然有多种方法处理收集位置数据，但机载激光雷达测量是一种高速且不接触地面的数据获取方法，大多数情况下，从勘探开始到最终数据发送只需要几周的时间。在一些复杂的环境地区勘测，砍伐树木的费用要几千美元一公顷。如用机载激光雷达进行勘测，最多只需要砍伐几行树，这样可以节省大量的经费且减少对环境的影响。

11.6 存在的问题与展望

机载激光雷达技术目前存在的主要问题如下：

①硬件设备昂贵。LiDAR 精度依赖于 POS 系统，其整合了 IMU，GPS、数码相机、激光扫描仪，机载 LiDAR 设备比较昂贵，此外，国内很难买到配有高精度的 IMU，因而也影响了数据成果的精度。

②飞行限制条件。尽管理论上可以 24h 全天候工作，但通常激光数据不够，必须同步获取数码影像数据，飞行条件受到一些限制。而且 LiDAR 由于扫描角的限制，整体数据获取效率不及航空摄影测量，面状地物获取无法体现优势。

③探测距离近，激光在大气中传输时，能量受大气影响而衰减，激光雷达的作用距离在 20km 以内；尤其在恶劣气候条件下，如浓雾、大雨和烟、尘，作用距离会大大缩短，难以有效工作。大气湍流也会不同程度上降低激光雷达的测量精度。

④由于激光雷达的接收孔径小，波束太窄，所以搜索空域也较小，快速搜索和粗捕获目标困难，应由其他设备完成上述工作。因此，机载激光雷达并不能完全取代传统雷达，多作为普通雷达的补充。

对于激光雷达系统实现机载，还有一些需要进一步加强研究和改进的关键技术如下：

①空间扫描体制和方式技术，激光雷达的空间扫描体制分为非扫描和扫描体制，扫描体制下有机械扫描、电扫描和二元光学扫描等方式，采用扫描体制的激光雷达工作时，对于实现不同的功能任务，需要研究相应的具体的技术应用。非扫描体制采用多元传感器，使设备重量和体积更小，并且作用距离更远，是机载的理想技术，但由于所需多元传感器不易获得，目前该项技术在国内还难以迅速实现工程应用。

②激光器的发展，目前多数使用的是半导体激光器、半导体泵浦的固体激光器和气体激光器各有优缺点，仍需进一步改进和发展。

③接收机设计，机载激光雷达的自身特点和工作环境决定接收单元的接收灵敏度需求越来越高，同时要求高回波探测概率，这些都需要在设计环节不断改进和研制新技术。

思考题

1. 机载激光雷达的数据产品有哪些？这些产品具备什么样的特点？
2. 机载激光雷达测量的作业流程有哪些？
3. 机载激光雷达技术的应用领域主要有哪些？
4. 机载激光雷达测量技术与传统测量技术相比较有什么特点？

参 考 文 献

B

[1] 白成军. 三维激光扫描技术在古建筑测绘中的应用及相关问题研究 [D]. 天津：天津大学，2007.

[2] 白成军，吴葱. 文物建筑测绘中三维激光扫描技术的核心问题研究 [J]. 测绘通报，2012（1）：36-38.

[3] 白志辉，张舒，王响雷，等. 三维激光扫描点云粗差剔除方法研究 [J]. 矿山测量，2009（2）：13-15.

C

[4] 蔡广杰. 大昭寺三维数字化应用初探 [J]. 首都师范大学学报：自然科学版，2009，30（3）：83-86.

[5] 蔡广杰. 三维激光扫描技术在西藏壁画保护中的应用 [D]. 北京：首都师范大学，2009.

[6] 蔡海永. 基于里程计的车载 LiDAR 组合导航研究 [D]. 北京：首都师范大学，2013.

[7] 蔡来良，吴侃，张舒. 点云平面拟合在三维激光扫描仪变形监测中的应用 [J]. 测绘科学，2010，35（5）：231-232.

[8] 蔡润彬，潘国荣. 三维激光扫描多视点云拼接新方法 [J]. 同济大学学报（自然科学版），2006，34（7）：913-918.

[9] 曹地. 多源数据辅助的 LiDAR 三维城市快速建模 [D]. 西安：长安大学，2014.

[10] 曹力. 多重三维激光扫描技术在山海关长城测绘中的应用 [J]. 测绘通报，2008（3）：31-33.

[11] 曹勇. 现代科技在古建筑测绘中的应用 [J]. 建筑设计，2011，10（3）：74-76.

[12] 岑子政. 基于八叉树的车载激光点云数据建筑物立面建模算法研究 [D]. 北京：首都师范大学，2014.

[13] 昌彦君，朱光喜，彭复员，等. 机载激光海洋测深技术综述 [J]. 海洋科学，2002，26（5）：34-36.

[14] 陈德立，陈航. 三维激光扫描技术应用于建筑基坑变形监测 [J]. 福建建筑，2014（7）：88-90.

[15] 陈富强. 机载 LiDAR 技术的优势及应用前景研究 [J]. 北京测绘，2013（2）：12-14.

[16] 陈弘奕, 胡晓斌, 李崇瑞. 地面三维激光扫描技术在变形监测中的应用 [J]. 测绘通报, 2014 (12): 74-77.

[17] 陈凯, 杨小聪, 张达. 采空区三维激光扫描变形监测系统 [J]. 矿冶, 2012, 21 (1): 60-63.

[18] 陈凯, 杨小聪, 张达. 采空区三维激光扫描变形监测试验研究 [J]. 有色金属 (矿山部分), 2012, 64 (5): 1-5.

[19] 陈良良, 隋立春, 蒋涛, 等. 地面三维激光扫描数据配准方法 [J]. 测绘通报, 2014 (5): 80-82.

[20] 陈冉丽, 吴侃. 三维激光扫描用于获取开采沉陷盆地研究 [J]. 测绘工程, 2012, 21 (3): 67-71.

[21] 陈涛. 机载激光雷达技术在构造地貌定量化研究中的应用 [D]. 北京: 中国地震局地质研究所, 2014.

[22] 陈玮娴, 袁庆. 地面三维激光扫描仪的自检校模型研究 [J]. 测绘通报, 2013 (2): 25-27.

[23] 陈为, 李建文. 论三维激光扫描仪在矿山露天爆破设计中的应用 [J]. 中国锰业, 2012, 30 (3): 42-44.

[24] 陈贤雷, 郝华东, 李红军, 等. 大型立式罐容量计量中三维激光扫描方法研究 [J]. 中国测试, 2014, 40 (2): 45-48.

[25] 陈锡阳, 杨挺, 尹创荣, 等. 基于激光雷达技术的输电线路山火监测方法 [J]. 激光与红外, 2014, 44 (11): 1202-1206.

[26] 陈永剑. 地面三维激光扫描系统在露天矿监测的应用研究 [D]. 太原: 太原理工大学, 2009.

[27] 陈展鹏, 雷廷武, 晏清洪, 等. 汶川震区滑坡堆积体体积三维激光扫描仪测量与计算方法 [J]. 农业工程学报, 2013, 29 (8): 135-144.

[28] 陈哲敏, 郑建英, 胡涤新, 等. 基于三维激光扫描的大型容积罐容积计量方法研究 [J]. 计量技术, 2013 (2): 14-18.

[29] 程效军, 贾东峰, 程小龙. 海量点云数据处理理论与技术 [M]. 上海: 同济大学出版社, 2014.

[30] 崔剑凌. 地面三维激光扫描在难及区域地形测量中的应用 [J]. 北京测绘, 2014 (12): 85-87.

[31] 崔磊, 张凤录. 地面三维激光扫描系统内外业一体化研究 [J]. 北京测绘, 2013 (1): 47-49.

D

[32] 党晓斌. 三维激光扫描技术在建筑物形变监测中的应用研究 [D]. 西安: 长安大学, 2011.

[33] 戴彬. 基于车载激光扫描数据的三维重建研究 [D]. 北京: 首都师范大学, 2011.

[34] 戴彬, 钟若飞, 胡竞. 基于车载激光扫描数据的城市地物三维重建研究 [J]. 首都

师范大学学报（自然科学版），2011，32（3）：89-96.

［35］戴华阳，廉旭刚，陈炎，等．三维激光扫描技术在采动区房屋变形监测中的应用［J］．测绘通报，2011（11）：44-46.

［36］戴靠山，徐一智，公羽，等．三维激光扫描在风电塔检测中的应用［J］．结构工程师，2014，30（2）：111-115.

［37］戴玉成，张爱武．三维激光扫描数据快速配准算法研究［J］．测绘通报，2010（6）：8-11.

［38］邓向瑞，冯仲科，罗旭．三维激光扫描系统在林业中的应用研究［J］．北京林业大学学报，2005，27（S2）：43-47.

［39］邓向瑞，冯仲科，马钦彦，等．三维激光扫描系统在立木材积测定中的应用［J］．北京林业大学学报，2007，29（S2）：74-77.

［40］狄帝，丁圳祥，赵长胜．三维激光扫描技术在矿区沉陷土地复垦方案研究中的应用［J］．矿山测量，2014（4）：81-83.

［41］董锦辉，李琦，徐伟，等．车载激光扫描系统在地籍测量中应用［J］．测绘与空间地理信息，2014，37（4）：208-209.

［42］董康．车载激光雷达农田三维地形测量方法研究与系统开发［D］．泰山：山东农业大学，2012.

［43］董秀军．三维激光扫描技术及其工程应用研究［D］．成都：成都理工大学，2007.

［44］董秀军．三维激光扫描技术获取高精度 DTM 的应用研究［J］．工程地质学报，2007，15（3）：428-432.

［45］董秀军，黄润秋．三维激光扫描测量在汶川地震后都汶公路快速抢通中的应用［J］．工程地质学报，2008，16（6）：774-779.

［46］段奇三．徕卡 HDS 8800 三维激光扫描仪在露天矿中的应用［J］．测绘通报，2011（12）：79-80.

F

［47］范海英．Cyra 三维激光扫描系统在精准林业中的应用研究［D］．阜新：辽宁工程技术大学，2005.

［48］范海英，李畅，赵军．三维激光扫描系统在精准林业测量中的应用［J］．测绘通报，2010（2）：29-31.

［49］房延伟．三维激光扫描技术在地籍测绘中的应用［D］．长春：吉林大学，2013.

［50］冯婷婷，张键，冯鹏飞．三维激光扫描技术在开采沉陷监测中的应用［J］．矿山测量，2014（5）：43-46.

［51］冯琰，郭容寰，程远达．基于机载 LiDAR 技术快速建立 3 维城市模型研究［J］．测绘与空间地理信息，2008，31（4）：8-11.

［52］冯仲科，罗旭，马钦彦，等．基于三维激光扫描成像系统的树冠生物量研究［J］．北京林业大学学报，2007，29（S2）：52-56.

［53］付宓．机载激光 LiDAR 测图与人工测图的对比分析［D］．重庆：重庆交通大学，2013.

G

［54］ 高宝华，蒋理兴，郭连惠，等．地面三维激光扫描仪自检校方法研究［J］．海洋测绘，2012，32（5）：45-48.

［55］ 高磊，冉磊，胡志法，等．三维激光扫描技术在西南地区的应用［J］．测绘通报，2009（5）：72-73.

［56］ 高珊珊．基于三维激光扫描仪的点云配准［D］．南京：南京理工大学，2008.

［57］ 高士增．基于地面三维激光扫描的树木枝干建模与参数提取技术［D］．北京：中国林业科学研究院，2013.

［58］ 高祥伟，孙乐，谢宏全．目标颜色和粗糙度对三维激光扫描点云精度影响研究［J］．测绘通报，2013（11）：25-27.

［59］ 高勇涛．机载 LiDAR 数据处理及公路设计中断面图自动提取的研究［D］．西安：长安大学，2014.

［60］ 高志国，李长辉．基于地面 LiDAR 的三维竣工测量方法研究［J］．城市勘测，2014（3）：31-33.

［61］ 葛纪坤，王升阳．三维激光扫描监测基坑变形分析［J］．测绘科学，2014，39（7）：62-66.

［62］ 顾斌．数字图像与激光点云配准及在建筑物三维建模中的应用［D］．徐州：中国矿业大学，2014.

［63］ 官云兰，贾凤海．地面三维激光扫描多站点云数据配准新方法［J］．中国矿业大学学报，2013，42（5）：880-886.

［64］ 郭兴，潘纯建，杨彦，等．Riegl VZ-1000 三维激光扫描测量系统在大型露天矿山土石方测量中的应用［J］．地矿测绘，2014，30（3）：14-16.

H

［65］ 韩光瞬，冯仲科，刘永霞，等．三维激光扫描系统测树原理及精度分析［J］．北京林业大学学报，2005，27（S2）：187-190.

［66］ 韩亚，王卫星，李双，等．基于三维激光扫描技术的矿山滑坡变形趋势评价方法［J］．金属矿山，2014（8）：103-107.

［67］ 郝铭辉．车载激光扫描数据在三维地籍建模中的应用［D］．北京：中国测绘科学研究院，2011.

［68］ 何秉顺，赵进勇，王力，等．三维激光扫描技术在堰塞湖地形快速测量中的应用［J］．防灾减灾工程学报，2008，28（3）：394-398.

［69］ 何秉顺，丁留谦，孙平．三维激光扫描系统在岩体结构面识别中的应用［J］．中国水利水电科学研究院学报，2007，5（1）：43-48.

［70］ 侯海民．三维激光扫描仪在青岛胶州湾海底隧道的应用［J］．隧道建设，2010，30（6）：693-696.

[71] 侯妙乐，吴育华，张玉敏．三维激光扫描技术在震后铁旗杆保护中的应用［J］．系统仿真学报，2009，21（S1）：265-268.

[72] 胡大贺，吴侃，陈冉丽．三维激光扫描用于开采沉陷监测研究［J］．煤矿开采，2013，18（1）：20-22.

[73] 胡戬．三维激光扫描技术中纹理图像与点云的配准［D］．南京：南京理工大学，2009.

[74] 胡奎．三维激光扫描在土方计算中的应用［J］．矿山测量，2013（1）：70-72.

[75] 胡敏捷，阎利，张毅．三维激光扫描技术在大型舱容测量中的应用研究［J］．船舶设计通讯，2011（1）：60-64.

[76] 胡琦佳．三维激光扫描技术在隧道工程监测中的应用研究［D］．成都：西南交通大学，2013.

[77] 胡少兴，查红彬，张爱武．大型古文物真三维数字化方法［J］．系统仿真学报，2006，18（4）：951-954.

[78] 胡章杰，薛梅．基于地面三维激光扫描的三维竣工规划核实技术研究［J］．城市勘测，2013（1）：15-20.

[79] 黄承亮，吴侃，向娟．三维激光扫描点云数据压缩方法［J］．测绘科学，2009，34（2）：142-144.

[80] 黄承亮．三维激光扫描技术在人体三维建模中的应用研究［J］．测绘，2013，36（1）：13-15.

[81] 黄慧敏，王晏民，胡春梅，等．地面激光雷达技术在故宫保和殿数字化测绘中的应用［J］．北京建筑工程学院学报，2012，28（3）：33-38.

[82] 黄江．基于三维激光扫描技术的危岩稳定性信息化研究［D］．成都：成都理工大学，2014.

[83] 黄明．联合 LiDAR 数据和遥感影像的建筑物三维模型提取方法［D］．太原：太原理工大学，2014.

[84] 黄飒，李孝雁．建筑物三维激光扫描点云的粗差剔除研究［J］．黄河水利职业技术学院学报，2012，24（1）：47-49.

[85] 黄姗，薛勇，蒋涛．三维激光扫描技术在地质滑坡中的应用［J］．测绘通报，2012（1）：100-101.

[86] 黄晓阳，栾元重，闫勇，等．基于三维激光扫描测量技术的井架变形观测［J］．工程勘察，2012A（4）：66-69.

[87] 黄晓阳，栾元重，李雷，等．地面三维激光扫描技术应用于井架整体监测研究［J］．测绘地理信息，2012B，37（5）：56-57.

[88] 黄有，郑坤，刘修国，等．三维激光扫描仪在测算矿方量中的应用［J］．测绘科学，2012，37（3）：90-92.

[89] 黄祖登，唐琨，戴鑫．基于三维激光扫描数据的隧道中轴线提取［J］．测绘空间信息，2014，12（4）：122-123.

J

［90］ 焦明东. 三维激光扫描技术在工业检测中的应用研究［D］. 青岛：山东科技大学，2010.

［91］ 焦学军. 基于 3 维激光扫描技术的滑坡体地形图制作研究［J］. 测绘与空间地理信息，2013，36（10）：198-201.

［92］ 靳洁. 基于小波分析的地面三维激光扫描点云数据的滤波方法研究［D］. 西安：长安大学，2013.

K

［93］ 康永伟. 车载激光点云数据配准与三维建模研究［D］. 北京：首都师范大学，2009.

［94］ 亢瑞红，胡洪，甘梦仙. 基于 ICP 算法的三维激光扫描点云数据配准方法［J］. 池州学院学报，2014，28（3）：68-70.

［95］ 孔祥玲，欧斌. 三维激光扫描技术在隧道工程竣工测量中的应用研究［J］. 城市勘测，2013（2）：100-102.

L

［96］ 赖旭东，秦楠楠，韩晓爽，等. 一种迭代的小光斑 LiDAR 波形分解方法［J］. 红外与毫米波学报，2013，32（4）：319-324.

［97］ 李必军，方志祥，任娟. 从激光扫描数据中进行建筑物特征提取研究［J］. 武汉大学学报（信息科学版），2003，28（1）：65-70.

［98］ 李滨，李跃明，宋济宇. 地面三维激光扫描系统中的"五度"研究［J］. 测绘通报，2012（3）：43-45.

［99］ 李滨. 徕卡三维激光扫描系统在文物保护领域的应用［J］. 测绘通报，2008（6）：72-73.

［100］ 李滨，冉磊，程承旗. 三维激光扫描技术应用于土石方工程的研究［J］. 测绘通报，2012（10）：62-64.

［101］ 李超. 三维激光扫描技术在山体形变监测中的应用［J］. 测绘通报，2012（11）：98-99.

［102］ 李超. 徕卡三维激光扫描技术在钢结构检测中的应用［J］. 测绘通报，2013（3）：116-117.

［103］ 李超，程浩，王芳. 三维激光扫描仪在林木测量方面的应用［J］. 测绘通报，2011（11）：84-85.

［104］ 李德仁. 移动测量技术及其应用［J］. 地理空间信息，2006，4（4）：1-5.

［105］ 李德仁，郭晟，胡庆武. 基于 3S 集成技术的 LD2000 系列移动道路测量系统及其应用［J］. 测绘学报，2008，37（3）：272-276.

［106］ 李华平，吴耀文. MMS 移动测量系统在芜湖市城管数字化项目中的应用［J］. 工程勘察，2010（S1）：650-655.

[107] 李佳龙, 郑德华, 何丽, 等. 目标颜色和入射角对 Trimble GX 扫描点云精度的影响 [J]. 测绘工程, 2012, 21 (5): 75-79.

[108] 李建敏, 程光亮. 三维激光扫描支持下电视塔变形监测试验研究 [J]. 城市勘测, 2011 (4): 138-141.

[109] 李建辉, 王琴. 三维激光扫描技术应用于滑坡体地形可视化的研究 [J]. 测绘通报, 2012 (10): 51-54.

[110] 李健, 胡书桥, 邓增兵. 基于综合改进 ICP 算法的三维激光扫描技术在露天矿边坡测绘中的应用 [J]. 煤田地质与勘探, 2012, 40 (1): 51-54.

[111] 李杰, 孙楠楠, 唐秋华, 等. 三维激光扫描技术在海岸线测绘中的应用 [J]. 海洋湖沼通报, 2012 (3): 90-95.

[112] 李堃. 机载激光雷达全波形数据可视化 [D]. 北京: 首都师范大学, 2012.

[113] 李亮, 吴侃, 刘虎, 等. 地面三维激光扫描地形测量数据粗差剔除算法及实现 [J]. 测绘科学, 2010, 35 (3): 187-189.

[114] 李孟, 付平, 孙圣和. 三维激光扫描表面数据区域分割 [J]. 计算机工程与应用, 2009, 45 (27): 21-23.

[115] 李敏. 三维激光扫描技术在古建筑测绘中的应用 [J]. 北京测绘, 2014 (1): 111-114.

[116] 李鹏. 粮仓储量三维激光扫描快速测量技术研究 [D]. 北京: 清华大学, 2010.

[117] 李强, 邓辉, 周毅. 三维激光扫描在矿区地面沉陷变形监测中的应用 [J]. 中国地质灾害与防治学报, 2014, 25 (1): 119-124.

[118] 李清泉, 杨必胜. 三维空间数据的实时获取建模与可视化 [M]. 武汉: 武汉大学出版社, 2003.

[119] 李伟, 刘正坤. 地面三维激光扫描技术用于道路平整度检测研究 [J]. 北京测绘, 2011 (3): 24-27.

[120] 李文俊. 三维激光扫描仪在煤矿井架变形检测中的应用 [J]. 煤矿现代化, 2012 (5): 5-7.

[121] 李欣, 周佳玮, 刘正国, 等. 三维激光扫描技术在船体外形测量中的试验性研究 [J]. 测绘信息与工程, 2006, 31 (6): 36-37.

[122] 李仁忠, 刘洁. 三维激光扫描技术在高层建筑变形监测中的应用 [J]. 重庆建筑, 2010, 9 (10): 42-45.

[123] 李媛, 李为鹏, 张晓峰, 等. 车载激光扫描系统及其在城市测量中的应用 [J]. 测绘与空间地理信息, 2012, 35 (2): 22-24.

[124] 李智临. 三维激光扫描技术用于滑坡边坡空间分析 [D]. 西安: 长安大学, 2012.

[125] 李志鹏, 张辛, 喻守刚, 等. 基于三维激光扫描的大比例尺地形测绘方法研究 [J]. 人民长江, 2014, 45 (7): 70-73.

[126] 黎增锋. 三维激光扫描技术在建设用地复垦监管中的应用 [J]. 浙江国土资源, 2010 (12): 45.

[127] 林伟恩, 谢刚生, 谢辉荣. 三维激光扫描技术在船体型线测量中的应用 [J]. 测

绘通报，2014（3）：71-74.

[128] 刘博涛．三维激光扫描技术在地面沉降监测中的应用研究［D］．西安：长安大学，2014.

[129] 刘昌军，赵雨，叶长锋，等．基于三维激光扫描技术的矿山地形快速测量的关键技术研究［J］．测绘通报，2012（6）：43-46.

[130] 梁建军，范百兴，邓向瑞，等．三维激光扫描仪球形靶标测量方法与精度评定［J］．工程勘察，2011（1）：81-84.

[131] 梁爽．三维激光扫描技术在煤矸石山难及区域测绘中的应用［J］．勘察科学技术，2011（3）：44-47.

[132] 梁小伟．机载 LiDAR 数据特征选择与精确分类技术研究［D］．太原：中北大学，2015.

[133] 梁振华，王晨，谢宏全．基于徕卡 C10 获取校园三维点云数据设计［J］．测绘工程，2013，22（1）：47-50.

[134] 刘峰．基于机载 LiDAR 数据林木识别与重建［D］．长沙：中南大学，2012.

[135] 刘浩，张冬阳，冯健．地面三维激光扫描仪数据的误差分析［J］．水利与建筑工程学报，2012，10（4）：38-41.

[136] 刘江涛．三维激光扫描技术在考古勘探中的应用［D］．北京：首都师范大学，2007.

[137] 刘丽惠，薛勇，蒋涛，等．逆向工程在"一滴血"纪念碑重建中的应用［J］．测绘通报，2011（6）：86-89.

[138] 刘宁．车载 LiDAR 航迹解算精度提高方法研究［D］．焦作：河南理工大学，2011.

[139] 刘世晗．三维激光扫描技术在古岩画保护中的应用［D］．阜新：辽宁工程技术大学，2011.

[140] 刘伟乐，林辉，孙华，等．基于地面三维激光扫描技术的林木胸径提取算法分析［J］．中南林业科技大学学报，2014，34（11）：111-115.

[141] 刘晓宇．Pro/Engineer 逆向工程设计完全解析［M］．中国铁道出版社，2010

[142] 刘燕萍，程效军，贾东峰．基于三维激光扫描的隧道收敛分析［J］．工程勘察，2013（3）：74-77.

[143] 刘正军，钱建国，张正鹏，等．三维激光扫描数据获取高分辨率 DTM 试验研究［J］．测绘科学，2006，31（4）：72-73.

[144] 卢晓鹏．基于三维激光扫描技术的滑坡监测应用研究［D］．西安：长安大学，2010.

[145] 陆旻丰，吴杭彬，刘春，等．地面三维激光扫描数据缺失分类及成因分析［J］．遥感信息，2013，28（6）：82-86.

[146] 陆益红，赵长胜，武宜广，等．楚王陵激光点云三维重建［J］．测绘地理信息，2013，38（1）：55-57.

[147] 罗建，刘耀华，兰志刚，等．三维激光扫描技术在海洋工程中的应用［J］．中国造船，2011，52（S2）：367-376.

[148] 罗旭. 基于三维激光扫描测绘系统的森林计测学研究 [D]. 北京：北京林业大学，2006.

[149] 罗旭，冯仲科，邓向瑞，等. 三维激光扫描成像系统在森林计测中的应用 [J]. 北京林业大学学报，2007，29（S2）：82-87.

[150] 吕宝雄，巨天力. 三维激光扫描技术在水电大比例尺地形测量中的应用研究 [J]. 西北水电，2011（1）：14-16.

[151] 吕冰，钟若飞，王嘉楠. 车载移动激光扫描测量产品综述 [J]. 测绘与空间地理信息，2012，35（6）：184-187.

[152] 吕娅，万程辉. 三维激光扫描地形点云的分层去噪方法 [J]. 测绘科学技术学报，2014，31（5）：501-504.

M

[153] 马立广. 地面三维激光扫描测量技术研究 [D]. 武汉：武汉大学，2005.

[154] 马利. 地面三维激光扫描技术在道路工程测绘中的应用 [J]. 北京测绘，2011（2）：48-51.

[155] 梅文胜，周燕芳，周俊. 基于地面三维激光扫描的精细地形测绘 [J]. 测绘通报，2010（1）：53-56.

[156] 孟志军，付卫强，刘卉，等. 面向土地精细平整的车载三维地形测量系统设计与实现 [J]. 农业工程学报，2009，25（S2）：255-259.

N

[157] 倪明，文加林，丁仁军，等. 三维激光扫描中点云分类的研究与实现 [J]. 地矿测绘，2014，30（2）：32-35.

[158] 倪绍起，张杰，马毅，等. 基于机载 LiDAR 与潮汐推算的海岸带自然岸线遥感提取方法研究 [J]. 海洋学研究，2013，31（3）：55-61.

[159] 聂倩，蔡元波，林昀，等. 车载激光点云与全景影像的配准研究 [J]. 遥感信息，2014，29（1）：15-18.

O

[160] 欧斌. 地面三维激光扫描技术外业数据采集方法研究 [J]. 测绘与空间地理信息，2014，37（1）：106-108.

[161] 欧斌，黄承亮. 三维激光扫描技术在分方测量中的应用研究 [J]. 城市勘测，2012（2）：123-125.

P

[162] 彭维吉，李孝雁，黄飒. 基于地面三维激光扫描技术的快速地形图测绘 [J]. 测绘通报，2013（3）：70-72.

Q

[163] 戚万权．徕卡 C10 导线测量方法在大型扫描项目中的应用［J］．测绘通报，2013（6）：115-116.

[164] 齐建伟，朱恩利．三维激光扫描测量内符合精度试验研究［J］．地理空间信息，2012，10（4）：20-22.

[165] 邱俊玲．基于三维激光扫描技术的矿山地质建模与应用研究［D］．武汉：中国地质大学，2012.

[166] 邱俊玲，夏庆霖，姚凌青，等．基于三维激光扫描技术的矿山地质建模与应用［J］．地球科学：中国地质大学学报，2012，37（6）：1209-1216.

S

[167] 沙从术．基于三维激光扫描技术的隧道收敛变形整体监测方法［J］．城市轨道交通研究，2014（10）：51-54.

[168] 邵振峰．基于航空立体影像对的人工目标三维提取与重建［D］．武汉：武汉大学，2004.

[169] 沈剑．三维激光扫描重建技术探讨与分析［D］．抚州：东华理工大学，2012.

[170] 盛业华，张卡，张凯，等．地面三维激光扫描点云的多站数据无缝拼接［J］．中国矿业大学学报，2010，39（2）：233-237.

[171] 施贵刚，程效军，官云兰，等．地面三维激光扫描点云配准的最佳距离［J］．江苏大学学报（自然科学版），2009，30（2）：197-200.

[172] 施贵刚，王峰，程效军，等．地面三维激光扫描多视点云配准设站最佳次数的研究［J］．大连海事大学学报，2008，34（3）：64-66.

[173] 施展宇．地面三维激光扫描技术在开采沉陷应用研究［D］．西安：西安科技大学，2014.

[174] 师海．三维激光扫描技术在施工隧道监测中的应用研究［D］．北京：北京交通大学，2013.

[175] 石银涛，程效军，贾东峰．三维激光扫描树木模型在林业中的应用［J］．测绘通报，2012（3）：40-42.

[176] 史友峰．三维激光扫描技术在测量中的应用研究［D］．西安：长安大学，2007.

[177] 宋德闻，胡广洋．徕卡 HDS 应用于秦俑二号坑数字化工程［J］．测绘通报，2006（6）：69-70.

[178] 宋化清，李芳林，邵龙．三维激光扫描技术在泾阳县农村宅基地调查中应用分析［J］．测绘技术装备，2014，16（2）：43-46.

[179] 宋妍，王晓琳，李洋，等．三维激光扫描技术与数码影像地质编录系统隧道围岩信息采集应用对比研究［J］．隧道建设，2013，33（3）：197-202.

[180] 苏春艳，隋立春．基于三维激光扫描技术的土方量快速测量［J］．测绘技术装备，2014，16（2）：49-51.

[181] 孙德鸿，王占超．三维激光扫描技术在地形地质研究中的应用（一）［J］．测绘通报，2011（3）：88-89.

[182] 孙德鸿，刘世晗，刘丽惠．三维激光扫描在岩画保护中的应用［J］．测绘通报，2011（1）：35-37.

[183] 孙树芳．采空区三维激光扫描数据的分析与处理［D］．昆明：昆明理工大学，2009.

[184] 孙伟利．基于车载LiDAR技术的公路三维建模与应用［D］．北京：首都师范大学，2013.

[185] 孙新磊，吉国华．三维激光扫描技术在传统街区保护中的应用［J］．华中建筑，2009，27（7）：44-47.

[186] 孙瑜，严明，覃秀玲．HDS 4500三维激光扫描仪的地质工程应用［J］．河北工程大学学报（自然科学版），2008，25（4）：86-88.

[187] 孙亚峰．基于条带划分的机载激光雷达点云数据的建筑物提取［D］．长春：吉林大学，2011.

T

[188] 唐琨，花向红，魏成，等．基于三维激光扫描的建筑物变形监测方法研究［J］．测绘地理信息，2013，38（2）：54-55.

[189] 唐艺．基于三维激光扫描技术的活立木材积测量方法［D］．北京：北京林业大学，2012.

[190] 汤羽扬，杜博怡，丁延辉．三维激光扫描数据在文物建筑保护中应用的探讨［J］．北京建筑工程学院学报，2011，27（4）：1-6.

[191] 滕连泽，裴尼松，谭小琴，等．三维激光扫描技术在排土场方量计算中的应用［J］．测绘与空间地理信息，2014，37（7）：66-67.

[192] 田继成，罗宏，吴邵明．三维激光扫描技术在云冈石窟13窟数字化中的应用［J］．城市勘测，2014（4）：23-26.

[193] 托雷．基于三维激光扫描数据的地铁隧道变形监测［D］．北京：中国地质大学（北京），2012.

W

[194] 王昌翰，向泽君，刘洁．三维激光扫描技术在文物三维重建中的应用研究［J］．城市勘测，2010（12）：66-70.

[195] 王奉斌．三维激光扫描技术在矿井建模中的应用［J］．测绘技术装备，2013，15（3）：94-96.

[196] 王贵宾．车载激光三维信息采集与数据处理［D］．北京：首都师范大学，2007.

[197] 王红霞．三维激光扫描技术在桥梁监测中的应用［D］．兰州：兰州理工大学，2012.

[198] 王健，李雷，姜岩．天宝三维激光扫描技术在数字矿山中的应用探讨［J］．测绘通

报，2012（10）：58-61.

[199] 王金涛，刘子勇，张珑，等 . 卧式能源储罐容量计量中三维激光扫描方法的研究
[J]. 计量学报，2011, 32（3）：262-265.

[200] 王俊刚，李新科 . 机载激光雷达技术在电网工程建设中的应用 [J]. 广东电力，
2009, 22（9）：46-49.

[201] 王令文，程效军，万程辉 . 基于三维激光扫描技术的隧道检测技术研究 [J]. 工程
勘察，2013（7）：53-57.

[202] 王婷婷 . 基于三维激光扫描技术的地表变形监测 [D]. 青岛：山东科技大学，
2011.

[203] 王婷婷，靳奉祥，单瑞 . 基于三维激光扫描技术的曲面变形监测 [J]. 测绘通报，
2011（3）：4-6.

[204] 王田磊，袁进军，王建锋 . 三维激光扫描技术在建筑物三维建模可视化中的应用
[J]. 测绘通报，2012（9）：44-47.

[205] 王伟忠，朱煜峰，王建强 . 三维激光扫描数据拼接质量改善方法研究 [J]. 现代矿
业，2012（8）：49-50.

[206] 王文旭，蔡敏，王文江 . 三维激光扫描技术在地铁调线调坡测量中的应用 [J]. 城
市勘测，2013（2）：96-99.

[207] 王文越，郑艳慧，曹鸿，等 . 车载 LiDAR 数据道路建模研究 [J]. 河南城建学院
学报，2013, 22（6）：41-45.

[208] 王潇潇 . 地面三维激光扫描建模及其在建筑物测绘中的应用 [D]. 长沙：中南大
学，2010.

[209] 王鑫森，孔立，郑德华 . 基于地面三维激光扫描技术的公路路线设计参数提取
[J]. 科学技术与工程，2013, 13（7）：1884-1888.

[210] 王星杰 . 三维激光扫描仪在道路竣工测量中的应用 [J]. 北京测绘，2012（4）：
67-71.

[211] 王炎城，钟焕良，石雪冬，等 . 三维激光扫描测量技术在滑坡监测中的应用 [J].
地理空间信息，2015, 13（3）：138-141.

[212] 王晏民，王国利 . 地面激光雷达用于大型钢结构建筑施工监测与质量检测 [J].
测绘通报，2013（7）：39-42.

[213] 王晏民，胡春梅 . 一种地面激光雷达点云与纹理影像稳健配准方法 [J]. 测绘学
报，2012, 41（2）：266-272.

[214] 王晏民，危双丰 . 深度图像化点云数据管理 [M]. 北京：测绘出版社，2013.

[215] 王永波，盛业华 . 基于三维激光扫描技术的超高压输电线路巡线技术研究 [J].
测绘科学，2011, 36（5）：60-61.

[216] 王永波 . 基于地面 LiDAR 点云的空间对象表面重建及其多分辨率表达 [M]. 南
京：东南大学出版社，2011.

[217] 王瑜，刘西涛，王照星，等 . 三维激光扫描技术在石化企业的应用 [J]. 测绘通
报，2011（11）：86-87.

[218] 王玉鹏，卢小平，葛晓天，等．地面三维激光扫描点位精度评定［J］．测绘通报，2011（4）：10-13.

[219] 魏薇，潜伟．三维激光扫描在文物考古中应用述评［J］．文物保护与考古科学，2013，25（1）：96-107.

[220] 魏征．车载 LiDAR 点云中建筑物的自动识别与立面几何重建［D］．武汉：武汉大学，2012.

[221] 韦春桃，张利恒，张旭东，等．3 维激光扫描技术在墓葬保护中的应用［J］．测绘与空间地理信息，2012，35（10）：4-6.

[222] 韦江霞．面向快速建模的车载激光点云的城市典型地物分类方法研究［D］．北京：首都师范大学，2014.

[223] 韦志龙．徕卡 ScanStation C10 在数字化工厂中的应用［J］．测绘通报，2013（11）：132-133.

[224] 闻永俊，陆益红，孙德鸿，等．三维激光扫描技术在监理测量中的应用［J］．测绘通报，2011（9）：89-90.

[225] 翁宁龙．基于车载 LiDAR 的三维重建技术研究［D］．沈阳：东北大学，2012.

[226] 吴春峰，陆怀民，郭秀荣，等．利用三维激光扫描系统测量立木材积的方法［J］．森林工程，2009，25（3）：71-72.

[227] 吴芬芳．基于车载激光扫描数据的建筑物特征提取研究［D］．武汉：武汉大学，2005.

[228] 吴杭彬，刘春．三维激光扫描点云数据的空间压缩［J］．遥感信息，2006（2）：22-24.

[229] 吴静，靳奉祥，王健．基于三维激光扫描数据的建筑物三维建模［J］．测绘工程，2007（5）：57-59.

[230] 吴静．三维激光扫描测量仪性能评价及应用研究［D］．青岛：山东科技大学，2008.

[231] 吴侃，黄承亮，陈冉丽．三维激光扫描技术在建筑物变形监测的应用［J］．辽宁工程技术大学学报（自然科学版），2011，30（2）：205-208.

[232] 吴少华．三维激光扫描技术在海上钻井平台中的应用研究［D］．阜新：辽宁工程技术大学，2011.

[233] 吴胜浩．车载激光点云的颜色信息获取与融合处理［D］．北京：首都师范大学，2011.

[234] 吴晓章，谢宏全，谷风云，等．利用激光点云数据进行大比例尺地形图测绘的方法［J］．测绘通报，2015（8）：90-92.

[235] 吴耀．基于 SIFT 算子的地面激光点云数据配准方法研究［D］．南昌：东华理工大学，2013.

[236] 吴育华，王金华，侯妙乐．三维激光扫描技术在岩土文物保护中的应用［J］．文物保护与考古科学，2011，23（4）：104-110.

X

[237] 习晓环，骆社周，王方建，等．地面三维激光扫描系统现状及发展评述［J］．地理空间信息，2012，10（6）：13-15.

[238] 向娟，李钢，黄承亮，等．三维激光扫描单点定位精度评定方法研究［J］．海洋测绘，2009，29（3）：68-70.

[239] 夏国芳，王晏民．三维激光扫描技术在隧道横纵断面测量中的应用研究［J］．北京建筑工程学院学报，2010，26（3）：21-24.

[240] 肖明和，张营．建筑工程制图［M］.（第2版）.北京：北京大学出版社，2012.

[241] 谢波，秦永元，万彦辉．车载移动激光扫描测绘系统设计［J］．压电与声光，2011，33（5）：729-733.

[242] 谢宏全，高祥伟，徐孝伟．地面三维激光扫描仪水平角精度检校试验研究［J］．测绘通报，2014（8）：52-54.

[243] 谢宏全，侯坤．地面三维激光扫描技术与工程应用［M］.武汉：武汉大学出版社，2013.

[244] 谢宏全，谷风云，李勇，等．基于激光点云数据的三维建模应用实践［M］.武汉：武汉大学出版社，2014.

[245] 谢谟文，胡嫚，王立伟．基于三维激光扫描仪的滑坡表面变形监测方法［J］．中国地质灾害与防治学报，2013，24（4）：85-92.

[246] 谢瑞，胡敏捷，程效军，等．三维激光HDS3000扫描仪点位精度分析与研究［J］．遥感信息，2008（6）：53-57.

[247] 谢瑞，肖海红．地面三维激光扫描点云压缩准则［J］．工程勘察，2013（4）：64-68.

[248] 谢卫明，何青，章可奇，等．三维激光扫描系统在潮滩地貌研究中的应用［J］．泥沙研究，2015（1）：1-6.

[249] 辛培建，韦宏鹄．三维激光扫描技术中的点云拼接精度问题探讨［J］．山西建筑，2012，38（7）：219-221.

[250] 邢汉发，高志国，吕磊．三维激光扫描技术在城市建筑竣工测量中的应用［J］．工程勘察，2014（5）：52-57.

[251] 邢昱，范张伟，吴莹．基于GIS与三维激光扫描的古建筑保护研究［J］．地理空间信息，2009，7（1）：88-90.

[252] 邢正全，邓喀中．三维激光扫描技术应用于开采沉陷监测研究［J］．测绘信息与工程，2011，36（3）：13-15.

[253] 邢正全，邓喀中．三维激光扫描技术应用于边坡位移监测［J］．地理空间信息，2011，9（1）：68-70.

[254] 熊妮娜，王佳，罗旭，等．一种基于三维激光扫描系统测量树冠体积方法的研究［J］．北京林业大学学报，2007，29（S2）：61-65.

[255] 徐柏松．三维激光扫描测量技术在海港礁石区测量中的应用［J］．港工技术，

2012，49（4）：61-63.

[256] 徐建新，张光伟，羌鑫林，等．激光测量采集车在城市部件调查中的应用［J］．测绘与空间地理信息，2013，36（S）：237-239.

[257] 徐进军，张毅，王海成．基于地面三维激光扫描技术的路面测量与数据处理［J］．测绘通报，2011（11）：34-36.

[258] 徐文学．地面三维激光扫描数据分割方法研究［D］．青岛：山东科技大学，2009.

[259] 徐玉军．基于机载激光雷达点云数据的分层道路提取算法研究［D］．长春：吉林大学，2013.

[260] 徐源强，高井祥，张丽等．地面三维激光扫描的点云配准误差研究［J］．大地测量与地球动力学，2011，31（2）：129-132.

[261] 徐祖舰，王滋政，阳锋．机载激光雷达测量技术及工程应用实践［M］．武汉：武汉大学出版社，2009.

[262] 许映林．3维激光扫描技术在温泉水电站大比例尺地形图测量中的应用［J］．测绘通报，2007（6）：40-42.

[263] 薛效斌，钱星，马宁．基于车载三维激光扫描的地形图数据采集的研究［J］．北京测绘，2014（1）：88-90.

[264] 薛晓轩．基于三维激光扫描的文物保护管理系统的建立［J］．测绘与空间地理信息，2014，37（2）：99-101.

Y

[265] 严剑锋，邓喀中，邢正全．基于最小二乘拟合的三维激光扫描点云滤波［J］．测绘通报，2013（5）：43-46.

[266] 闫利，崔晨风，张毅．三维激光扫描技术应用于高精度断面线生成的研究［J］．遥感信息，2007（4）：54-56.

[267] 杨长强．激光扫描仪检校及车载激光点云的分类与矢量化研究［D］．青岛：山东科技大学，2010.

[268] 杨国林，韩峰，王丹英．基于三维激光扫描技术的工程施工测量应用研究［J］．中国水能与电气化，2015（2）：20-23.

[269] 杨俊志，尹建忠，吴星亮．地面激光扫描仪的测量原理及其检定［M］．北京：测绘出版社，2012.

[270] 杨林，盛业华，王波．利用三维激光扫描技术进行建筑物室内外一体建模方法研究［J］．测绘通报，2014（7）：27-30.

[271] 杨荣华，花向红，邱卫宁，等．地面三维激光扫描点云角度分辨率研究［J］．武汉大学学报（信息科学版），2012，37（7）：851-853.

[272] 杨荣华，花向红，邱卫宁，等．三维激光扫描仪的任意方向角度分辨率模型研究［J］．测绘信息与工程，2011，36（3）：39-42.

[273] 杨天俊．三维激光扫描技术在拉西瓦水电站工程中的应用［J］．西北水电，2013（1）：4-6.

[274] 杨洋. 基于车载 LiDAR 数据的建筑物立面重建技术研究 [D]. 郑州：解放军信息工程大学, 2010.

[275] 姚明博. 三维激光扫描技术在桥梁变形监测中的分析研究 [D]. 杭州：浙江工业大学, 2014.

[276] 姚艳丽, 蒋胜平, 王红平. 基于地面三维激光扫描仪的滑坡整体变形监测方法 [J]. 测绘空间信息, 2014, 39 (1)：50-53.

[277] 叶晓婷. 三维激光扫描技术在古建筑测绘中的应用分析 [J]. 城市勘测, 2014 (4)：8-11.

[278] 殷飞. 机载激光雷达数据滤波方法研究 [D]. 成都：西南交通大学, 2010.

[279] 于海霞. 基于地面三维激光扫描测量技术的复杂建筑物建模研究 [D]. 徐州：中国矿业大学, 2014.

[280] 于启升, 吴侃, 郑汝育. 利用三维激光扫描数据求取开采沉陷预计参数研究 [J]. 地矿测绘, 2010, 26 (2)：1-3.

[281] 喻亮. 基于车载激光扫描数据的地物分类和快速建模技术研究 [D]. 武汉：武汉大学, 2011.

[282] 余明. 激光三维扫描技术用于古建筑测绘的研究 [J]. 测绘科学, 2014 (10)：34-39.

[283] 余乐文, 张达, 余斌, 等. 矿用三维激光扫描测量系统的研制 [J]. 金属矿山, 2012 (10)：101-103.

[284] 袁夏. 三维激光扫描点云数据处理及应用技术 [D]. 南京：南京理工大学, 2006.

[285] 原玉磊. 三维激光扫描应用技术研究 [D]. 郑州：解放军信息工程大学, 2009.

[286] 原玉磊, 骆亚波, 郑勇. 三维激光扫描仪在抛物面天线测量中的应用研究 [J]. 测绘通报, 2012 (2)：48-51.

[287] 云冈石窟研究院. 云冈石窟测绘方法的新尝试——三维激光扫描技术在石窟测绘中的应用 [J]. 文物, 2011 (1)：81-87.

Z

[288] 曾齐红. 机载激光雷达点云数据处理与建筑物三维重建 [D]. 上海：上海大学, 2009.

[289] 张传帅, 焦利国. 基于车载 LiDAR 系统的路面高程测量研究 [J]. 中州煤炭, 2013 (5)：20-22.

[290] 张大林, 刘希林. 应用三维激光扫描监测崩岗侵蚀地貌变化——以广东五华县莲塘岗崩岗为例 [J]. 热带地理, 2014, 34 (2)：133-140.

[291] 张迪, 钟若飞, 李广伟, 等. 车载激光扫描系统的三维数据获取及应用 [J]. 地理空间信息, 2012, 10 (1)：20-21.

[292] 张东, 黄腾, 陈建华, 等. 基于罗德里格矩阵的三维激光扫描点云配准算法 [J]. 测绘科学, 2012, 37 (1)：156-157.

[293] 张东, 黄腾, 李桂华. 地面 LiDAR 点云数据先局部后整体配准方法 [J]. 测绘工

程，2012，21（2）：6-8.

[294] 张凤，倪苏妮，杜明义．基于 MMS 的道路养护信息管理系统［J］．测绘通报，2012（3）：85-88.

[295] 张会霞，朱文博．三维激光扫描数据处理理论及应用［M］．北京：电子工程出版社，2012.

[296] 张凯．三维激光扫描数据的空间配准研究［D］．南京：南京师范大学，2008.

[297] 张攀科，张伟红，王留召．车载激光扫描系统在道路断面采集中的应用［J］．测绘与空间地理信息，2014，37（11）：59-62.

[298] 张鹏．Leica 三维激光扫描仪在大型工厂中的扫描方案［J］．测绘通报，2010（3）：73-74.

[299] 张平，黄承亮，朱清海，等．基于三维激光扫描技术的异型建筑物建筑面积竣工测量［J］．测绘与空间地理信息，2014，37（5）：222-224.

[300] 张启福，孙现申．三维激光扫描仪测量方法与前景展望［J］．北京测绘，2011（1）：39-42.

[301] 张启福，孙现申，王贺，等．RIEGL LMS-Z390i 三维激光扫描仪测角精度评定方法研究［J］．计量学报，2012，33（1）：12-15.

[302] 张巧英．基于三维激光扫描的石佛院造像数字化测绘［J］．测绘地理信息，2014，39（6）：42-46.

[303] 张庆圆．三维激光扫描技术在工业三维 GIS 中的应用研究［D］．焦作：河南理工大学，2011.

[304] 张庆圆，孙德鸿，朱本璋，等．三维激光扫描技术应用于沙丘监测的研究［J］．测绘通报，2011（4）：32-34.

[305] 张荣华，李俊峰，林昀．三维激光扫描技术在土方量算中的应用研究［J］．测绘地理信息，2014，39（6）：47-49.

[306] 张舒，吴侃，王响雷，等．三维激光扫描技术在沉陷监测中应用问题探讨［J］．煤炭科学技术，2008，36（11）：92-95.

[307] 张文新．三维激光扫描技术在大型油罐罐体尺寸测量中的应用研究［J］．兰州工业学院学报，2015，22（1）：1-6.

[308] 张小红．机载激光雷达测量技术理论与方法［M］．武汉：武汉大学出版社，2007.

[309] 张晓东，窦延娟，刘平，等．机载激光雷达技术在电力选线工程中的应用［J］．长江科学院院报，2010，27（1）：26-28.

[310] 张新磊．基于地面型三维激光扫描系统的场景重建及相关应用［D］．贵阳：贵州大学，2009.

[311] 张亚．三维激光扫描技术在三维景观重建中的应用研究［D］．西安：长安大学，2011.

[312] 张毅．地面三维激光扫描技术在龟山汉墓测量和重建中的应用［D］．西安：长安大学，2013.

[313] 张永彬，高祥伟，谢宏全，等．地面三维激光扫描仪距离测量精度试验研究［J］．

测绘通报，2014（12）：16-19.

[314] 张志娟，田继成，葛鲁勇，等．全站仪模式获取三维激光扫描点云数据方法研究 [J]．测绘通报，2014（9）：87-89.

[315] 臧克．基于 Riegl 三维激光扫描仪扫描数据的初步研究 [J]．首都师范大学学报（自然科学版），2007，28（1）：77-82.

[316] 赵淳，阮江军，陈家宏，等．三维激光扫描技术在输电线路差异化防雷治理中的应用 [J]．电网技术，2012，36（1）：195-200.

[317] 赵峰，李增元，王韵晟，等．机载激光雷达（LiDAR）数据在森林资源调查中的应用综述 [J]．遥感信息，2008（1）：106-110.

[318] 赵国梁，岳建利，余学义，等．三维激光扫描仪在西部矿区采动滑坡监测中的应用研究 [J]．矿山测量，2009（3）：29-31.

[319] 赵显富，宗敏，赵轩，等．利用三维激光扫描技术检测工业构件螺栓孔的空间位置 [J]．测绘通报，2014（3）：37-41.

[320] 赵鑫，吴侃，蔡来良．具有先验信息的地面三维激光扫描地形测量数据去噪算法 [J]．大地测量与地球动力学，2011，31（4）：107-111.

[321] 赵小平，闫丽丽，刘文龙．三维激光扫描技术边坡监测研究 [J]．测绘科学，2010，35（4）：25-27.

[322] 赵永国，黄文元，郭腾峰．地面三维激光扫描技术用于公路工程测量的试验研究 [J]．河南科学，2009，29（4）：282-285.

[323] 赵云昌，丁莹莹，李通．机载 LiDAR 技术在高速公路勘测中的应用 [J]．测绘与空间地理信息，2014，37（10）：199-200.

[324] 郑德华．三维激光扫描影像拼接模型及试验分析 [J]．河海大学学报（自然科学版），2005，33（4）：466-471.

[325] 郑君．基于三维激光扫描技术的单木量测方法研究与实现 [D]．北京：北京林业大学，2013.

[326] 周大伟，吴侃，唐瑞林，等．点云密度对地面三维激光扫描精度及沉陷参数的影响 [J]．金属矿山，2011A（9）：127-130.

[327] 周大伟，吴侃，周鸣，等．地面三维激光扫描与 RTK 相结合建立开采沉陷观测站 [J]．测绘科学，2011B，36（3）：79-81.

[328] 周华伟．地面三维激光扫描点云数据处理与模型构建 [D]．昆明：昆明理工大学，2011.

[329] 周华伟，朱大明，瞿华蓥．三维激光扫描技术与 GIS 在古建筑保护中的应用 [J]．工程勘察，2011（6）：73-77.

[330] 周俊召，郑书民，胡松，等．地面三维激光扫描在石窟石刻文物保护测绘中的应用 [J]．测绘通报，2008（11）：68-69.

[331] 周克勤，吴志群．三维激光扫描技术在特异型建筑构件检测中的应用探讨 [J]．测绘通报，2011（8）：42-44.

[332] 周立，毛晨佳．三维激光扫描技术在洛阳孟津唐墓中的应用 [J]．文物，2013

（3）：83-87.

[333] 周晓雪. 三维激光扫描技术在立式金属罐容量计量中的应用研究 [D]. 杭州：中国计量学院，2014.

[334] 周学林，魏文涛，刘丽惠，等. 三维激光扫描系统在舟曲重点地质灾害治理工程中的应用 [J]. 测绘通报，2011（11）：81-82.

[335] 朱凌，石若明. 地面三维激光扫描点云分辨率研究 [J]. 遥感学报，2008，12（3）：405-410.

[336] 朱清海，黄承亮，李凯. 基于 EPS2008 及地面三维激光扫描点云数据进行断面线提取 [J]. 城市勘测，2013（2）：89-91.

[337] 朱生涛. 地面三维激光扫描技术在地形形变监测中的应用研究 [D]. 西安：长安大学，2013.

[338] 朱文武. 基于标靶控制的三维激光扫描点云数据配准研究 [D]. 北京：中国地质大学，2012.

附　录

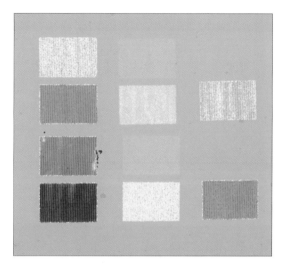

图4-15　纸质贴片图像

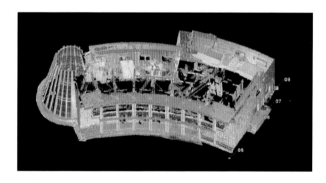

图6-1　拼接后的点云

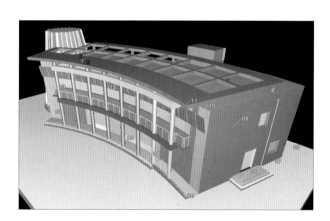

图6-12　物管楼整体模型

图6-18　渲染效果

图6-20　海油平台的三维模型局部

图6-21　雕刻石点云

图6-35　纹理贴图完成效果图

图6-38　噪声处理后点云数据效果　　　　图6-50　渲染效果图

图7-5　钢结构点云

图7-9　真彩色点云数据

图7-10　地表模型

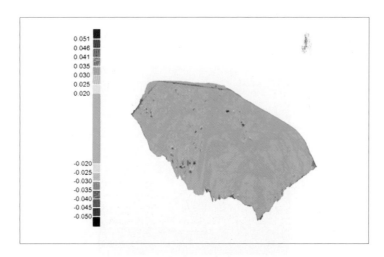

图7-11　彩色显示比对结果

图7-16　去除噪声后的点云数据

图8-2　点云配准整体效果图

图8-3　岩画模型

图8-5　一个测站的扫描数据

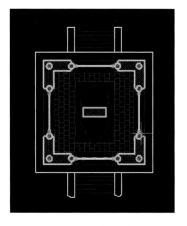

图8-6　俯视图

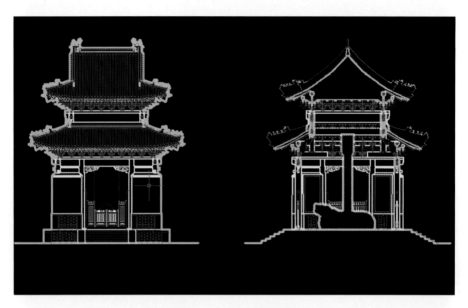

图8-7　正视图与侧视图

图9-1　扫描点云数据

图9-4 彩色点云数据

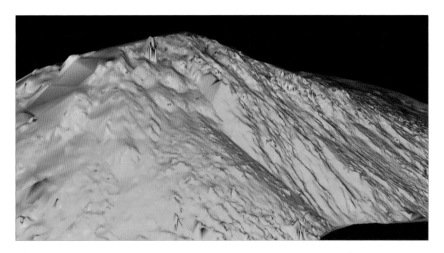

图9-6 Cyclone软件生成的TIN网数据

图9-9 隧道Mesh模型及断面线

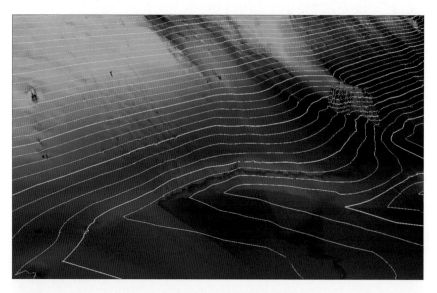

图9-10　数字高程模型叠加等高线图

图9-12　万工滑坡点云数据

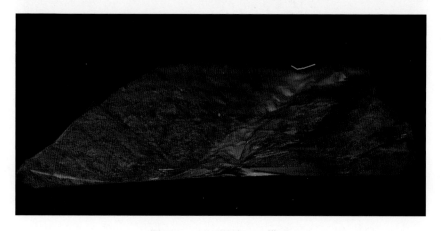

图9-13　万工滑坡Mesh模型

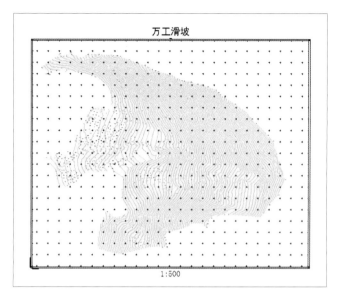

图9-15　平面图

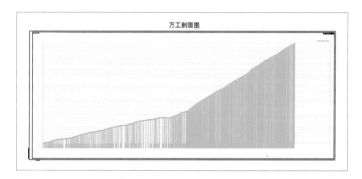

图9-16　截面图

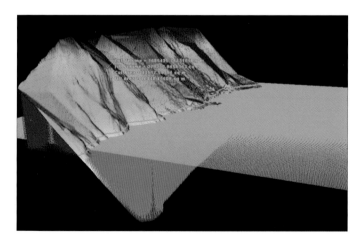

图9-17　土石方量计算

图9-19　哈尔乌素露天矿原始点云数据

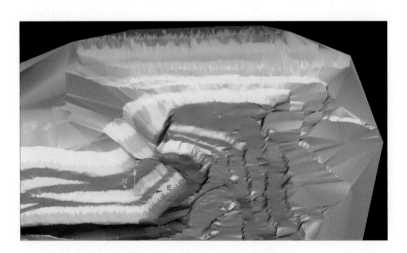

图9-20　哈尔乌素露天矿三维模型

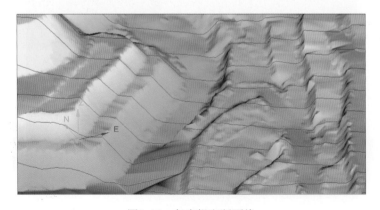

图9-21　任意提取断面线

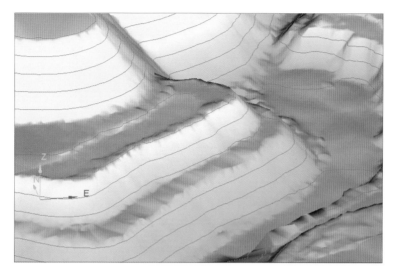

图9-22 等高线

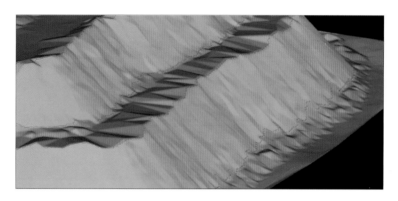

图9-23 坡顶线与坡底线

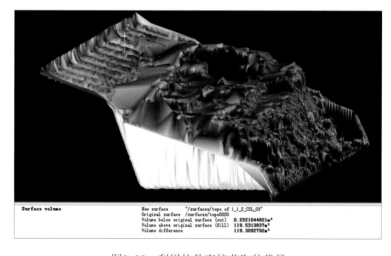

图9-26 利用软件直接获取装载量

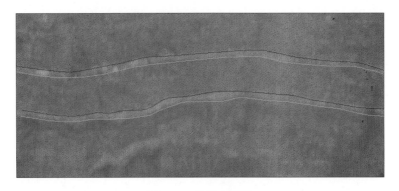

图9-28　岩层走势线

图9-31　参考面的确定

图11-5　立交桥点云图

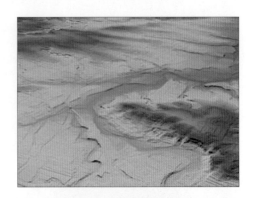

图11-7　数字地表模型